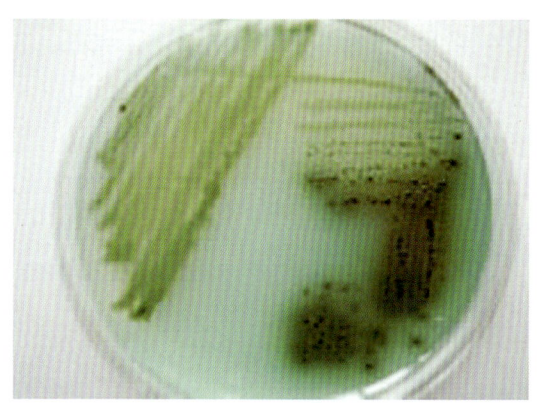

彩图1　沙门氏菌在亚硫酸铋（BS）琼脂平板上的生长情况

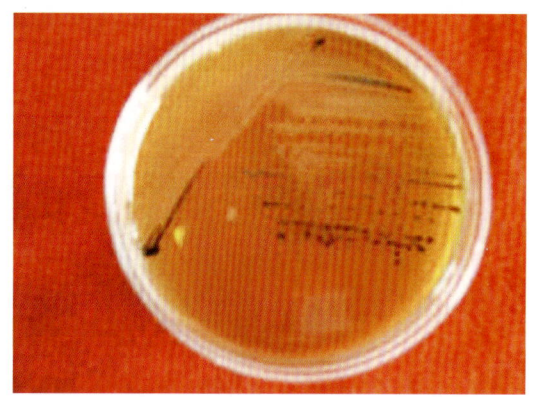

彩图2　沙门氏菌在胆硫乳（DHL）琼脂平板上的生长情况

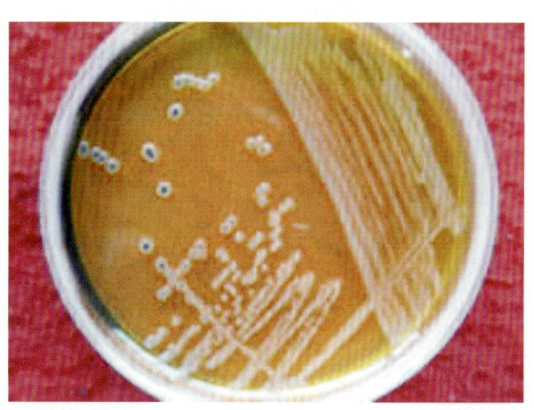

彩图3　沙门氏菌在沙门氏、志贺氏菌属（SS）琼脂平板上的生长情况

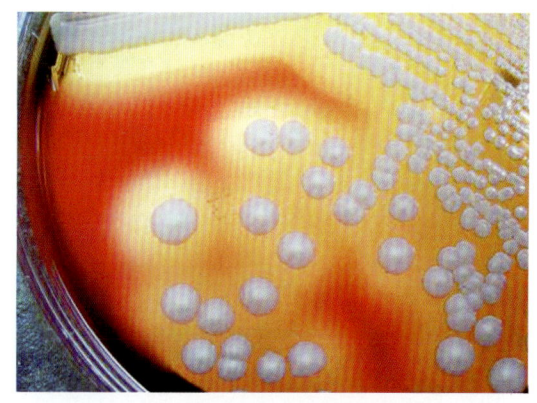

彩图4　金黄色葡萄球菌在血平板上的生长情况

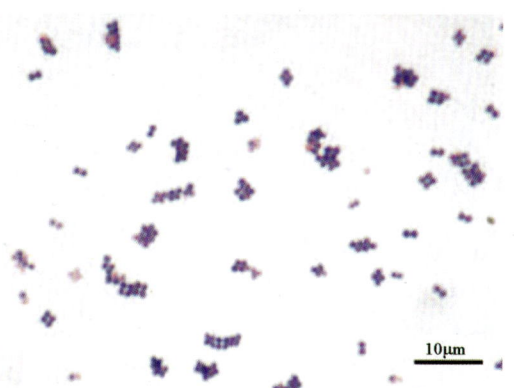

彩图5　金黄色葡萄球菌经革兰氏染色后在光学显微镜下的形态

彩图6　溶血性链球菌在血平板上的生长情况

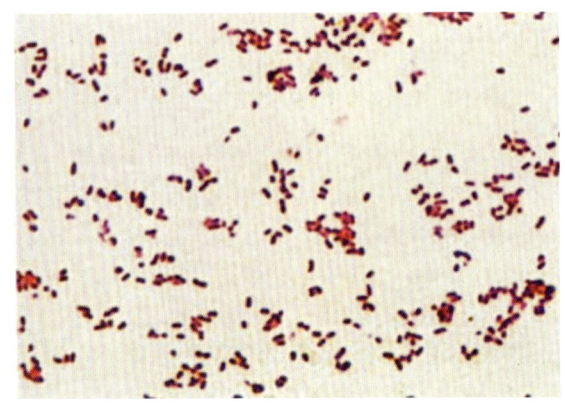

彩图 7　副溶血性弧菌经革兰氏染色后在光学显微镜下的形态

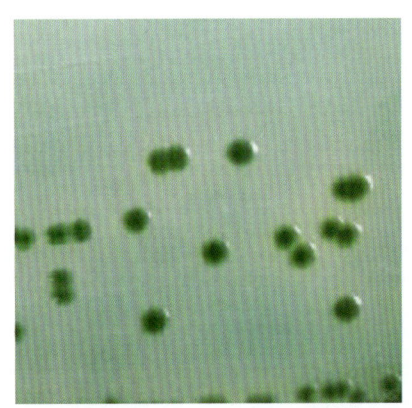

彩图 8　副溶血性弧菌在硫代硫酸盐、柠檬酸盐、胆盐、蔗糖（TCBS）琼脂平板上的形态

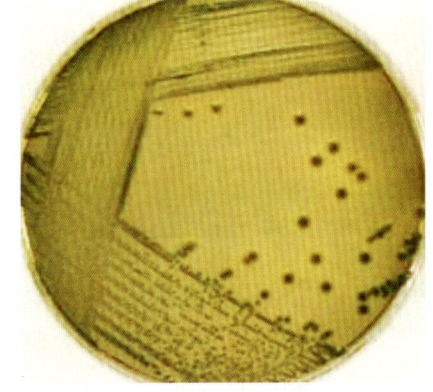

彩图 9　副溶血性弧菌在氯化钠蔗糖琼脂平板上的形态

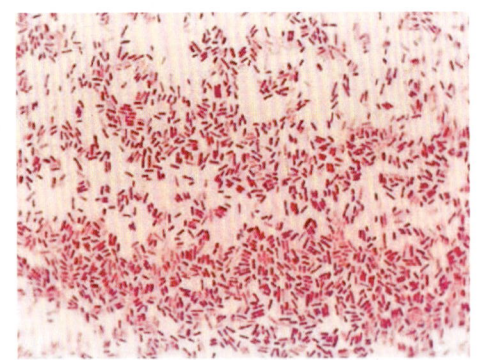

彩图 10　致泻大肠埃希氏菌经革兰氏染色后在光学显微镜下的形态

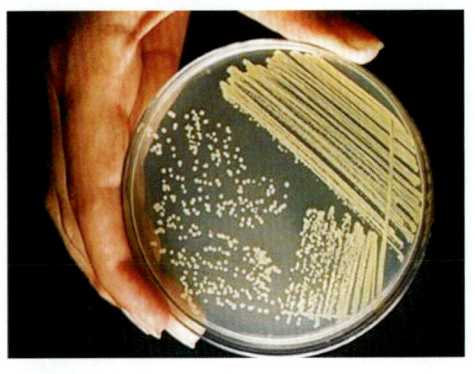

彩图 11　大肠埃希氏菌光滑型菌落的形态

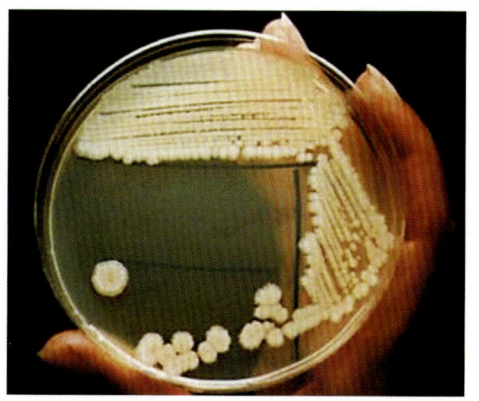

彩图 12　大肠埃希氏菌粗糙型菌落的形态

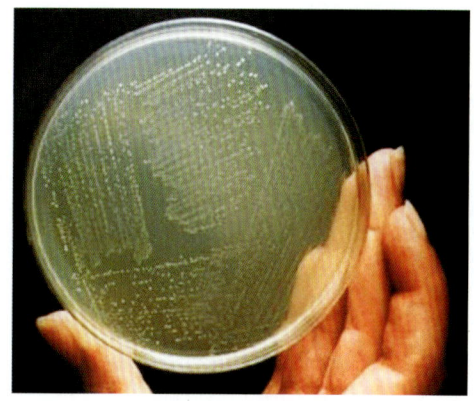

彩图 13　大肠埃希氏菌黏液型菌落的形态

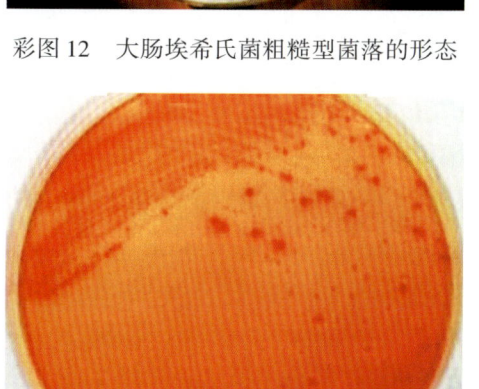

彩图 14　大肠埃希氏菌在 SS 琼脂平板上的菌落形态

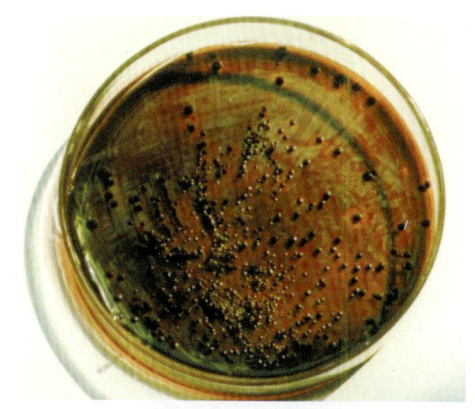

彩图 15　大肠埃希氏菌在伊红美蓝（EMB）琼脂平板上的菌落形态

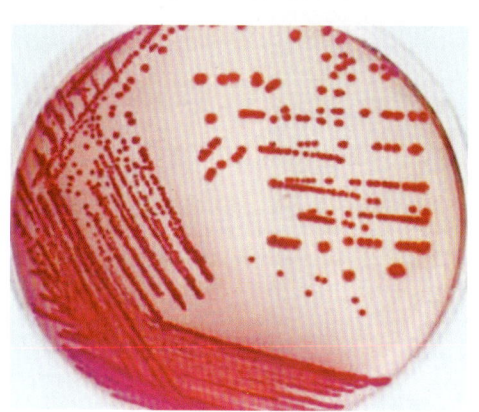

彩图 16　大肠埃希氏菌在麦康凯琼脂平板上的菌落形态

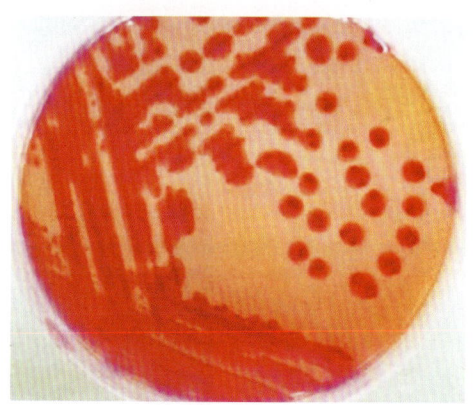

彩图 17　黏液型大肠埃希氏菌在麦康凯琼脂平板上的菌落形态

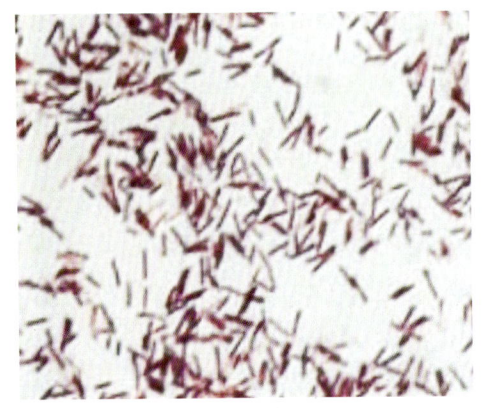

彩图 18　蜡样芽孢杆菌在光学显微镜下的形态

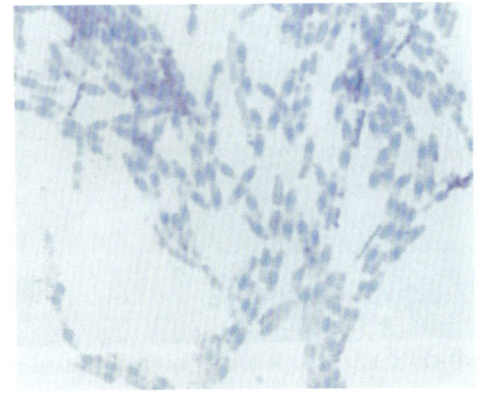

彩图 19　用孔雀绿染色的蜡样芽孢杆菌芽孢

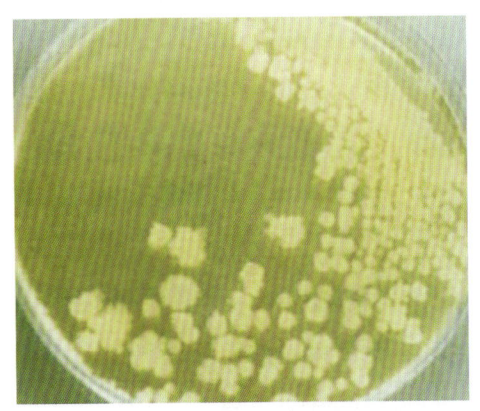

彩图 20　普通琼脂平板上的蜡样芽孢杆菌

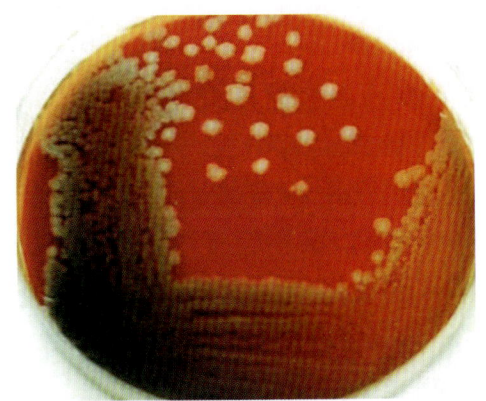

彩图 21　血平板上的蜡样芽孢杆菌

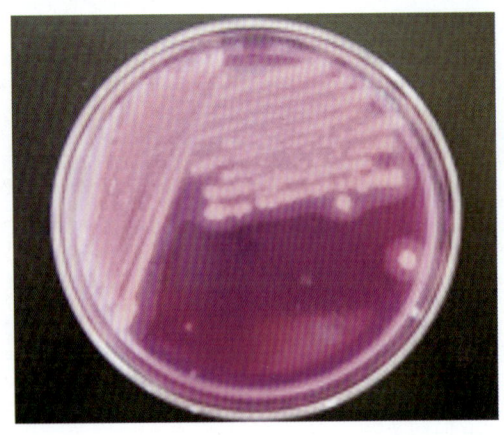

彩图 22　甘露醇卵黄多黏菌素（MYP）琼脂平板上的蜡样芽孢杆菌

1+X 职业技术·职业资格培训教材

SHIPINJIANYANYUAN
食品检验员（三级）

编审委员会
主　　任　张　岚　黄卫来
委　　员　顾卫东　葛恒双　孙兴旺
　　　　　葛　玮　李　晔　刘汉成
执行委员　李　晔　瞿伟洁　夏　莹

编写单位
上海市质量检测行业协会
上海质量教育培训中心

本书编委会
主　　任　唐晓芬　周永清
副主任　　朱　明　巢强国　周惠芬
委　　员　周荣英　王金德　薛　亮　忻元庆
　　　　　曹程明　钟全斌　李　平
主　　编　郑吉园
副主编　　薛　亮　周惠芬　巢强国　李　平
编　者　　梅雯芳　沈　红　王　颖　朱建新
　　　　　张　敏　倪建平　张　辉　张清平
　　　　　曲勤凤　张伊青　潘　盈　杨　跃
主　　审　杨景贤　陈　敏

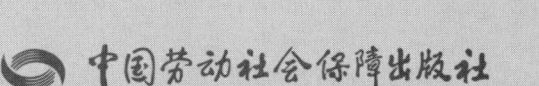
中国劳动社会保障出版社

图书在版编目(CIP)数据

食品检验员：三级/人力资源和社会保障部教材办公室等组织编写. —北京：中国劳动社会保障出版社，2017

1+X 职业技术·职业资格培训教材

ISBN 978-7-5167-3131-4

Ⅰ.①食… Ⅱ.①人… Ⅲ.①食品检验-职业培训-教材 Ⅳ.①TS207.3

中国版本图书馆 CIP 数据核字(2017)第 229795 号

中国劳动社会保障出版社出版发行

(北京市惠新东街 1 号　邮政编码：100029)

*

北京市科星印刷有限责任公司印刷装订　　新华书店经销

787 毫米×1092 毫米　16 开本　25.25 印张　2 彩色插页　479 千字

2017 年 9 月第 1 版　　2025 年 6 月第 4 次印刷

定价：58.00 元

营销中心电话：400-606-6496

出版社网址：http://www.class.com.cn

版权专有　　侵权必究

如有印装差错，请与本社联系调换：(010) 81211666

我社将与版权执法机关配合，大力打击盗印、销售和使用盗版图书活动，敬请广大读者协助举报，经查实将给予举报者奖励。

举报电话：(010) 64954652

内 容 简 介

本教材由人力资源和社会保障部教材办公室、中国就业培训技术指导中心上海分中心、上海市职业技能鉴定中心依据上海 1+X 食品检验员（三级）职业技能鉴定细目组织编写。教材从强化培养操作技能，掌握实用技术的角度出发，较好地体现了当前最新的实用知识与操作技术，对于提高从业人员基本素质，掌握食品检验员的核心知识与技能有直接的帮助和指导作用。

本教材在编写中根据本职业的工作特点，从掌握实用操作技能和能力培养为根本出发点，采用模块化的编写方式。全书共分为 18 章，内容包括：标准物质与标准溶液、样品前处理、紫外可见分光光度法、气相色谱法、原子吸收分光光度法、原子荧光分光光度法、冷原子吸收分光光度法、细菌检验基础知识、沙门氏菌检验、志贺氏菌检验、金黄色葡萄球菌检验、β 型溶血性链球菌检验、副溶血性弧菌检验、致泻大肠埃希式菌检验、蜡样芽孢杆菌检验、常见益生菌检验、数据处理、实验室质量管理。全书后附有理论知识考试模拟试卷和技能考核模拟试卷。

本教材可作为食品检验员（三级）职业技能培训与鉴定考核教材，也可供全国中、高等职业院校相关专业师生参考使用，以及本职业从业人员培训使用。

前　　言

职业培训制度的积极推进，尤其是职业资格证书制度的推行，为广大劳动者系统地学习相关职业的知识和技能，提高就业能力、工作能力和职业转换能力提供了可能，同时也为企业选择适应生产需要的合格劳动者提供了依据。

随着我国科学技术的飞速发展和产业结构的不断调整，各种新兴职业应运而生，传统职业中也愈来愈多、愈来愈快地融进了各种新知识、新技术和新工艺。因此，加快培养合格的、适应现代化建设要求的高技能人才就显得尤为迫切。近年来，上海市在加快高技能人才建设方面进行了有益的探索，积累了丰富而宝贵的经验。为优化人力资源结构，加快高技能人才队伍建设，上海市人力资源和社会保障局在提升职业标准、完善技能鉴定方面做了积极的探索和尝试，推出了1＋X培训与鉴定模式。1＋X中的1代表国家职业标准，X是为适应经济发展的需要，对职业的部分知识和技能要求进行的扩充和更新。随着经济发展和技术进步，X将不断被赋予新的内涵，不断得到深化和提升。

上海市1＋X培训与鉴定模式，得到了国家人力资源和社会保障部的支持和肯定。为配合1＋X培训与鉴定的需要，人力资源和社会保障部教材办公室、中国就业培训技术指导中心上海分中心、上海市职业技能鉴定中心联合组织有关方面的专家、技术人员共同编写了职业技术·职业资格培训系列教材。

职业技术·职业资格培训教材严格按照1＋X鉴定考核细目进行编写，教材内容充分反映了当前从事职业活动所需要的核心知识与技能，较好地体现了适用性、先进性与前瞻性。聘请编写1＋X鉴定考核细目的专家，以及相关行业的专家参与教材的编审工作，保证了教材内容的科学性及与鉴定考核细目以及题库的紧密衔接。

职业技术·职业资格培训教材突出了适应职业技能培训的特色，使读者通过学习与培训，不仅有助于通过鉴定考核，而且能够有针对性地进行系统学习，真正掌握本职业的核心技术与操作技能，从而实现从懂得了什么到会做什么的飞跃。

职业技术·职业资格培训教材立足于国家职业标准，也可为全国其他省市开展新职业、新技术职业培训和鉴定考核，以及高技能人才培养提供借鉴或参考。

新教材的编写是一项探索性工作，由于时间紧迫，不足之处在所难免，欢迎各使用单位及个人对教材提出宝贵意见和建议，以便教材修订时补充更正。

人力资源和社会保障部教材办公室
中国就业培训技术指导中心上海分中心
上海市职业技能鉴定中心

目 录

第1章 标准物质与标准溶液
第1节 标准物质 …………………………………………… 3
第2节 标准溶液 …………………………………………… 8

第2章 样品前处理
第1节 有机质破坏法 ……………………………………… 25
第2节 蒸馏法 ……………………………………………… 27
第3节 溶剂提取法 ………………………………………… 28
第4节 样品的浓缩 ………………………………………… 31
第5节 气相色谱化学衍生化反应技术 …………………… 32

第3章 紫外可见分光光度法
第1节 紫外可见分光光度法的原理 ……………………… 41
第2节 紫外可见分光光度计的主要部件 ………………… 44
第3节 紫外可见分光光度法测量条件的选择 …………… 47
第4节 紫外可见分光光度法的应用 ……………………… 52

第4章 气相色谱法
第1节 气相色谱基本理论 ………………………………… 69
第2节 气相色谱仪的基本结构和工作原理 ……………… 72
第3节 气相色谱方法的建立 ……………………………… 78
第4节 气相色谱的定性定量分析 ………………………… 81

第 5 节　气相色谱仪操作维护要点和常见故障分析 ……… 82
第 6 节　气相色谱法在食品安全分析中的应用 …………… 86

第 5 章　原子吸收分光光度法

第 1 节　原子吸收分光光度计的主要部件 ……………… 101
第 2 节　原子吸收分光光度法测量条件的选择 ………… 107
第 3 节　原子吸收分光光度法的应用 …………………… 112

第 6 章　原子荧光分光光度法

第 1 节　原子荧光分光光度计的主要部件 ……………… 123
第 2 节　原子荧光分光光度法测量条件的选择 ………… 127

第 7 章　冷原子吸收分光光度法

第 1 节　冷原子吸收分光光度计 ………………………… 137
第 2 节　冷原子吸收分光光度法测量条件的选择 ……… 138

第 8 章　细菌检验基础知识

第 1 节　细菌的分类 ……………………………………… 147
第 2 节　细菌的形态学及形态学检查法 ………………… 148
第 3 节　细菌的生理学 …………………………………… 149
第 4 节　细菌的培养与分离技术 ………………………… 154
第 5 节　细菌的生物化学试验 …………………………… 156
第 6 节　菌种的保存 ……………………………………… 165
第 7 节　细菌的微量鉴定系统和自动化快速检测技术 … 165

第9章 沙门氏菌检验

第1节 生物学特性 …………………………………………… 175

第2节 检验原理和实验材料 ……………………………… 177

第3节 操作步骤 …………………………………………… 178

第10章 志贺氏菌检验

第1节 生物学特性 …………………………………………… 193

第2节 检验原理和实验材料 ……………………………… 194

第3节 操作步骤 …………………………………………… 195

第11章 金黄色葡萄球菌检验

第1节 生物学特性 …………………………………………… 209

第2节 检验原理和实验材料 ……………………………… 211

第3节 金黄色葡萄球菌检验步骤 ………………………… 212

第4节 金黄色葡萄球菌 Baird – Parker 平板计数 ……… 214

第5节 金黄色葡萄球菌 MPN 计数 ……………………… 217

第12章 β型溶血性链球菌检验

第1节 生物学特性 …………………………………………… 229

第2节 检验原理和实验材料 ……………………………… 231

第3节 操作步骤 …………………………………………… 232

第13章 副溶血性弧菌检验

第1节 生物学特性 …………………………………………… 241

第2节 检验原理和实验材料 ……………………………… 242

第3节　操作步骤 …………………………………… 243

第14章　致泻大肠埃希氏菌检验

第1节　生物学特性 …………………………………… 257

第2节　检验原理和实验材料 ………………………… 260

第3节　操作步骤 ……………………………………… 260

第4节　大肠埃希氏菌 O157：H7/ NM 检验

（常规培养法） ……………………………… 264

第15章　蜡样芽孢杆菌检验

第1节　生物学特性 …………………………………… 277

第2节　检验原理和实验材料 ………………………… 278

第3节　操作步骤 ……………………………………… 279

第16章　常见益生菌检验

第1节　乳酸菌检验 …………………………………… 293

第2节　双歧杆菌检验 ………………………………… 295

第17章　数据处理

第1节　分析数据的取舍 ……………………………… 303

第2节　标准误差和相对标准误差 …………………… 305

第3节　最小二乘法 …………………………………… 307

第4节　检出限、灵敏度、噪声 ……………………… 311

第5节　分析方法的选择 ……………………………… 312

第18章 实验室质量管理

第1节 设备及标准物质的期间核查 ………………………… 325

第2节 作业指导书的编制 ………………………………… 327

第3节 原始记录和检验报告的编制 ……………………… 328

第4节 实验室内部质量控制 ……………………………… 333

第5节 实验室常规检验流程 ……………………………… 335

职业技能鉴定考核简介

理论知识考试模块试卷（一）……………………………… 343

理论知识考试模块试卷（一）答案 ………………………… 359

理论知识考试模块试卷（二）……………………………… 360

理论知识考试模块试卷（二）答案 ………………………… 376

技能考核模拟试卷（一）…………………………………… 377

技能考核模拟试卷（二）…………………………………… 384

参考文献

第 1 章

标准物质与标准溶液

第 1 节　标准物质　/3
第 2 节　标准溶液　/8

引 导 语

　　容量法、分光光度法、色谱法、原子吸收法等食品分析技术中的理化检验方法都需要使用标准物质和标准溶液作为参比。标准物质和标准溶液是食品分析技术中理化检验的基本条件，所使用的标准物质和标准溶液准确可靠是检验结果准确的前提，因此在理化分析中选择合适的标准物质和标准溶液是非常重要的。

　　在本章中，介绍了标准物质与标准溶液的术语、分级、使用、保存等相关内容，重点介绍标准溶液的配制和标定。

学 习 要 点

● **熟悉**
标准物质与标准溶液的相关术语、标准溶液制备的相关国家标准

● **掌握**
标准物质与标准溶液的分级、使用及保存

● **熟练掌握**
标准溶液的配制及标定

第1节 标 准 物 质

一、标准物质的定义

1. 标准物质

标准物质（reference material，RM）是具有准确量值的测量标准，是具有一种或多种足够均匀并已确定特性值的，用以校准设备、评价测量方法或给材料赋值的材料或物质。它广泛应用于化学测量、生物测量、工程测量、物理测量等领域。

2. 有证标准物质

有证标准物质（certified reference material，CRM）是指附有证书的标准物质，其一种或多种特性值用建立了溯源性的程序确定，使之可溯源到准确复现的用于表示该特性值的计量单位，而且每个标准值都附有给定置信水平的不确定度。标准物质证书是介绍标准物质的技术文件，是研制（或生产）者向用户提出的质量保证。标准物质证书不仅给出标准物质的标准值及其准确度，而且扼要描述标准物质的制备程序、均匀性、稳定性、特性量值及其测量方法，介绍标准物质的正确使用方法和储存方法，使用户对标准物质有一个概括的了解。所有的化学分析，无论是定性的还是定量的，都依赖于并且最后可溯源至一种有证标准物质或某种类型的标准物质。

二、标准物质的分类

标准物质的种类繁多，有很多分类方法，常见的分类方法如下：

1. 按技术特性分类

按照这种分类方法，标准物质可以分为化学成分标准物质（也称为成分量标准物质）、物理化学特性标准物质和工程技术特性标准物质，具体的定义和适用范围见表1—1。

表1—1　　　　　　　　标准物质的技术特性分类

名称	定义	适用范围
化学成分标准物质	具有确定的化学成分，并用技术上正确的方法对其化学成分进行了准确的计量	用于成分分析仪器的校准和分析方法的评价，以及对目标物定量，如金属、地质、环境等化学成分标准物质

续表

名称	定义	适用范围
物理化学特性标准物质	具有良好的物理化学特性，并已经过准确计量	用于物理化学特性计量器具的刻度校准或计量方法的评价，如pH值、燃烧热、聚合物分子量标准物质等
工程技术特性标准物质	具有某种良好的技术特性并经准确计量	用于工程技术参数和特性计量器具的校准、计量方法的评价及材料或产品技术参数的比较计量，如粒度标准物质、标准橡胶、标准光敏褪色纸等

2. 按化学组成分类

根据化学组成，标准物质可分为两大类：单一组分标准物质和基体标准物质，具体的定义和适用范围见表1—2。

表1—2　　　　　　　　　　标准物质的化学组成分类

名称	定义	适用范围
单一组分标准物质	纯化学物质（元素或化合物）或纯度、浓度、熔点、融化焓值、黏度、紫外可见吸光度、闪点等已准确定值的纯化学物质	主要用于分析仪器的校准，在绝大多数分析测试中起着重要的作用。对所用标准物质的选择可根据该物质的可获得性、费用、适用性和测量所要求的不确定度等多种因素来决定
基体标准物质	通常是包含被分析物的真实样品，它们以自然形式存在于自然环境中	基体标准物质最好能够包含与测试样品相似的被分析物，并准确定值，在食品分析中，有奶粉、茶叶等基体标准物质

3. 按其他方法分类

根据存在状态，标准物质可以分为固态标准物质、气态标准物质和液态标准物质，如图1—1所示。其中铅标准溶液属于单一组分标准物质，环境检测用标准气属于基体标准物质。

根据学科或专业，标准物质可以分为地质学、物理化学等十几类，ISO（国际标准化组织）采用这种方法汇编了标准物质指南。

三、标准物质的分级

化学分析实验室常用的标准物质一般有基准物质、一级标准物质和二级标准物质等，它们之间的区别与联系见表1—3。在食品质量安全检测中，一级标准物质和二级标准物质的使用比较普遍。

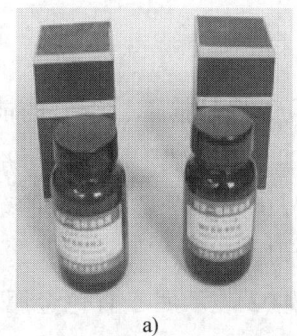  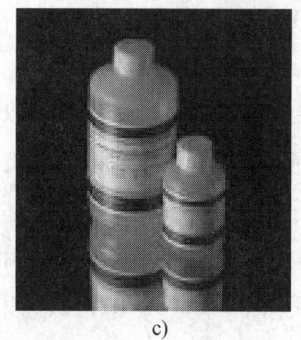

图 1—1　各种不同状态的标准物质
a）固态标准物质　b）气态标准物质　c）液态标准物质

表 1—3　标准物质的分级

等级	定义及使用	管理
基准物质	通过基准装置、基本方法直接将量值溯源至国家基准的一类化学纯物质，用于化学成分量值的溯源与复现	基准物质、一级标准物质由国务院计量行政部门批准、颁布并授权生产，它的代号是以"国""标""物"三个字的汉语拼音首字母"GBW"表示
一级标准物质	一级标准物质（GBW）的准确度具有国内最高水平，主要用于评价标准方法、做仲裁分析的标准，为二级标准物质定值，是量值传递的依据	
二级标准物质	二级标准物质 GBW（E）是用来与一级标准物质进行比较测量的方法定值，或用与一级标准物质相同的定值方法定值，可作为工作标准直接使用	二级标准物质由国务院计量行政部门批准、颁布并授权生产，它的代号是在"GBW"后加上"二"字的汉语拼音首字母并以小括号括起来——GBW（E）

至 2007 年，已批准的国家一级标准物质有 1 093 种（其中含基准物质 108 种），二级标准物质 1 122 种，它们的形态包括纯物质、固体、气体和水溶液。根据它们在 SI（国际单位制符号）基本单位与日常测试样品之间的相对计量学位置，不同等级标准物质的排序如图 1—2 所示。

四、标准物质的编号

一种标准物质对应一个编号。当该标准物质停止生产或停止使用时，该编号不再用于其他标准物质，该标准物质恢复生

基准物质
⇩
一级标准物质
⇩
二级标准物质
⇩
测试样品

图 1—2　标准物质层级图

产和使用则仍启用原编号。

1. 一级标准物质的编号

一级标准物质的编号是以一级标准物质代号"GBW"冠于编号前部,编号的前两位数是标准物质的大类号,第三位数是标准物质的小类号,第四、五位数是同一类标准物质的顺序号。生产批号用英文小写字母表示,排在标准物质编号的最后一位,生产的第一批标准物质用a表示,第二批用b表示,批号顺序与英文字母顺序一致。

例如,GBW02102b铁黄铜属于一级标准物质,前两位数02表示属于有色金属大类,第三位数1表示是铜合金小类,第四、五位数02表示是本类中第二个批准的标准物质,b表示是第二批产品。

2. 二级标准物质的编号

二级标准物质的编号是以二级标准物质代号"GBW(E)"冠于编号前部,编号的前两位数是标准物质的大类号,第三、四、五、六位数为该大类标准物质的顺序号。生产批号的编排同一级标准物质的生产批号。

例如,GBW(E)080685铅标准溶液属于二级标准物质,前两位数08表示环境特性测量分析类标准物质,第三、四、五、六位数0685表示是本类中第685个批准的标准物质。

标准物质的分类编号见表1—4。

表1—4　　　　　　　　　　标准物质的分类编号

序号	标准物质分类名称	一级标准物质分类号	二级标准物质分类号
1	钢铁	GBW01101～GBW01999	GBW(E)010001～GBW(E)019999
2	有色金属	GBW02101～GBW02999	GBW(E)020001～GBW(E)029999
3	建筑材料	GBW03101～GBW03999	GBW(E)030001～GBW(E)039999
4	核材料与放射性测量	GBW04101～GBW04999	GBW(E)040001～GBW(E)049999
5	高分子材料	GBW05101～GBW05999	GBW(E)050001～GBW(E)059999
6	化工产品	GBW06101～GBW06999	GBW(E)060001～GBW(E)069999
7	地质	GBW07101～GBW07999	GBW(E)070001～GBW(E)079999
8	环境	GBW08101～GBW08999	GBW(E)080001～GBW(E)089999
9	临床化学与医药	GBW09101～GBW09999	GBW(E)090001～GBW(E)099999
10	食品	GBW10101～GBW10999	GBW(E)100001～GBW(E)109999
11	能源	GBW11101～GBW11999	GBW(E)110001～GBW(E)119999
12	工程技术	GBW12101～GBW12999	GBW(E)120001～GBW(E)129999
13	物理学与物理化学	GBW13101～GBW13999	GBW(E)130001～GBW(E)139999

五、标准物质的作用

标准物质在化学分析以及食品质量保证中具有非常重要的作用，是保证分析结果准确的重要因素。它的主要作用包括：校准仪器、确认方法、评定分析测量不确定度、检验分析人员的能力和实验室内部质量控制。

1. 用于仪器校准

现代仪器分析方法提供了低检出限、高专一性、高精密度、自动进样等一系列好处，在食品检验中应用广泛。常用的光谱、色谱等仪器在使用前需要使用标准物质对仪器进行检定，检查仪器的各项指标，如灵敏度、分辨率、稳定性等是否达到要求。在使用时用标准物质绘制标准曲线校准仪器，在测试过程中修正分析结果。引进量值准确已知的特定分析物来校准仪器的输出信号，通过比较校准物信号与测试样品信号，可以准确计算出样品中被分析物的量。

2. 用于评价分析数据的准确性

在食品分析中虽然实验室使用的是标准化的分析方法，也有资料确认了有关性能参数的准确度和精密度，但还是需要在实际工作中提供其结果的准确度可接受并且适用的证明。到目前为止，有很多方式可以证明常规分析结果符合分析要求的准确度，例如参加能力验证、分析加标样品、运用两种或两种以上分析方法或在两个以上实验室开展特定样品的交叉分析等。除了以上方法，分析适当的基体标准物质也是评价和证明分析数据质量的一个特别有效的方法。

3. 用于方法确认及测量不确定度评定

方法确认是进行足够详细的方法性能描述以证明方法适合预期目的的过程，这个过程的基础是方法特性的性能范围测定，有些是定量的（偏差、准确度、精密度、检出限），有些是定性的或半定量的。标准物质在方法确认中的主要作用是评估方法的正确度（偏差）及其测量不确定度，通过对实验进行细致的安排，也可以同时得到方法精密度等其他有用的信息。应用标准物质除了具有规定水平的不确定度的标准值，还可以在一定程度上确保所用标准物质的均匀性。

4. 用于质量控制

在分析过程中同时分析标准物质，通过标准物质的分析结果考察操作过程的正确性。

六、标准物质的正确使用

标准物质的使用应以保证测量的可靠性为原则，在使用时应当考虑标准物质的供应量、相关费用、可获得性及相关测量技术。

1. 有效期

标准物质的研制者将在规定的储存条件下，经稳定性试验证明特性值稳定的时间间隔作为标准物质的有效期。稳定性试验只能说明标准物质在已经试验的这段时间内是稳定的，超过有效期的稳定情况不能确定。食品分析中大部分化学分析用标样是需要配制后使用的，即便是严格按说明书配制和使用，制备过程、使用的介质（溶剂）的种类和浓度对标准工作液的稳定性都是有影响的。实际工作中应当注意监测标准物质的变化情况，加强核查。

2. 不确定度

不确定度表示被测量值的分散性，不同的标准物质其定值特性的不确定度也不同，其定值特性的合成不确定度可能来自于标准物质的不均匀性、定值方法的不确定度、实验室内和实验室间的不确定度。选择标准物质时应当考虑其对预期分析结果要求的不确定度水平的影响。

除生产者确定的不确定度外，标准物质的不同处理过程也会影响分析结果的不确定度，例如标准物质与分析样品基体之间有差异时，或使用与标准物质定值方法不同的分析方法时，可能其不确定度与生产者提供的会有差异。使用标准物质时其不确定度并不是越小越好，还应当考虑供应状况、成本、预期使用的化学适用性和物理适用性。当分析结果的不确定度很大时，可以选用级别较低的标准物质，以降低分析成本。

3. 溯源性

溯源性是通过一条具有规定不确定度的不间断的比较链，使测量结果能够与规定的参考标准（通常是国家计量标准或国际计量标准）联系起来的特性。

食品质量分析中很多分析结果是靠标准物质来溯源的，实验室在选购标准物质时应注意其证书是否能够证明其对国家计量标准的溯源性。有些标准物质由于与待测样品的物理化学特性不同，如块状与粒状、固体与液体、基体不完全匹配等，虽然溯源性能够达到要求，但分析结果的溯源性会受到影响。

第 2 节　标　准　溶　液

一、标准溶液的定义

标准溶液是指含有某一特定浓度参数的溶液。食品分析中标准溶液的使用非常广泛，需要通过标准溶液的浓度和用量来计算待测组分的含量，因此标准溶液的正确配制、标定、妥善保存对提高分析结果的准确度有重大意义。

二、标准溶液的配制

1. 直接配制法

（1）直接配制法的操作。直接配制法即准确称取一定量的纯物质，溶解并稀释到一准确的体积，根据计算求出该溶液的准确浓度。如物质的量浓度标准溶液的配制：

$$C = \frac{m}{V \times M} \times 1\,000$$

式中　C——物质的量浓度，mol/L；

　　　m——物质的质量，g；

　　　V——稀释定容的体积，mL；

　　　M——物质的摩尔质量，g/mol。

具体操作方法如下：根据配制溶液的浓度要求，使用精度为 0.1 mg 的电子天平称取固体物质于烧杯中，用少量溶剂溶解，将溶液定量转移至容量瓶中，然后再用少量溶剂仔细洗涤烧杯 2~3 次，洗涤液也转移到容量瓶中，最后用溶剂定容至刻度，将容量瓶反复倒置并用力摇动几次，使溶液完全混合均匀。

（2）直接配制法的适用情况。可以用直接配制法配制标准溶液的物质必须具备以下条件：

1）物质必须具有足够的纯度，即含量大于等于 99.9%，其杂质含量应少于容量分析所允许的误差限度。一般可用基准试剂或优级纯试剂。

2）物质的组成与化学分子式应完全相符。若含结晶水，结晶水的含量也应与化学分子式相符。

3）稳定。物质具有非常好的稳定性能，一般条件下不发生物理性质或化学性质的变化。

2. 间接配制法

很多物质不符合基准物质的条件。例如，NaOH 易吸收空气中的 CO_2，称量所得的质量不能代表 NaOH 的真正质量；又如，浓盐酸易挥发，而且它的组成不能完全确定。因此，这些物质必须采用间接配制法配制标准溶液。

间接配制法，就是粗略地称取一定量物质或量取一定体积溶液，配制成接近于所需要浓度的溶液，再用基准物质或已知浓度的标准溶液来确定其准确浓度。这个过程称为标定，将在以下的章节予以详细阐述。

3. 配制标准溶液的注意事项

（1）配制标准溶液使用的水应为纯水，其他溶剂应为分析纯以上级别的试剂，所用的容器应用纯水或其他溶剂清洗 3 次以上。配制有特殊要求的标准溶液还需要事先做纯水的空白值检验，如配制 $AgNO_3$溶液时应检验水中有无 Cl^-，配制用于络合滴定的 EDTA（乙二胺四乙酸）溶液时应检验水中有无阳离子。

（2）配制硫酸、硝酸、盐酸等溶液时，都应把酸小心地倒入水中，并不断搅拌。

（3）标定后的标准溶液必须贴有标签，标明溶液的名称、浓度、标定日期、有效日期、标定人名和校核人名。标准溶液标签可参考图 1—3 进行设计。

标 准 溶 液

标准溶液名称：________________

标准溶液浓度：________________

标 定 日 期：________________

有 效 日 期：________________

标 定 人：________________

校 核 人：________________

图 1—3　标准溶液标签参考样张

三、基准物质的选取

1. 选择摩尔质量较大的物质为基准物质

在标定标准溶液时，摩尔质量大的物质所需要的称样量大，由于天平的精度原因造成的称重误差可以减小，最终减小标定溶液的误差。例如，邻苯二甲酸氢钾和草酸都可作为标定 NaOH 溶液的基准物，但是邻苯二甲酸氢钾的摩尔质量大于草酸，更加适宜用作基准物质。

2. 选择性质稳定的物质为基准物质

能够滴定标准溶液的高纯度物质有很多种类，如果该物质不具有足够的稳定性，在储存时容易失去结晶水或者发生其他化学反应，称量出来的数据不能准确反映实际称样量，会干扰标定结果。因此在标定时选择的基准物要具有稳定性高、不吸湿、不风化等性质。例如，无水碳酸钠和硼砂（$Na_2B_4O_7 \cdot 10H_2O$）都可用于 HCl 标准溶液的标定，其中无水碳酸钠在存放时会吸水，使用前可以通过高温烘去水分，消除水分的干扰，硼砂（$Na_2B_4O_7 \cdot 10H_2O$）在湿度小于 39% 的条件下存放易失去结晶水，存放时需要较高的要求，两种基准物质进行比较，无水碳酸钠具有更高的稳定性，适宜用作标定 HCl 溶液的基准物质。

3. 选择易溶解的物质为基准物质

标定一般都是在溶液间进行的，因为液体状态反应比较快速和完全。容易溶解的物质能够保证标定过程的正常进行，减少反应过慢等因素的影响。

4. 选择滴定中能产生准确的当量反应的物质为基准物质

标定标准溶液是为了获得该溶液的准确浓度，与标准溶液之间发生化学反应的关系越简单，就越容易对参与反应的物质进行定量，通过计算得到的标准溶液的浓度数值越准确，同时标定中反应终点的判断容易与否也是选择基准物质的一个非常重要的条件。

四、标准溶液的标定

1. 用基准物质标定

先配制一种近似浓度的溶液，然后准确称取一定量的基准物质，用适当的溶剂溶解，用被标定的溶液滴定至等当点，根据消耗的溶液体积和基准物质的质量计算被标定溶液的准确浓度。例如，用基准物质邻苯二甲酸氢钾标定 NaOH 溶液的浓度，称取的邻苯二甲酸氢钾用不含二氧化碳的水溶解，用酚酞作指示剂，然后用 NaOH 溶液滴定至粉红色，消耗 NaOH 溶液的体积为 V，则 NaOH 溶液的物质的量浓度的计算公式为：

$$C = \frac{m}{V \times M} \times 1\,000$$

式中　C——NaOH 标准溶液的物质的量浓度，mol/L；

　　　m——称取基准物质的质量，g；

　　　V——标定消耗 NaOH 溶液的体积，mL；

　　　M——邻苯二甲酸氢钾的摩尔质量，$M = 204.22$ g/mol。

2. 用已知准确浓度的标准溶液标定

先配制好浓度近似的溶液，然后使用已知准确浓度的标准溶液进行标定，根据消耗的标准溶液的体积，计算出未知溶液的浓度。例如，用移液管吸取一定体积的 NaOH 溶液，然后使用已知准确浓度的 HCl 标准溶液来标定 NaOH 溶液，计算公式如下：

$$C_1 \times V_1 = C_2 \times V_2$$

式中　C_1——HCl 标准溶液的物质的量浓度，mol/L；

　　　V_1——标定时消耗的 HCl 标准溶液的体积，mL；

　　　C_2——NaOH 溶液的物质的量浓度，mol/L；

V_2——NaOH 溶液的取样量，mL。

3. 标准溶液标定的体积校正

标准滴定溶液的浓度，一般都是指溶液在 20℃ 时的浓度。在标准溶液标定、直接制备和使用时如果温度有差异，应按照相关要求（见标准 GB/T 601 的附录 A）对因温度差异引起的溶液体积进行校正。标准溶液和标定所用的滴定管、容量瓶、单标线吸管等都需要定期校正，校正体积有差异的，也需要在标定和使用中进行校正。

4. 标准溶液标定的注意事项

（1）标准滴定溶液的浓度值应在规定值的 ±5% 范围以内，超过此范围需要对标准溶液加水稀释或添加浓度较高的溶液进行调节。

（2）选择合适的基准物质。一般选用摩尔质量较大的基准物质，以减少称量误差。称量基准物质的质量小于等于 0.5 g 时称量精度为 0.01 mg，大于 0.5 g 时称量精度为 0.1 mg。

（3）标定标准溶液时，滴速一般应保持在 6~8 mL/min。标定时所用标准溶液的体积不能太少，以减少滴定误差。

（4）尽量用基准物质标定，避免用另外一种标准溶液标定，以减少另外一种标准溶液引入的误差。

（5）标定时的反应条件和测定样品时的条件力求一致。

（6）标定标准滴定溶液的浓度时，需要两人进行实验，分别各做 4 次平行，取两人 8 次平行测定结果的算术平均值为测定结果，并且需要写出每人的极差以及两人之间的极差。

五、标准溶液的校核

标准溶液按照规定方法标定后，还可以通过校核程序再次确认获得的溶液浓度是否准确可靠。标准溶液的校核方法常见的是用另外一种已知准确浓度的标准溶液滴定待标定的溶液，通过校核方法计算出待标定溶液的校核浓度，将校核浓度与标定浓度进行比较，两种方法测得的浓度值之差不得大于 0.2%，以标定结果为准。

六、标准溶液的储存

1. 标准溶液应密闭储存，防止溶液蒸发。储存标准溶液的容器，其材料不应与溶液起理化作用，壁厚最薄处不小于 0.5 mm。

2. 高氯酸标准溶液、碘标准溶液具有一定的挥发性，宜储存于较低的温度条件下，高氯酸标准溶液最好是现用现标。氢氧化钾-乙醇标准溶液性质不稳定，需要冷藏储存，通常可储存一个月。

3. 除另有规定外，标准溶液在常温（15～25℃）下储存时间一般不超过两个月。当溶液出现浑浊、沉淀、颜色变化等现象时，应重新制备。

4. 见光易分解、易挥发的溶液，如 $KMnO_4$、$Na_2S_2O_3$、$AgNO_3$、I_2 等的溶液，应储存在棕色磨口瓶中。

5. 易吸收 CO_2 并能腐蚀玻璃的溶液，如 NaOH、KOH 溶液，应储存于耐腐蚀的玻璃瓶或聚乙烯瓶中，用橡胶瓶塞代替玻璃瓶塞。在瓶口还应设有碱石灰干燥管，以防倒出溶液时吸入 CO_2。

6. 由于溶剂易蒸发而挂于瓶内壁上，在使用时应摇匀，使浓度均匀。

7. 低浓度的标准溶液储存时间较短，当标准溶液的物质的量浓度小于等于 0.02 mol/L 时，应于临用前将高浓度的标准滴定溶液用煮沸并冷却的水稀释，必要时重新标定。

七、标准溶液制备的相关国家标准介绍

关于标准溶液的制备，我国已经制定了一些标准，目前在食品分析检测中使用比较广泛的国家标准有两个，分别为 GB/T 601《化学试剂　标准滴定溶液的制备》和 GB/T 602《化学试剂　杂质测定用标准溶液的制备》。

1. GB/T 601《化学试剂　标准滴定溶液的制备》

GB/T 601《化学试剂　标准滴定溶液的制备》适用于制备具有准确浓度的标准滴定溶液，以供用滴定法测定化学试剂的纯度及杂质含量。该标准明确了标准溶液制备的一般规定，比较全面地规定了常用标准滴定溶液的配制、标定方法，对影响溶液滴定体积的温度提供了校正方法，对标准溶液浓度平均值的不确定度也给予了计算说明。该标准中涉及的标准溶液主要包括：常用的酸、碱标准溶液，硫代硫酸钠、碘、高锰酸钾等氧化还原反应用标准溶液，滴定氯离子的硝酸银标准溶液，滴定金属离子的乙二胺四乙酸二钠标准溶液等。

2. GB/T 602《化学试剂　杂质测定用标准溶液的制备》

GB/T 602《化学试剂　杂质测定用标准溶液的制备》适用于制备单位体积内含有准确数量物质（元素、离子或分子）的溶液，适用于化学试剂中微量杂质的测定。该标准中标准溶液的制备采用的是直接制备法，即用天平准确称取物质后进行稀释定容制备而得，对制备时使用的天平、水、储存方法以及使用要求都做了明确规定。该标准介绍了常用的低浓度的酸根离子，金属离子以及乙酸酐、甲醛、乙醛、甲醇、水杨酸、丙酮、苯酚等有机物的标准溶液的制备方法。

【实训1—1】 硫代硫酸钠（$Na_2S_2O_3$）标准溶液的配制与标定

1. 目的

熟练掌握$Na_2S_2O_3$标准溶液的配制方法与标定方法。

2. 仪器设备及器皿

$Na_2S_2O_3$标准溶液的配制与标定需要用的设备及器皿见表1—5。

表1—5　　　　　配制与标定$Na_2S_2O_3$标准溶液所需仪器设备及器皿

名称	规格	数量
电子天平	精度0.01 g	1
烧杯	2 000 mL	1
电炉	1 500 W	1
电热鼓风干燥箱	100～250℃	1
棕色试剂瓶	1 000 mL	1
电子天平	精度0.1 mg	1
干燥器	ϕ150 mm	1
酸式滴定管（棕色）	50 mL	1
高型称量瓶	25 mm×25 mm 或 25 mm×40 mm	1
碘量瓶	250 mL	8

3. 操作步骤

（1）配制物质的量浓度约为0.1 mol/L的$Na_2S_2O_3$标准溶液。用精度为0.01 g的天平称取26 g五水合硫代硫酸钠（$Na_2S_2O_3 \cdot 5H_2O$）或16 g无水硫代硫酸钠，加入0.2 g无水碳酸钠（Na_2CO_3），溶于1 000 mL水中，在电炉上加热至微沸，保持10 min（煮沸过程中如果水分蒸发，可适当添加去离子水），冷却后储存于棕色试剂瓶中。放置两周后用4号玻璃滤锅过滤，滤液备用。

（2）$Na_2S_2O_3$标准溶液的标定

1）标定的原理为氧化还原反应中的碘量法，使用工作基准物质重铬酸钾（$K_2Cr_2O_7$）间接标定硫代硫酸钠标准溶液。在酸性条件下，一定量的重铬酸钾定量氧化碘化钾（KI）生成单质碘（I_2），用具有还原性的硫代硫酸钠标准溶液滴定可以再把碘还原成碘离子，滴定过程中使用淀粉作为指示剂。化学方程式如下：

$$Cr_2O_7^{2-} + 6I^- + 14H^+ =\!=\!= 2Cr^{3+} + 3I_2 + 7H_2O$$

$$3I_2 + 6Na_2S_2O_3 =\!=\!= 6NaI + 3Na_2S_4O_6$$

2) 标定步骤。用高型称量瓶取一定量的工作基准物质重铬酸钾，于120℃±2℃的干燥箱中干燥，直至恒重后存放于干燥器中冷却备用。

使用精度为0.1 mg的电子天平，采用减量称量法称取约0.18 g的重铬酸钾，置于碘量瓶中，加25 mL去离子水溶解，再加入2 g碘化钾以及20 mL质量浓度为200 g/L的硫酸溶液，用盖子塞紧，轻轻摇匀，水封后于暗处放置10 min。取150 mL去离子水加入到碘量瓶中，用配制好的硫代硫酸钠溶液滴定，近终点时（溶液颜色为绿色中稍带黄色）加入2 mL淀粉指示剂（质量浓度为10 g/L），继续用硫代硫酸钠标准溶液滴定，直至溶液由蓝色变为亮绿色。按照上述步骤，不加重铬酸钾，其他试剂不变，同时做试剂空白试验。

4. $Na_2S_2O_3$标准溶液浓度的计算

此氧化还原反应中，重铬酸钾与硫代硫酸钠以摩尔数1:6的比例参与反应，$Na_2S_2O_3$标准溶液的物质的量浓度按照以下公式计算：

$$C = \frac{m}{(V_1 - V_0) \times M} \times 1\,000$$

式中 C——$Na_2S_2O_3$标准溶液的物质的量浓度，mol/L；

m——重铬酸钾的质量的准确数值，g；

V_1——滴定消耗的$Na_2S_2O_3$标准溶液的体积，mL；

V_0——空白试验消耗的$Na_2S_2O_3$标准溶液的体积，mL；

M——重铬酸钾的摩尔质量的六分之一，M = 49.031 g/mol。

5. 精密度

标定时需两人进行实验，分别各做4次平行。每人4次平行标定结果极差的相对值不得大于重复性临界极差的相对值的0.15%，两人共8次平行标定结果极差的相对值不得大于重复性临界极差的相对值的0.18%。

6. 注意事项

（1）溶液的温度不能过高，一般在15~20℃之间进行滴定。

（2）碘量瓶需保持完全水封后再放置在暗处反应，滴定时不要剧烈摇动碘量瓶，防止碘升华，影响标定结果。

（3）当溶液的颜色是绿色中略带黄时，说明滴定终点快到了，淀粉指示剂的加入时间不要太早，一般离终点差0.5 mL时加入指示剂。

7. 填写原始记录

标准溶液标定原始记录见表1—6。

表1—6　　　　　　　　　　　　　　标准溶液标定原始记录

标定物质名称		指示剂		标定依据	
天平	型号： 编号： 检定有效期：	滴定管		型号： 编号： 检定有效期：	
温度计	型号： 编号： 检定有效期：	溶液温度 $t=$ ℃		环境温度 $t=$ ℃	

	滴定次数	1	2	3	4
	三角烧瓶编号				
称量瓶+标定物质量（g）					
称量后质量（g）					
标定物质量 m（g）					
滴定记录	终读数 V_4（mL）				
	初读数 V_1（mL）				
	空白值 V_0（mL）				
	滴定管校正值 V_3（mL）				
	滴定用量 V_t（mL）				
	温度校正系数 A				
	实际用量 V_{20}（mL）				
标准溶液的物质的量浓度 C（mol/L）					
	平均值（mol/L）				

计算公式：

$V_t = V_4 - V_1 - V_0 + V_3$

$V_{20} = V_t (1+A)$

$C = \dfrac{m}{V_{20} \times M} \times 1\,000$

校核人：　　　　　标定人：　　　　　标定日期：　　　　　标定地点：

【实训1—2】　盐酸（HCl）标准溶液的配制与标定
1. 目的
熟练掌握HCl标准溶液的配制方法与标定方法。
2. 仪器设备及器皿
盐酸标准溶液的配制与标定需要用的设备及器皿见表1—7。

表 1—7　　　　　配制与标定盐酸标准溶液所需仪器设备及器皿表

名称	规格	数量
量筒	20 mL	1
烧杯	2 000 mL	1
电炉	1 500 W	1
箱式电阻炉	8 kW	1
试剂瓶	1 000 mL	1
电子天平	精度 0.1 mg	1
酸式滴定管	50 mL	1
瓷坩埚	50 mL	1
三角烧瓶	250 mL	8

3. 操作步骤

（1）配制物质的量浓度约为 0.1 mol/L 的 HCl 标准溶液。量取 9 mL 的分析纯盐酸溶液，慢慢地注入 1 000 mL 水中，进行稀释，摇匀后即可得到物质的量浓度近似为 0.1 mol/L 的 HCl 标准滴定溶液。

（2）HCl 标准溶液的标定。HCl 标准溶液的标定选用工作基准物质为无水碳酸钠（Na_2CO_3），盐酸和碳酸钠反应生成氯化钠和弱酸碳酸，碳酸很不稳定，立即分解成二氧化碳和水。

使用精度为 0.1 mg 的电子天平，采用减量称量法准确称取 0.2 g 无水碳酸钠于三角烧瓶中，加入 50 mL 的水进行溶解，加入 10 滴溴甲酚绿－甲基红指示剂，然后用配制好的 HCl 标准溶液滴定至溶液由绿色变为暗红色，再把溶液置于电炉上煮沸 2 min，冷却后继续滴定至溶液呈暗红色即为终点。同时取 50 mL 的水做空白试验。

4. HCl 标准溶液浓度的计算

使用碳酸钠标定盐酸时，盐酸与碳酸钠以摩尔数 2:1 的比例进行反应，HCl 标准溶液的物质的量浓度的计算公式如下：

$$C = \frac{m}{(V_1 - V_0) \times M} \times 1\,000$$

式中　C——HCl 标准溶液的物质的量浓度，mol/L；

　　　m——无水碳酸钠的质量的准确数值，g；

　　　V_1——滴定时消耗的 HCl 标准溶液的体积，mL；

V_0——空白试验消耗的 HCl 标准溶液的体积，mL；

M——无水碳酸钠的摩尔质量的二分之一，$M = 52.994$ g/mol。

5. 精密度

标定时需两人进行实验，分别各做 4 次平行。每人 4 次平行标定结果极差的相对值不得大于重复性临界极差的相对值的 0.15%，两人共 8 次平行标定结果极差的相对值不得大于重复性临界极差的相对值的 0.18%。

6. 注意事项

无水碳酸钠易吸收空气中的水分，因此在使用前需要取一定量的无水碳酸钠置于瓷坩埚中，在 270~300℃ 的高温炉中灼烧至恒重，存放于干燥器中备用。

7. 填写原始记录

标准溶液标定原始记录见表 1—6。

【实训 1—3】 硫代硫酸钠（$Na_2S_2O_3$）标准溶液的校核

校核 $Na_2S_2O_3$ 标准溶液，可以采用碘标准溶液。以 0.1 mol/L 的 $Na_2S_2O_3$ 标准滴定溶液为例，校核时可以用有证书的 0.1 mol/L 碘标准溶液进行滴定。准确吸取 25.00 mL 的碘标准溶液于碘量瓶中，加 150 mL 水，用 $Na_2S_2O_3$ 标准溶液滴定，近终点时（溶液呈淡黄色）加 2 mL 淀粉指示剂，继续滴定至溶液蓝色消失。同时做试剂空白试验。依据标定中溶液体积的校正方法，对 25.00 mL 碘标准溶液和消耗的 $Na_2S_2O_3$ 标准溶液体积进行校正，再根据氧化还原反应原理计算 $Na_2S_2O_3$ 标准溶液的浓度。

校核得到的 $Na_2S_2O_3$ 标准溶液浓度和标定得到的浓度之间的差异如果符合规定的要求（两种方法测得的浓度值之差不大于 0.2%），说明标定数据正确，如果两个数据的差异大于规定要求，则说明标定结果出现偏离，标定所得数据不正确，需要重新标定。

【实训 1—4】 盐酸（HCl）标准溶液的校核

校核 HCl 标准溶液，可以采用氢氧化钠（NaOH）标准溶液。以 0.1 mol/L 的 HCl 标准滴定溶液为例，校核可以用有证书的 0.1 mol/L 氢氧化钠标准溶液进行滴定。准确吸取 25.00 mL 的氢氧化钠标准溶液于三角烧瓶中，加入两滴酚酞指示剂，用 HCl 标准溶液滴定至溶液的红色刚好消失为终点。依据标定中溶液体积的校正方法，对 25.00 mL 氢氧化钠标准溶液和消耗的 HCl 标准溶液体积进行校正，再根据酸碱反应原理计算 HCl 标准溶液的浓度。

校核得到的 HCl 标准溶液浓度和标定得到的浓度之间的差异如果符合规定的要求（两种方法测得的浓度值之差不大于 0.2%），说明标定数据正确，如果两个数据的差异大于规定要求，则说明标定结果出现偏离，数据不正确，需重新标定。

职业技能鉴定要点

行为领域	鉴定范围	鉴定点	重要程度
理论准备	标准物质	标准物质的定义	★
		标准物质的分类	★
		标准物质的分级	★★
		标准物质的编号	★
		标准物质的作用	★★
		标准物质的正确使用	★★★
	标准溶液	标准溶液的定义	★
		标准溶液的配制	★★★
		基准物质的选取	★★★
		标准溶液的标定	★★★
		标准溶液的校核	★★★
		标准溶液的保存	★★★
		制备标准溶液的相关国家标准	★★★
技能训练	标准溶液的配制与标定	$Na_2S_2O_3$ 标准溶液的配制与标定	★★★
		HCl 标准溶液的配制与标定	★★★

测 试 题

一、判断题（下列判断正确的请打"√"，错误的请打"×"）

1. 在化学分析中，只有定量分析才依赖于有证标准物质或某种类型的标准物质。（　　）
2. 化学分析实验室常用的标准物质一般有基准物质、一级标准物质和二级标准物质等。（　　）
3. 溯源性是指通过一条具有规定不确定度的不间断的比较链，使测量结果能够与规定的参考标准，通常是国家计量标准或国际计量标准联系起来的特性。（　　）
4. 使用标准物质只需要保证在它的有效期内就可以了。（　　）
5. 一般的化学分析中使用的标准溶液也是一种标准物质。（　　）
6. 配制硫酸、硝酸、盐酸等溶液时，应该在搅拌状态下小心地把水倒入酸中。（　　）
7. 邻苯二甲酸氢钾和草酸都可作为标定 NaOH 的基准物，由于邻苯二甲酸氢钾的摩尔

质量大，所以更加适宜用作基准物。（　　）

8. 无水碳酸钠和硼砂（$Na_2B_4O_7 \cdot 10H_2O$）都可用于 HCl 标准溶液的标定，因为硼砂摩尔质量大，所以更适用于 HCl 标准溶液的标定。（　　）

9. 标定标准滴定溶液时，滴定的速度快慢对结果没有影响，一般根据个人的习惯进行。（　　）

10. 标准滴定溶液的浓度值应在规定值的 ±20% 范围以内，超过此范围需要对标准溶液加水稀释或添加浓度较高的溶液进行调节。（　　）

11. 标准溶液应密闭储存在棕色磨口瓶中。（　　）

12. 除另有规定外，标准溶液在常温（15～25℃）下储存时间一般不超过两个月。（　　）

13. 标定标准溶液时，体积的校正包括温度校正和滴定管校正两部分。（　　）

14. 标定标准溶液进行校核后，使用时条件相差再大对结果都不会产生影响。（　　）

15. 标准溶液标定中使用的基准物质必须干燥恒重后方可使用。（　　）

二、简答题

1. 什么是标准物质？什么是有证标准物质？
2. 标准物质在分析及产品质量保证中的作用是什么？
3. 标准溶液的配制方法常见的有两种，请简单说明如何配制？
4. 配制好的标准溶液必须贴有标签，标签上包括哪些内容？
5. 简述标定标准溶液时基准物质的选取原则。
6. 标准溶液的标定方法有哪些？实际工作中常用的是哪种方法？
7. 对标准溶液进行校核有什么意义？
8. 简述硫代硫酸钠标准溶液的标定原理。
9. 单一组分标准物质和基体标准物质有何区别？
10. 使用标准物质时需要考虑哪些问题？
11. 我国对标准物质如何分级？它们之间有何联系？

三、思考题

请结合工作实际，以一种标准物质（标准溶液）为例，说明你是怎么使用、保存以及对标准物质（标准溶液）进行校准的？这种标准物质对相关产品的质量控制意义是什么？

测试题答案

一、判断题

1. × 2. √ 3. √ 4. × 5. √ 6. × 7. √ 8. × 9. × 10. × 11. × 12. √ 13. √ 14. × 15. √

二、简答题

1. 标准物质是具有准确量值的测量标准，具有一种或多种足够均匀和很好确定的特性值，用以校准设备、评价测量方法、给材料赋值的材料或物质。

有证标准物质是指附有证书的标准物质，其一种或多种特性值用建立了溯源性的程序确定，使之可溯源到准确复现的用于表示该特性值的计量单位，而且每个标准值都附有给定置信水平的不确定度。

2. 标准物质是保证分析结果准确的重要前提，它的主要作用包括：校准仪器；方法确认和评定分析测量不确定度；检验分析人员的能力和实验室内部质量控制。

3. 标准溶液配制有两种方法：直接配制法和间接配制法。直接配制法是准确称取一定量的物质，溶解并稀释到一准确的体积，根据计算求出该溶液的准确浓度。间接配制法就是粗略地称取一定量物质或量取一定体积溶液，配制成接近于所需要浓度的溶液。

4. 标准溶液的标签上需要标明的有：溶液的名称、浓度、标定日期、有效日期、标定人名和校核人名。

5. 基准物质选取原则是选择摩尔质量较大的物质、选择性质较稳定的物质、选择易溶解的物质、选择滴定中能产生准确的当量反应的物质。

6. 标准溶液的标定通常有两种方法，即用基准物质标定和用已知准确浓度的标准溶液标定，在实际工作中一般选择用基准物质标定的方法。

7. 标准溶液按照规定方法标定后，可以通过校核程序进行再次确认，保证标定获得的溶液浓度准确可靠。

8. 标定的原理为氧化还原反应中的碘量法，使用工作基准物质重铬酸钾间接标定 $Na_2S_2O_3$ 标准溶液。在酸性条件下，一定量的重铬酸钾定量氧化碘化钾生成单质碘，用具有还原性的 $Na_2S_2O_3$ 标准溶液滴定会再把碘还原成碘离子，使用淀粉作为指示剂，碘与淀粉结合生成蓝色产物，到达滴定终点时蓝色产物消失，溶液呈现亮绿色。

9. 单一组分标准物质是指纯化学物质（元素或化合物）或纯度、浓度、熔点、融化焓值、黏度、紫外可见吸光度、闪点等已准确定值的纯化学物质，主要用于分析仪器的校准，在绝大多数分析测试中起着重要的作用。基体标准物质通常是包含被分析物的真实样品，它们以自然形式存在于自然环境中，基体标准物质最好能够包含与测试样品相似的被分析物，并准确定值。

10. 使用标准物质时需要考虑的因素有三个方面。

（1）标准物质是否在有效期内。

（2）标准物质的不确定度是否满足使用要求。

（3）标准物质是否具有溯源性。

11. 我国标准物质一般分为基准物质、一级标准物质和二级标准物质。基准物质是通过基准装置、基本方法直接将量值溯源至国家基准的一类化学纯物质，用于化学成分量值的溯源与复现。一级标准物质的准确度具有国内最高水平，主要用于评价标准方法、做仲裁分析的标准，为二级标准物质定值，是量值传递的依据。这三类标准物质中，基准物质等级高，一级标准物质等级居中，二级标准物质等级低。

三、思考题

答案略。

第 2 章

样品前处理

第 1 节　有机质破坏法　　　　　　　　　　　/25
第 2 节　蒸馏法　　　　　　　　　　　　　　/27
第 3 节　溶剂提取法　　　　　　　　　　　　/28
第 4 节　样品的浓缩　　　　　　　　　　　　/31
第 5 节　气相色谱化学衍生化反应技术　　　　/32

引 导 语

食品的成分十分复杂，既含有大分子的有机化合物，也含有各种无机元素。这些组分有的以复杂的结合状态或络合形式存在，有的被其他组分包裹。同时，样品中存在着许多对测定有干扰的组分。因此必须使用物理、化学或其他方法将被测组分提取出来，并采取适当的净化方法，消除干扰组分的影响。另外，当被测组分含量极低时，通常在测定前要通过浓缩手段进行富集。以上这些在测定前对样品进行的预处理，称为样品前处理。正确的前处理是保证测定结果准确的重要环节，对于微量、痕量组分的测定尤为重要。在样品前处理过程中，被测定组分必须完整或尽可能完整地保留，前处理使用的试剂应不对测定产生干扰。

在本章中，对常用的样品前处理技术基础知识作了阐述，并介绍了气相色谱分析中的化学衍生化反应技术。

学 习 要 点

● **熟悉**
  气相色谱分析中的化学衍生化反应技术

● **掌握**
  蒸馏法和样品浓缩处理技术

● **熟练掌握**
  有机质破坏法和溶剂提取法处理技术

第1节 有机质破坏法

食品中存在各种微量元素，这些元素有些是食品中的正常成分，如钾、钠、钙、铁、磷等，有些则是食物在生产、运输、销售过程中，由于受到污染而引入的，如铅、砷、铜等。

这些金属元素和砷常常与食品中的蛋白质等有机质结合成难溶、难解离的有机金属化合物。因此，在进行测定前，必须对样品进行有机质破坏，将被测元素释放出来，同时可以消除有机质在测定过程中对该元素的干扰。有机质破坏法除应用于检测食品中的微量金属元素外，也可以用于检测食品中的非金属元素，如氯、磷等。

常用的有机质破坏法有干法灰化、湿法消化和微波消解三大类。根据食品基质和被测元素性质的不同，各种方法又可以选择不同的操作条件。选择有机质破坏方法和操作条件的原则应是：方法简便，使用试剂越少越好；耗时短，有机物质破坏越彻底越好；被测元素不受损失；破坏后的溶液容易处理，不影响以后的测定步骤。

一、干法灰化

1. 干法灰化的概念和特点

将样品放置在坩埚中，先小心炭化，然后经 500~600℃ 灼烧灰化后，水分及挥发物质以气态逸出，有机物质中的碳、氢、氮等元素与有机物本身所含的氧及空气中的氧气生成 CO_2、H_2O 和氮的氧化物而散失，最后只剩下无机物（无机灰分）。这种通过灼烧手段分解样品的方法叫作干法灰化。常见的灼烧装置是灰化炉，又称高温马弗炉，如图 2—1 所示。

图 2—1　灰化炉（高温马弗炉）

干法灰化法的优点是有机物破坏彻底、操作简单、使用试剂少，适用于大批量样品的分析测定，但存在一定缺点，如由于灼烧温度较高，砷、汞、铅等容易在高温下挥发损失。

2. 灰化助剂

对于难以灰化的样品，为了缩短灰化时间，促进灰化完全，可以加入灰化助剂，灰化助剂主要有两类：

（1）乙醇、硝酸、碳酸铵、过氧化氢等，这类物质在灼烧后完全消失，不增加残灰的质量，可起到加速灰化的作用。

（2）氧化镁、碳酸盐、硝酸盐等，它们与灰分混杂在一起，使炭粒不被覆盖，因而燃烧完全，此法应同时做空白试验。

二、湿法消化

在强酸、强氧化剂并加热的条件下，有机质被分解，其中的碳、氢、氮等元素以 CO_2、H_2O 和氮的氧化物等形式挥发逸出，无机盐和金属离子则留在溶液中。整个消化过程都在液体状态下加热进行，故称为湿法消化。通常使用平板电炉作为消解装置，如图 2—2 所示。

图 2—2　平板电炉

湿法消化所用的强氧化剂有浓硫酸、浓硝酸、高氯酸等。实际工作中，一般使用混合的氧化剂，如浓硫酸－浓硝酸、高氯酸－硝酸－硫酸、高氯酸－浓硫酸、高氯酸－浓硝酸等。

湿法消化的特点是加热温度较干法低，减少了金属挥发逸散的损失，但在消化过程中，产生大量有毒气体，操作需在通风柜中进行。此外，在消化初期，产生大量泡沫，易冲出瓶颈，造成损失，故需操作人员随时照管，操作中还应控制火力，注意防爆。湿法消化耗用试剂较多，在做样品消化的同时，必须做空白试验。

三、微波消解

微波消解基本原理与湿法消化相同，区别在于微波消解是将样品置于密封的聚四氟乙烯消解管中，用微波进行加热，完成有机质分解的工作。

与湿法消化相比，微波消解具有使用试剂少、耗时短的特点，但是需要使用价格较高并且消解样品容量偏小的微波消解仪，如图2—3所示。由于微波消解时样品处于封闭状态，一旦剧烈反应，容易产生爆炸，所以不太适宜处理高挥发性的物质，必要时需进行加热预消解。

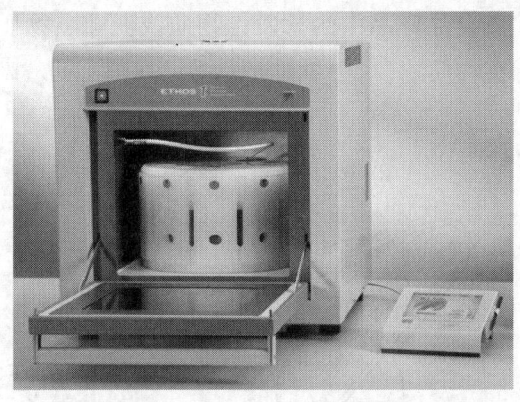

图2—3　微波消解仪

第2节　蒸　馏　法

利用液体混合物中各组分挥发性的不同，分离出纯组分的方法叫蒸馏。蒸馏法可用于除去干扰组分，也可用于蒸馏分离出被测组分。

常用的蒸馏法有常压蒸馏、减压蒸馏和水蒸气蒸馏，可根据样品具体情况选用。

一、常压蒸馏

对于受热后不发生分解或沸点不太高的被蒸馏样品，可采用常压蒸馏，如测定食品中的二氧化硫。加热方法要根据被蒸馏物质的特性和沸点来确定。如果沸点不高于90℃可用水浴，如果沸点超过90℃，则可改用油浴、沙浴、盐浴等。蒸馏器要加石棉或棉垫包好保温。如果被蒸馏物不易爆炸或燃烧，可用酒精灯或电炉直接加热。

二、减压蒸馏

在常压下蒸馏容易分解或沸点太高的样品，或被蒸馏组分与水分形成共沸物不易蒸馏完全时，采用减压蒸馏。

三、水蒸气蒸馏

食品样品在一定的检验体系中,经水蒸气蒸馏产生的挥发性物质被吸附剂吸附后,可直接进行色谱分析或经加热、溶剂脱附后进行分析。常见的水蒸气蒸馏装置如图2—4所示。水蒸气蒸馏适用于检测食品样品中的挥发性物质或低沸点物质,如糕点中的食品添加剂丙酸和N-亚硝胺类有害物质。

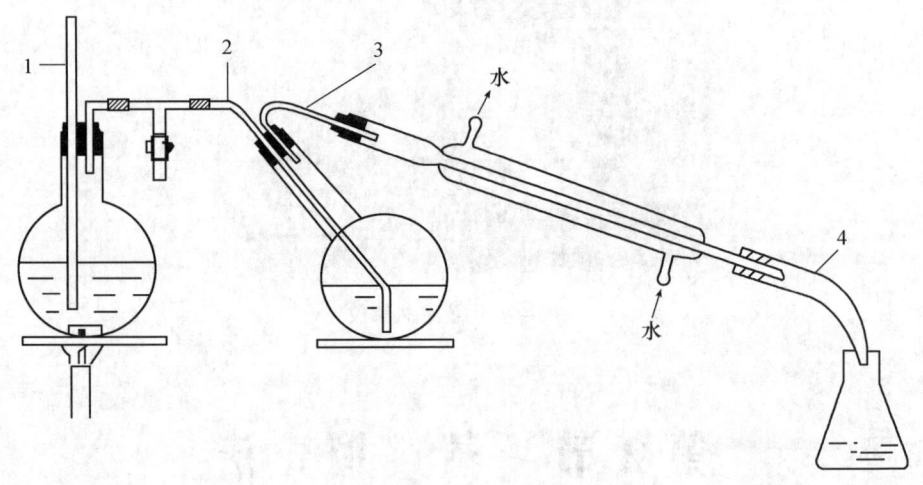

图2—4 水蒸气蒸馏装置
1—安全管 2—水蒸气导入管 3—馏出液导出管 4—接液管

第3节 溶剂提取法

溶剂提取法是利用样品或试液中各组分对某种溶剂溶解度的不同,加入某些溶剂,将欲分离组分完全或部分分离的方法。溶剂提取法根据两相状态的不同可分为固-液萃取法和液-液萃取法。

一、固-液萃取法

固-液萃取法是用适当的溶剂将固体样品中的某组分萃取出来的方法,又称为浸提法。选择溶剂时,应注意溶剂既要对被提取组分有很好的溶解度,又不与样品发生作用,同时沸点不应太高,否则不利于溶剂的回收。

常用的固-液萃取模式有振荡萃取、匀浆萃取、索氏萃取器萃取、超声波萃取等。

1. 振荡萃取

对于均匀性样品，可直接加入溶剂，浸泡后在振荡器上振荡。对于非均匀样品，可先加入适量蒸馏水匀浆后，再加入溶剂浸泡、振荡，通常振荡 30~60 min。振荡后过滤，残渣用溶剂洗涤，合并入萃取液。如 GB/T 5009.19 规定，用振荡萃取法来提取食品中的六六六、滴滴涕（DDT）。

2. 匀浆萃取

匀浆萃取的过程是：准确称取适量样品，加入一定体积溶剂，用高速匀浆机快速捣碎制成匀浆，过滤。为萃取充分，滤渣可加溶剂重复萃取，合并萃取液。如 NY/T 761—2008 规定，可用乙腈作为溶剂，匀浆萃取水果、蔬菜中残留的农药组分。高速匀浆机如图 2—5 所示。

3. 索氏萃取器萃取

样品通过连续循环回流萃取，萃取效率高，但萃取时间较长。如用索氏抽提法测定食品中的脂肪。索氏萃取器萃取是一种经典萃取方法，在建立新方法时，常用这种萃取方法作为对照方法。索氏萃取器如图 2—6 所示。

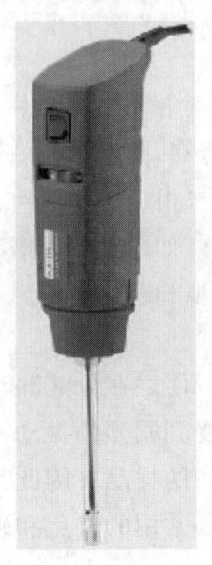

图 2—5　高速匀浆机

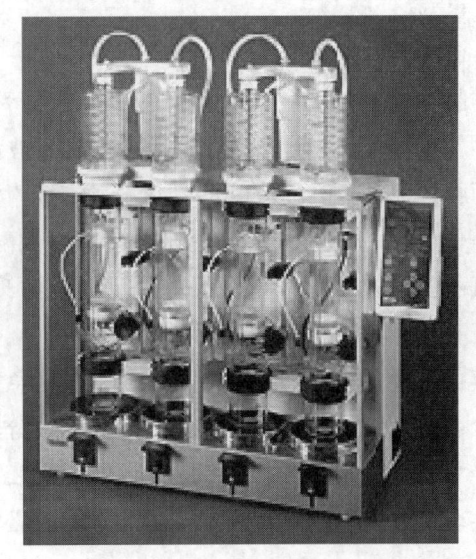

图 2—6　索氏萃取器

4. 超声波萃取

将细微状态的样品置于容器中，加入溶剂，将容器浸于超声波仪中，以超声波加速分析物的溶解和扩散，提高萃取效率。该方法可以用来快速提取样品中的待测目标化合物。

二、液-液萃取法

液-液萃取又称为液-液分配，利用分析物与干扰物在两种不相溶的溶剂中分配系数不同，使分析物从干扰物中分离，从而达到样品液的净化。通常将分析物分离到有机相，通过有机溶剂蒸发来浓缩分析物。

1. 溶剂的选择

（1）与水互溶的有机溶剂如低分子量的醇、酮、醛和乙腈不适合用于液-液萃取。

（2）采用单一纯溶剂提取多组分残留物的效果经常不理想，通常用非极性溶剂和极性溶剂组成一对溶剂来进行分配。常用溶剂对有丙酮-己烷（石油醚）、乙腈-己烷（石油醚）、环己烷-乙酸乙酯等。

（3）选择溶剂应符合"相似相溶"的原则。溶剂的极性越接近分析物的极性，萃取效率越高。

常用溶剂的极性大小顺序为：水＞乙腈＞甲醇＞乙酸＞乙醇＞异丙醇＞丙酮＞四氢呋喃＞乙酸乙酯＞三氯甲烷＞硝基甲烷＞二氯甲烷＞乙醚＞苯＞甲苯＞四氯化碳＞二硫化碳＞环己烷＞正己烷。

2. pH 值的影响

样品-溶剂体系的 pH 值也是影响有效萃取的最重要因素之一。食品中一些未离解的分析物，如脱氢乙酸、苯甲酸、山梨酸等被测物质在酸性条件下会溶解在某些有机溶剂中，而将体系 pH 值调至碱性，化合物就会生成盐类分配到水相中。要得到有效的液-液分配净化，萃取出的碱性分析物可反萃取到酸性有机溶液中。如用气相色谱法测定食品中的脱氢乙酸、过氧化苯甲酰等就是利用该原理进行样品的萃取和净化。

3. 避免和破坏乳化的常用方法

液-液萃取中一个非常重要的操作是急速地振动样品，使之在分液漏斗中发生完全的混合，产生大量的界面区域，利于有效分配。由于物质受到剧烈的振动，在液-液萃取中经常发生乳化现象，特别是那些含有表面活性剂和脂肪的样品。因此，一方面要避免产生乳化，另一方面在收集欲测物质前必须先进行破乳。常用的避免和破坏乳化的方法有：

（1）在溶剂混合振摇时，轻缓地向一个方向振摇。

（2）可采用高速离心振荡或振荡后再用玻璃棉或滤纸过滤。

（3）加盐类化合物到水相，通常加入的盐类化合物有 NaCl 固体、2%~5% 的 NaCl 溶液或 Na_2SO_4 溶液。

（4）加入少量另一种有机溶剂，如无水乙醇等。

第4节 样品的浓缩

一、样品浓缩的目的

从食品样品中萃取的分析物,如果其浓度在定量限之上,在色谱分析时无干扰,则可直接进行测定。当样品中被测化合物的浓度较低时,通常需要在净化和测定前将萃取液浓缩。

样品的浓缩过程就是溶剂挥发的过程。浓缩过程中应注意将溶剂蒸发至近干即可,否则由于溶剂蒸干会导致分析物损失。

二、常用的浓缩方法

应根据分析物的理化性质选择浓缩的方法和条件。实验室常用的浓缩方法有:

1. 自然挥发或在氮气流下使溶剂挥发

这种方法适用于小体积样品液和易挥发溶剂。为了加快溶剂挥发,可适当加热。这种方法使用的氮气吹扫仪如图2—7所示。

2. 减压旋转蒸发

减压旋转蒸发的优点是温度低、浓缩速度快。旋转蒸发过程中,水浴温度不宜过高,真空度不宜过低,否则溶剂蒸发过快易带走目标化合物,造成损失。旋转蒸发仪如图2—8所示。

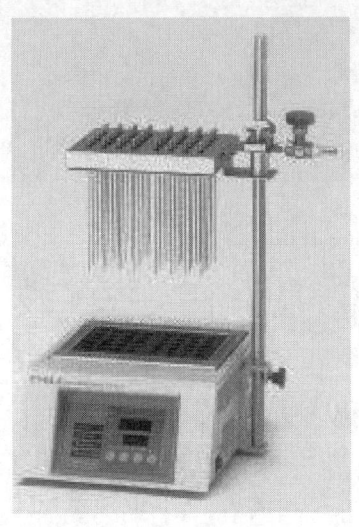

图2—7 氮气吹扫仪

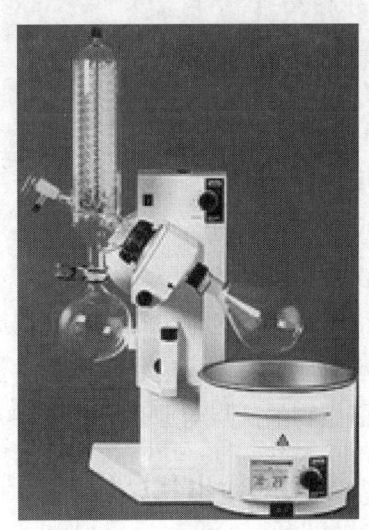

图2—8 旋转蒸发仪

第5节 气相色谱化学衍生化反应技术

一、化学衍生化的目的

化学衍生化是指利用化学反应使样品中目标分析物与衍生化试剂作用生成衍生物，使其适合于特定的分析方法。在食品样品的气相色谱分析中，制备衍生物的目的主要是：

1. 解决原化合物不能直接进样分析的问题

某些物质挥发性过高或过低，难以汽化，或者极性太强或稳定性差，不能直接进样分析。例如，脂肪酸的沸点高，难以汽化，经甲酯化生成脂肪酸甲酯衍生物，易于气相色谱分析。

2. 通过制备衍生物对分析物进行分离和鉴定

例如，食品添加剂环己基氨基磺酸钠在酸性条件下与亚硝酸钠反应，生成特定的化合物，从而可用气相色谱法氢火焰离子化检测器进行定性定量测定。

3. 化合物通过特有试剂衍生化后进行检测

化合物经特有试剂衍生后，可用选择性检测器进行分析，提高灵敏度及最低检测量。例如，奶粉中的碘在适当条件下，用丁酮衍生后，生成的碘丁酮可以用气相色谱电子捕获检测器进行测定。

二、衍生化方法的要求

衍生化方法应符合以下要求：

1. 反应容易重复，操作简单。
2. 反应能定量进行。
3. 衍生物易纯化。
4. 衍生物易于色谱分离和检测。
5. 没有或少有副反应，反应条件温和、产率高。
6. 衍生物的沸点与原化合物的沸点相比应至少差10℃。

三、常见的衍生化反应

衍生化方法要求原化合物中含有羟基（—OH）、巯基（—SH）、氨基（—NH_2）、亚氨基（=NH）、羧基（—COOH）、羰基（=CO）或其他不饱和键。样品中分析物和衍生试剂在一定条件下反应，生成衍生物，反应的副产物和过量试剂应不干扰对衍生物的色谱分析，并要求反应定量且快速。食品样品的气相色谱法分析中常用的衍生化反应有硅烷化、酰化、酯化等反应。

1. 硅烷化反应

硅烷化反应是最常用的衍生化反应，其中以三甲基硅烷化应用较多。含有羟基、羧基、巯基、氨基等官能团的化合物与硅烷化试剂反应后，官能团上的氢原子被烷基–硅基取代，生成极性低、挥发性高、热稳定性好的硅烷基化合物。硅烷化反应体系中不能含有水分，否则会导致衍生失败。

硅烷化反应选用的溶剂一般为己烷、苯、吡啶、四氢呋喃、二甲基亚砜等非极性溶剂。制备衍生物时，将样品提取液挥发至干，加入硅烷化衍生试剂50～100 μL，混匀后在60～80℃下加热20～60 min。

2. 酰化反应

原化合物中如果含有氨基、羟基、巯基，其活泼氢可被酰基取代，生成极性低、挥发性高的衍生物。酰化反应可分为酸酐法和卤代酰基法。

制备衍生物时，将样品提取液挥发至干，加入酰化衍生试剂100 μL，再加50 μL 吡啶，混匀后在60～80℃下加热20～30 min。

3. 酯化反应

酯化反应特别适用于含羟基（—OH）的脂肪酸、氨基酸、羧基酸、不饱和酸、多元酸、芳香酸、多环酸、无机酸等化合物的衍生化。酯化反应的形式通常有甲酯化、丁酯化、苄酯化及其他酯化法。

制备衍生物时，将样品提取液挥发至干，加入酯化衍生试剂100 μL，混匀后在60℃下加热20～30 min。

常用的衍生化试剂见表2—1。

表2—1　　　　　　　　　　常用的衍生化试剂

适用反应类型	英文缩写	中文名称
硅烷化反应	BSA	双三甲基硅烷基乙酰胺
	BSTFA	双三甲基硅烷基三氟乙酰胺
	DMDCS	二甲基二氧硅烷
	HMDS	六甲基二硅烷
	MTBSTFA	N－（叔丁基二甲硅烷基）－N－甲基三氟乙酰胺

续表

适用反应类型	英文缩写	中文名称
硅烷化反应	TMCS	三甲基氯硅烷
	TMSIM	三甲基硅烷咪唑
	TFA	三氟乙酸
酰化反应	AA	乙酸酐
	TFAA	三氟乙酸酐
	PFPA	五氟丙酸酐
	HFBA	七氟丁酸酐
	MBTFA	N-甲基双（三氟乙酰胺）
	TFAI	1-（三氟乙酰）咪唑
酯化反应	DMP	2,2-二甲氧基丙烷
	PFBBr	五氟苄基溴
	Diazald	N-甲基-N-亚硝基对甲苯磺酰胺
	DMF-DMA	N,N-二甲基甲酰胺二缩甲醛
	DMF-DEA	N,N-二甲基甲酰胺二缩乙醛
	DMF-DPA	N,N-二甲基甲酰胺二缩丙醛
	DMF-DBA	N,N-二甲基甲酰胺二缩叔丁醛
	TMAH	三甲基苯胺

职业技能鉴定要点

行为领域	鉴定范围	鉴定点	重要程度
理论准备	有机质破坏法	干法灰化	★★★
		湿法消化	★★★
		微波消解	★★
	蒸馏法	常压蒸馏	★
		减压蒸馏	★
		水蒸气蒸馏	★★
	溶剂提取法	固-液萃取法	★★
		液-液萃取法	★★★

续表

行为领域	鉴定范围	鉴定点	重要程度
理论准备	样品的浓缩	样品浓缩的目的	★
		常用的浓缩方法	★★
	气相色谱化学衍生化反应技术	化学衍生化的目的	★
		衍生化方法的要求	★
		常见的衍生化反应	★★

测 试 题

一、判断题（下列判断正确的请打"√"，错误的请打"×"）

1. 食品中的金属元素常常以难溶、难解离的有机金属化合物形式存在。（　　）
2. 有机质破坏法不能用于食品中非金属元素如氯、磷等的检测。（　　）
3. 常用的有机质破坏法有干法灰化、湿法消化和微波消解三大类。（　　）
4. 干法灰化的灼烧温度通常为 400～500℃。（　　）
5. 干法灰化添加氧化镁做助剂，加速样品灰化时，应同时做空白试验。（　　）
6. 干法灰化适用于砷、汞、铅等的测定。（　　）
7. 湿法消化中整个消化过程都在液体状态下加热进行。（　　）
8. 实际工作中，湿法消化中一般使用混合的氧化剂。（　　）
9. 微波消解是将样品置于密封的聚四氟乙烯消解管中，通过微波进行加热，完成有机物分解的工作。（　　）
10. 水蒸气蒸馏不适用于检测食品样品中的挥发性物质或低沸点物质。（　　）
11. 溶剂提取法根据两相状态的不同可分为液－固萃取法和液－液萃取法。（　　）
12. 液－液萃取选择的溶剂极性越接近分析物极性，萃取效率越低。（　　）
13. 样品－溶剂体系的 pH 值是实现有效萃取的重要因素之一。（　　）
14. 样品浓缩过程中将溶剂蒸干不会导致分析物损失。（　　）
15. 在两相体系中加入少量无水乙醇是破坏乳化的方法之一。（　　）
16. 化学衍生化是指利用化学反应使样品中分析物与衍生化试剂作用生成衍生物，使其适合于特定的分析方法。（　　）
17. 振荡萃取和匀浆萃取都是常用的固－液萃取模式。（　　）
18. 常压蒸馏可用油浴、沙浴、盐浴等作为蒸馏器。（　　）

19. 蒸馏时严禁用酒精灯或电炉直接加热。( )
20. 硅烷化反应选用的溶剂一般为己烷、苯或水。( )

二、简答题

1. 简述选择有机质破坏方法和操作条件的原则。
2. 对于难以灰化的样品，加速灰化的方法有哪些？
3. 简述湿法消化的基本原理。
4. 什么是蒸馏？常用的蒸馏法有哪几种？
5. 什么是溶剂提取法？
6. 简述避免和破坏乳化的常用方法。

三、思考题

1. 为什么在湿法消化时应同时做试剂空白试验？
2. 如何选择样品–溶剂体系的 pH 值，进行样品的提取和净化？

测试题答案

一、判断题

1. √ 2. × 3. √ 4. × 5. √ 6. × 7. √ 8. √ 9. √ 10. × 11. √ 12. ×
13. √ 14. × 15. √ 16. √ 17. √ 18. √ 19. × 20. ×

二、简答题

1. 选择的原则如下：方法简便，使用试剂越少越好；耗时越短，有机质破坏越彻底越好；被测元素不受损失，破坏后的溶液容易处理，不影响以后的测定步骤。

2. 对于难以灰化的样品，为了缩短灰化时间，促进灰化完全，可加入灰化助剂：

（1）加乙醇、硝酸、碳酸铵、过氧化氢等，这类物质在灼烧后完全消失，不增加残灰的质量，可起到加速灰化的作用。

（2）添加氧化镁、碳酸盐、硝酸盐等，它们与灰分混杂在一起，使炭粒不被覆盖，因而燃烧完全，此法应同时做空白试验。

3. 湿法消化的基本原理如下：在强酸、强氧化剂并加热的条件下，有机物被分解，其中的碳、氢、氮等元素以 CO_2、H_2O 和氮的氧化物等形式挥发逸出，无机盐和金属离子则留在溶液中。

4. 利用液体混合物中各组分挥发性的不同分离出纯组分的方法叫作蒸馏。常用的蒸馏法有常压蒸馏、减压蒸馏和水蒸气蒸馏。

5. 溶剂提取法是利用样品或试液中各组分对某种溶剂溶解度的不同，加入某些溶剂，

将欲分离组分完全或部分分离的方法。

6. 常用的避免和破坏乳化的方法有：

（1）在溶剂混合振摇时，轻缓地向一个方向振摇。

（2）可采用高速离心振荡或振荡后再通过玻璃棉或滤纸过滤。

（3）加盐类化合物到水相，通常加入的盐类化合物有 NaCl 固体、2%~5% 的 NaCl 溶液或 Na_2SO_4 溶液。

（4）加入少量另一种有机溶剂，如无水乙醇等。

三、思考题

答案略。

第 3 章

紫外可见分光光度法

第 1 节　紫外可见分光光度法的原理　　　　　　　　/41
第 2 节　紫外可见分光光度计的主要部件　　　　　　/44
第 3 节　紫外可见分光光度法测量条件的选择　　　　/47
第 4 节　紫外可见分光光度法的应用　　　　　　　　/52

引 导 语

基于物质对光的选择性吸收而建立的分析方法称为吸光光度法,包括比色法、可见分光光度法、紫外分光光度法等。分光光度法是应用分光光度计的分析方法,这种方法具有灵敏、准确、快速、选择性好等特点。通常分光光度法所测样品溶液的物质的量浓度下限可达 $10^{-6} \sim 10^{-5}$ mol/L,因而它具有较高的灵敏度,适用于测定食品中的微量组分(如肉制品中的亚硝酸盐、糖果中的二氧化硫等)。

在本章中,主要介绍了紫外可见分光光度法的原理、仪器主要部件、测量条件的选择和紫外可见分光光度法的应用。

学习要点

◉ **熟悉**
紫外可见分光光度计的主要部件及紫外可见分光光度法的应用领域

◉ **掌握**
朗伯-比耳定律的含义及紫外可见分光光度法的原理

◉ **熟练掌握**
紫外可见分光光度法的应用,包括实际应用中对测量条件的选择、定量的方法及使用中的注意点

第1节 紫外可见分光光度法的原理

一、物质对光的选择性吸收

当光束照射到物质上时,光与物质发生相互作用,产生反射、散射、吸收或透射,如图 3—1 所示。若被照射的是均匀溶液,则光的散射可以忽略。

1. 溶液颜色的产生

当一束白光(由各种波长的光按一定比例组成,如日光或白炽灯光)通过某一有色溶液时,一些波长的光被溶液吸收,另一些波长的光则透过溶液。透射光(或反射光)刺激人眼而使人感觉到颜色的存在。人眼能感觉到的光称为可见光。在可见光区,不同波长的光呈现不同的颜色,因此溶液的颜色由透射光的波长所决定。因为透射光和吸收光也可组成白光,故称这两种光互为补色光,两种颜色互为补色。如硫酸铜溶液因吸收白光中的黄色光而呈现蓝色,黄色与蓝色即互为补色。表 3—1 列出了溶液颜色与吸收光颜色的互补关系。

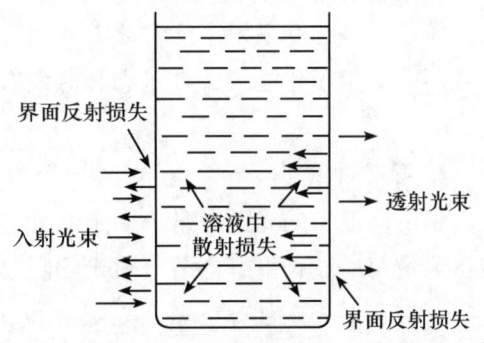

图 3—1 溶液对光的作用

表 3—1　　　　　溶液颜色与吸收光颜色的互补关系

溶液颜色	吸收光	
	颜色	波长(nm)
黄绿	紫	400~450
黄	蓝	450~480
橙	绿蓝	480~490
红	蓝绿	490~500
紫红	绿	500~560
紫	黄绿	560~580
蓝	黄	580~600
绿蓝	橙	600~650
蓝绿	红	650~780

2. 光吸收的本质

当一束光照射到某物质或其溶液时，组成该物质的分子、原子或离子与光子发生"碰撞"，光子的能量就转移到分子、原子或离子上，使这些粒子由最低能态（基态）跃迁到较高能态（激发态），如下式所示。这个作用叫作物质对光的吸收。被激发的粒子约在 10^{-8} s 后又回到基态，并以热或荧光等形式释放出能量。

$$M + h\nu \longrightarrow M^*$$
$$（基态） \quad\quad （激发态）$$

分子、原子或离子具有不连续的量子化能级，仅当照射光光子的能量（$h\nu$）与被照射物质粒子的基态和激发态能量之差相当时才能发生吸收。不同的物质微粒由于结构不同而具有不同的量子化能级，其基态和激发态能量差也不相同。所以物质对光的吸收具有选择性。

3. 吸收曲线

将不同波长的光透过某一固定浓度和厚度的有色溶液，测量每一波长下有色溶液对光的吸收程度（即吸光度），然后以波长为横坐标，以吸光度为纵坐标作图，即可得一曲线。这种曲线描述了物质对不同波长的光的吸收能力，称为吸收曲线（吸收光谱），如图 3—2 所示。

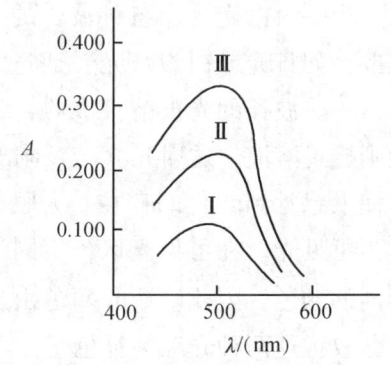

图 3—2　1,10 - 邻二氮杂菲亚铁溶液的吸收曲线

图 3—2 中曲线 Ⅰ、Ⅱ、Ⅲ 分别是 Fe^{2+} 质量浓度为 0.000 2 mg/mL、0.000 4 mg/mL 和 0.000 6 mg/mL 的溶液的吸收曲线。由图 3—2 可见，1,10 - 邻二氮杂菲亚铁溶液对不同波长的光吸收情况不同。对波长为 510 nm 的绿色光吸收最多，有一吸收高峰（相应的波长称最大吸收波长，用 λ_{max} 表示）。对波长在 600 nm 以上的橙红色光，则几乎不吸收而完全透过，所以溶液呈现橙红色。这说明了不同溶液呈现出不同颜色的原因。不同物质的吸收曲线的形状和最大吸收波长各不相同，根据这个特性可进行物质的初步定性分析。不同浓度的同一物质，在吸收峰附近的吸光度随浓度增加而增大，但最大吸收波长不变。若在最大吸收波长处测定吸光度，则灵敏度最高。因此，吸收曲线是分光光度法中选择测定波长的重要依据。

二、光的吸收基本定律——朗伯 - 比耳定律

紫外可见分光光度法的定量依据是由实验观察得到的朗伯 - 比耳定律。如图 3—3 所示，当一束平行单色光通过液层厚度为 b 的有色溶液时，溶质吸收了光能，光的强度就要

减弱。溶液的浓度越大,通过的液层厚度越大,入射光越强,则光被吸收得越多,光强度的减弱也越显著,描述它们之间定量关系的定律称为朗伯-比耳定律,计算公式如下:

$$A = \lg \frac{I_0}{I} = \varepsilon bc$$

式中　A——吸光度;
　　　I_0——入射光强度,cd;
　　　I——透射光强度,cd;
　　　ε——吸光系数,L/(mol·cm);
　　　b——液层厚度(光程长度),cm;
　　　c——有色溶液的物质的量浓度,mol/L。

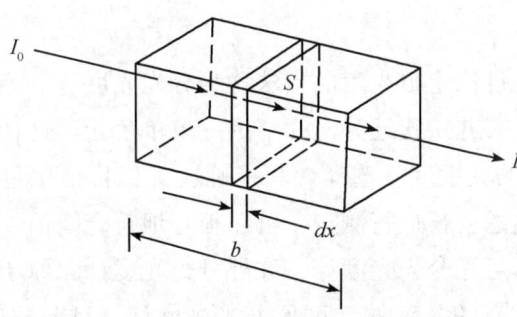

图3—3　平行单色光通过吸光物质的情形

其物理意义如下:当一束平行单色光通过单一均匀的、非散射的吸光物质溶液时,溶液的吸光度与溶液浓度、液层厚度的乘积成正比。此定律不仅适用于溶液,也适用于其他均匀非散射的吸光物质(气体或固体),是各类吸光光度法定量分析的依据。

式中ε是吸光物质在特定波长和溶剂的情况下的一个特征常数,数值上等于物质的量浓度为1 mol/L的吸光物质在1 cm光程中的吸光度,是吸光物质吸光能力的量度。它可作为定性鉴定的参数,也可用以估量定量方法的灵敏度:ε值越大,方法的灵敏度越高。由实验结果计算ε时,常以被测物质的总浓度代替吸光物质的浓度,这样计算的ε值实际上是表观摩尔吸光系数。

在多组分体系中,如果各种吸光物质之间没有相互作用,这时体系的总吸光度等于各组分吸光度之和,即吸光度具有加和性。由此可得:

$$A_{总} = A_1 + A_2 + \cdots + A_n = \varepsilon_1 bc_1 + \varepsilon_2 bc_2 + \cdots + \varepsilon_n bc_n$$

式中下角标指吸收组分1,2,…,n。这个性质对于理解分光光度法的实验操作和应用都有着极其重要的意义。

在吸光度的测量中，有时也用透光度 T 或百分透光度 $T\%$ 表示物质对光的吸收程度和进行有关计算。透光度 T 是透射光强度 I 与入射光强度 I_0 之比，即：

$$T = \frac{I}{I_0}$$

因此：

$$A = \lg \frac{1}{T}$$

第2节　紫外可见分光光度计的主要部件

通常将使用分光光度计测定吸光度的方法称为分光光度法。测定时主要采用棱镜或光栅等单色器来获得单色光，并用狭缝分出很窄的一束单色光。这种单色光的波长范围一般在 5 nm 左右，因而测定的灵敏度、选择性和准确度都比目视比色法高。由于单色光的纯度高，因此若选择最合适的波长进行测定，可以很好地符合朗伯－比耳定律。

分光光度计有紫外－可见分光光度计、红外分光光度计、原子吸收分光光度计、分光荧光计等。而现在应用广泛的是紫外－可见分光光度计，目前普遍使用国产 72 型或 721 型分光光度计进行吸光度测量。72 型仪器的光学系统如图3—4所示。

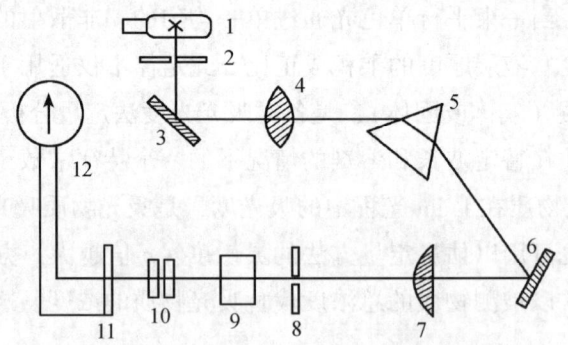

图3—4　72型分光光度计光学系统
1—光源　2—进光狭缝　3，6—反射镜　4，7—透镜　5—棱镜
8—出光狭缝　9—比色皿　10—光量调节器　11—硒光电池　12—检流计

尽管分光光度计的种类和型号繁多，但它们都是由相同的基本部件组成的，包括光源、单色器、吸收池和检测系统。

一、光源

在测量吸光度时,要求光源发出所需波长范围内的连续光谱,要具有足够的光强度,并在一定时间内能保持稳定。

在可见光区测量时通常使用钨丝灯作为光源。钨丝加热到白炽状态时,会发出波长在 320～2 500 nm 之间的连续光谱,发出光的强度在各波段的分布随灯丝温度变化而变化。灯丝温度升高时,总强度增大,且在可见光区的强度分布增大,但温度升高会影响灯的寿命。钨丝灯的工作温度一般为 2 600～2 870 K(钨的熔点为 3 680 K)。钨丝灯的温度决定于电源电压,电源电压的微小波动会引起钨灯光强度的很大变化,因此必须使用稳压电源才能使光强度保持不变。

在近紫外区测量时常采用氢灯或氘灯产生波长在 180～375 nm 的连续光谱作为光源。紫外可见分光光度计理想的光源应具有覆盖整个紫外可见光区的连续辐射,强度应比较高,且随波长变化能量变化不大,但这实际上是难以实现的。氘灯的辐射强度比氢灯高 2～3 倍,寿命也较长。氙灯的辐射强度一般高于氢灯,但欠稳定,光谱的波长范围为 180～1 000 nm,常用作荧光分光光度计的激发光源。

二、单色器

单色器是将光源发射的复合光分解为单色光的装置。单色器一般由 5 部分组成:入光狭缝、准光器(一般是由透镜或凹面反光镜使入射光成为平行光束)、色散器、投影器(一般是一个透镜或凹面反射镜将分光后的单色光投影至出光狭缝)、出光狭缝。

色散器是单色器的核心部分,常用的色散元件是棱镜或光栅。棱镜由玻璃或石英制成,玻璃棱镜色散能力强,但吸收紫外光,只能用于 350～820 nm 波长的分析测定,在紫外区必须用石英棱镜。光栅是在玻璃表面上每毫米内刻有一定数量等宽等间距的平行条痕的一种色散元件。高质量的分光光度计采用全息光栅代替机械刻制和复制的光栅。光栅的主要特点是色散均匀、呈线性、光度测量便于自动化、工作波段广。

三、吸收池

吸收池也称比色皿,是盛放样品溶液的容器,它具有两个互相平行、透光且具有精确厚度的平面。玻璃吸收池的光程长度一般为 1 cm,也有 0.1～10 cm 的。由于吸收池厚度存在一定误差,其材质对光不是完全透明的,在做定量分析时,对吸收池应做配套性试验,试验后标记出放置方向。

四、检测系统

检测系统包括检测器和记录显示装置。

1. 检测器

检测器是一种光电转换设备,它将光强度转变为电信号显示出来。

常用的检测器有光电池、光电倍增管、光二极管阵列检测器等,各类型检测器的特点见表 3—2。

表 3—2　　　　　　　　各类型检测器及特点

检测器类型	特点
光电池	光电流较大,不用放大,用于初级的分光光度计上,疲劳效应较严重
光电倍增管	利用二次电子发射来放大光电流,放大倍数可高达 10^8 倍,应用最为广泛
光二极管阵列检测器	由于全部波长同时被检测,扫描速度快,可在 0.1 s 内完成对 190~800 nm 波长范围的扫描

2. 记录显示装置

记录显示装置包括放大器和结果显示装置。早期的分光光度计用表头读数,20 世纪 70 年代以来,采用数字读出装置。现代的分光光度计在主机中装备有微处理器或外接微型计算机,控制仪器操作和处理测量数据;装有显示屏、打印机、绘图仪等,使测量精密度、自动化程度提高,应用功能增加。紫外可见分光光度计的记录显示装置如图 3—5 所示。

图 3—5　紫外可见分光光度计的记录显示装置

第3节 紫外可见分光光度法测量条件的选择

一、显色反应及显色条件的选择

在进行比色分析或光度分析时,首先要把待测组分转变成有色化合物,然后进行比色或光度测定。将待测组分转变成有色化合物的反应叫显色反应,与待测组分形成有色化合物的试剂称为显色剂。在分析工作中选择合适的显色反应并严格控制反应条件是十分重要的。

1. 显色反应的选择

显色反应可分为两大类,即络合反应和氧化还原反应,而络合反应是最主要的显色反应。同一待测组分常可与多种显色剂反应,生成不同的有色物质,在分析时选用显色反应的原则是:

(1) 选择灵敏的显色反应。摩尔吸光系数 ε 的大小是显色反应灵敏度高低的重要标志,因此应当选择生成的有色物质的 ε 较大的显色反应。一般来说,当 ε 值为 $10^4 \sim 10^5$ 时,可认为该反应灵敏度较高。例如,Cu^{2+} 的显色剂及其络合物的 ε 值见表3—3,其中 Cu^{2+} 与铜试剂(DDTC)、双环己酮草酰二腙(BCO)和二硫腙的反应灵敏度都是较高的。

表3—3　　　　　　　　　Cu^{2+} 的显色剂及其络合物的 ε 值

显色剂	显色条件	λ_{max}(nm)	ε
氨	—	620	1.2×10^2
铜试剂(DDTC)	pH值在5.7~9.2,CCl_4 萃取	436	1.3×10^4
双环己酮草酰二腙(BCO)	pH值在8.9~9.6	595	1.6×10^4
二硫腙	0.1 mol/L酸度,CCl_4 萃取	533	5.0×10^4

(2) 尽可能选择选择性好的显色剂。显色剂仅与一个组分或少数几个组分发生显色反应。仅与某一种离子发生反应的称为特效(或专属)显色剂,这种显色剂实际上是不存在的,但是干扰较少或干扰易于除去的显色反应是可以找到的。

(3) 显色剂在测定波长处无明显吸收。这种情况下,试剂空白值小,可以提高测定的准确度。通常把两种有色物质最大吸收波长之差称为"对比度",一般要求显色剂与有色化合物的对比度在60 nm以上。

（4）反应生成的有色化合物组成恒定，化学性质稳定。这样可以保证至少在测定过程中吸光度基本上不变，否则将影响吸光度测定的准确度和再现性。

2. 显色条件的选择

吸光光度法测定的是显色反应达到平衡后溶液的吸光度，因此要得到准确的结果，必须从研究平衡着手，了解影响显色反应的因素，控制适当的条件，使显色反应完全和稳定。现对显色的主要条件讨论如下：

（1）显色剂用量。显色反应一般可用下式表示：

$$M + R \rightleftharpoons MR$$
（待测组分）（显色剂）（有色络合物）

根据溶液平衡原理，有色络合物的稳定常数越大，显色剂过量越多，越有利于待测组分形成有色络合物。但是过量显色剂的加入有时会引起副反应，对测定反而不利。显色剂的适宜用量常通过实验来确定。其方法是将待测组分的浓度及其他条件固定，然后加入不同量的显色剂，分别测定反应后溶液的吸光度，绘制吸光度（A）–显色剂浓度（c_R）关系曲线，一般可得到如图3—6所示的三种不同的情况。

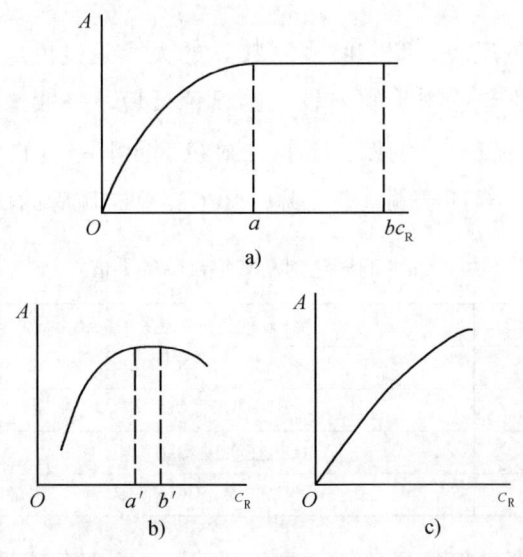

图3—6 吸光度与显色剂浓度的关系曲线
a）适宜浓度范围较宽 b）适宜浓度范围较窄 c）浓度与吸光度成正比

图3—6a中的曲线表明，当显色剂浓度小于a时，显色剂用量不足，待测离子没有完全转变成有色络合物，随着显色剂浓度增大，吸光度增大。在$a\sim b$范围内，曲线平直，吸光度出现稳定值，因此可在$a\sim b$之间选择合适的显色剂用量。这类反应生成的有色络

合物稳定,对显色剂浓度控制要求不太严格,适用于光度分析。

图3—6b中的曲线表明,当显色剂浓度在 $a' \sim b'$ 这一较窄的范围内时,吸光度值才较稳定,显色剂浓度小于 a' 或大于 b' 时,吸光度都下降。因此,必须严格控制显色剂浓度的大小。例如,硫氰酸盐与钼的反应中显色剂 SCN^- 浓度太低或太高,生成配位体数太低或太高的络合物,吸光度都降低,如下式所示:

$$Mo(SCN)_3^{2+} \underset{-SCN^-}{\overset{+SCN^-}{\rightleftharpoons}} Mo(SCN)_5 \underset{-SCN^-}{\overset{+SCN^-}{\rightleftharpoons}} Mo(SCN)_5^-$$

（浅红）　　　　　　（橙红）　　　　　　（浅红）

图3—6c中的曲线表明,随着显色剂浓度增大,吸光度不断增大。例如, SCN^- 与 Fe^{3+} 离子反应,生成逐级络合物 $Fe(SCN)_n^{3-n}$ ($n=1,2,\cdots,6$),随着 SCN^- 浓度增大,生成颜色越来越深的高配位体数络合物,这种情况下必须十分严格地控制显色剂用量。

（2）酸度。酸度对显色反应的影响是多方面的。由于大多数有机显色剂是有机弱酸,且带有酸碱指示剂性质,在溶液中存在着以下平衡:

$$\begin{array}{c} HR \rightleftharpoons H^+ + R^- \\ (显色剂) \quad + \\ Me^{n+} \\ \updownarrow \\ MeR_n \\ (有色化合物) \end{array}$$

所以酸度的改变将引起平衡移动,从而影响显色剂及有色化合物的浓度变化,可能引起配位基团（R^-）数目的改变以致改变溶液的颜色。

此外,酸度对待测离子存在状态及是否发生水解也是有影响的。

一种金属离子与某种显色剂反应的适宜酸度范围,是通过实验来确定的。确定的方法是固定待测组分及显色剂的浓度,改变溶液pH值,测定其吸光度,画出吸光度-pH值关系曲线（见图3—7）,选择曲线平坦部分对应的pH值作为测定条件。

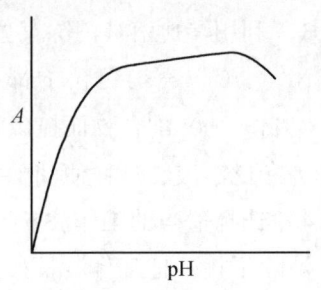

图3—7　吸光度-pH关系曲线

（3）显色温度。显色反应一般在室温下进行。有的反应需要加热,以加速显色反应,使之进行完全。有的有色物质当温度偏高时容易分解。因此,对不同的反应,应通过实验找出各自适宜的温度范围。

（4）显色时间。大多数显色反应需要经过一定的时间才能完成。显色时间的长短又与温度的高低有关。有的有色物质在放置时,受到空气的氧化或发生光化学反应,会使颜色减弱。因此必须通过实验,画出在一定温度下(一般是室温下)的吸光度 – 时间关系曲线,得到适宜的显色时间。

3. 干扰的消除

(1) 干扰的类型。光度分析中,共存离子如本身有颜色,或与显色剂作用生成有色化合物,都将干扰测定。以下是几种干扰情况:

1) 干扰离子本身有颜色。如 Fe^{3+},Cu^{2+},Co^{2+},Ni^{2+},Cr^{3+} 等离子,本身的颜色较深,会干扰被测离子的测定。

2) 干扰离子本身无颜色,但能与显色剂反应生成稳定的配合物。若生成的配合物有色则直接干扰测定,若生成的配合物无色,则也降低了显色剂的浓度,影响被测离子与显色剂的反应,从而产生误差。

3) 干扰离子与被测离子反应生成配合物或沉淀,影响被测离子的测定。

(2) 干扰的消除方法。消除共存离子的干扰可采用下列方法:

1) 控制溶液的酸度。溶液的酸度是影响显色反应的重要因素。当有干扰离子存在时,可以控制溶液的酸度,让被测离子与显色剂的反应进行完全,而让干扰离子与显色剂的反应不能进行。例如,用二硫腙测定 Hg^{2+} 时,Cu^{2+},Co^{2+},Ni^{2+},Zn^{2+},Pb^{2+} 等都会产生干扰,如果在稀硫酸介质 $[c(1/2H_2SO_4)=0.5\ mol/L]$ 中,上述离子都不与二硫腙反应,只有 Hg^{2+} 能反应,于是消除了干扰。

2) 加入掩蔽剂与干扰离子形成更稳定的化合物,使干扰离子不再产生干扰。例如,用二硫腙测定 Hg^{2+} 时,在稀硫酸溶液中仍不能消除 Ag^+ 和大量 Bi^{3+} 的干扰,这时可加入硫氰化钾掩蔽 Ag^+,加入 EDTA 掩蔽 Bi^{3+},从而达到消除干扰的目的。加入络合掩蔽剂或氧化还原掩蔽剂,使干扰离子生成无色络合物或无色离子。

3) 利用参比溶液消除某些有色干扰离子的影响。例如,用铬天青 S 测定钢中的 Al^{3+} 时,Ni^{2+}、Cr^{3+} 等有色粒子都有干扰,为此取一定量的试验溶液,加入少量 NH_4F,与 Al^{3+} 生成 AlF_6^{3-} 配合物而掩蔽了 Al^{3+}。然后加入显色剂和其他试剂,让干扰离子显色,以此作为参比溶液,这样便消除了 Ni^{2+} 和 Cr^{3+} 的干扰,也消除了显色剂本身的影响。

4) 选择适当的工作波长以消除干扰。通常把工作波长选在最大吸收波长处,但有时为了消除干扰,把工作波长移至次要的吸收峰,这样做虽然测定灵敏度低些,但却可以消除某些干扰离子的影响。

5) 采用适当的分离方法。如果没有消除干扰的适当方法,可以采用沉淀、萃取等分离方法。其中,尤以萃取分离法使用较多,并可直接在有机相中显色,这类方法称为萃取光度法。这些方法操作比较麻烦,但可以消除干扰离子的影响。

综上所述,要建立一个新的光度分析方法,必须通过实验对上述各种条件进行研究。

应用某一显色反应进行测定时,必须对这些条件进行适当的控制,并使试样的显色条件与绘制标准曲线时的条件一致,这样才能得到重现性好而准确度高的分析结果。

二、吸光度测量条件的选择

为了使光度法有较高的灵敏度和准确度,除了要注意选择和控制适当的显色条件外,还必须选择和控制适当的吸光度测量条件。主要从以下几个方面考虑。

1. 入射光波长的选择

应根据吸收光谱曲线,选择溶液具有最大吸收时的波长作为入射光的波长。这是因为在此波长处摩尔吸光系数值最大,使测定有较高的灵敏度。同时,在此波长左右的一个较小范围内,吸光度变化不大,这样不会造成对朗伯–比耳定律的偏离,使测定有较高的准确度,如图3—8所示。

图3—8中,A为钴络合物的吸收曲线,B为1–亚硝基–2–萘酚–3,6–二磺酸钠显色剂的吸收曲线。

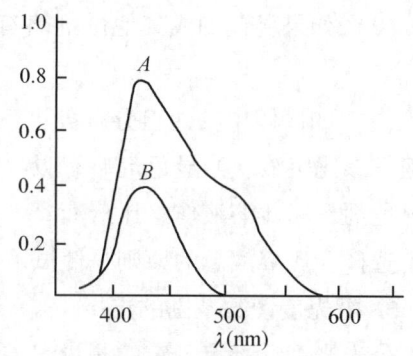

图3—8 钴络合物和显色剂的吸收曲线

如果最大吸收波长不在仪器可测波长范围内,或干扰物质在此波长处有强烈的吸收,那么可选用非最大吸收处的波长。但应注意尽可能选择ε值随波长改变的变化不太大的波长区域。如图3—8中,显色剂与钴络合物在420 nm波长处均有最大吸收峰。如用此波长测定钴,则未反应的显色剂会造成干扰而降低测定的准确度。因此,必须选择在500 nm波长处测定,在此波长下显色剂不发生吸收,而钴络合物则有一个吸收平台。用此波长测定,灵敏度虽有所下降,却消除了干扰,提高了测定的准确度和选择性。

2. 参比溶液的选择

在测量吸光度时,必须将溶液装入由透明材料制成的比色皿中,将发生如图3—1所示的反射和溶剂、试剂等对光的吸收等作用,这样会造成透射光强度的减弱。为了使光强度的减弱仅与溶液中待测物质的浓度有关,必须对上述影响进行校正。因此,应采用光学性质相同、厚度相同的比色皿储存参比溶液,调节仪器使透过参比皿的吸光度为零。测得试液的吸光度为:

$$A = \lg \frac{I_0}{I} \approx \lg \frac{I_{参比}}{I_{试液}}$$

式中 A——吸光度;

I_0——入射光强度;

I——透射光强度；

$I_{参比}$——参比溶液的光强度；

$I_{试液}$——试样溶液的光强度。

也就是说，是以通过参比皿的光强度作为入射光强度。这样测得的吸光度比较真实地反映了待测物质对光的吸收，也就能比较真实地反映待测物质的浓度。因此在光度分析中，参比溶液的作用是非常重要的。一般选择参比溶液的原则如下：

（1）如果仅待测物与显色剂的反应产物有吸收，可用纯溶剂作参比溶液。

（2）如果显色剂或其他试剂略有吸收，应用空白溶液（不加试样的溶液）作参比溶液。

（3）如试样中其他组分有吸收，但不与显色剂反应，则当显色剂无吸收时，可用试样溶液作参比溶液，当显色剂略有吸收时，可在试液中加入适当掩蔽剂将待测组分掩蔽后再加显色剂，以此溶液作参比溶液。

选择参比溶液总的原则是使试液的吸光度真正反映待测物的浓度。

3. 吸光度读数范围的选择

分光光度计都有一定的测量误差。实践证明，吸光度在 0.2~0.5 时测量的相对误差最小。为使被测溶液的吸光度在 0.2~0.5，可以用下面两种方法来调整。

（1）控制被测溶液的浓度，如改变取样量、改变溶液的浓缩倍数或稀释倍数。

（2）选择不同的比色皿。比色皿的光程长度为 0.5~5.0 cm，吸光度小的溶液要用光程长的比色皿，吸光度大的溶液要用光程短的比色皿。例如，某溶液用 1 cm 比色皿测定时吸光度为 0.05，改用 5 cm 比色皿测定时吸光度就变为 0.25 了，反过来对吸光度大的样品也可以同样调整。

第4节 紫外可见分光光度法的应用

一、紫外可见分光光度法的应用领域

紫外可见分光光度法除了应用于微量组分的测定，还能用于高含量组分的测定和多组分分析等。

1. 高含量组分的测定——示差法

当待测组分含量较高时，测得的吸光度值常常偏离朗伯-比耳定律。即使不发生偏离，也因为通常采用纯溶剂作参比溶液（普通光度法），使测得的吸光度太高，超出适宜的读数范围而引起较大的误差。采用示差法就能克服这一缺点。

但是，应用示差法时，要求仪器光源有足够的发射强度或能增大光电流放大倍数，以便能调节参比溶液透光度为100%。这就要求仪器单色器质量高、电光学系统稳定性好。

2. 多组分分析

应用紫外可见分光光度法，常常可能在同一试样溶液中不进行分离而测定一个以上的组分。假定溶液中同时存在两种组分 x 和 y，它们的吸收光谱一般有以下两种情况：

（1）吸收光谱不重叠。至少可能找到某一波长时 x 有吸收而 y 不吸收，在另一波长时，y 吸收而 x 不吸收，则可分别在波长 λ_1 和 λ_2 时，测定组分 x 和 y 而相互不产生干扰。

（2）吸收光谱重叠。找出两个波长，在该波长下，两组分的吸光度差值较大。在波长为 λ_1 和 λ_2 时分别测定吸光度 A_1 和 A_2，由吸光度值的加和性得到联立方程，通过解联立方程求得各浓度值。原则上对任何数目的组分都可以用此方法建立方程求解，但在实际应用中通常仅限于两个或三个组分的体系。如能利用计算机解多元联立方程，则不会受到这种限制。

分光光度法可以鉴定分子结构比较复杂的有机物质，可以测定微量物质的含量，可以研究物质的分子结构和反应的过程、互变异构体现象的平面、立体结构的确定等。在工农业生产和科学研究中也有广泛的应用。

二、紫外可见分光光度法的定量方法

紫外可见分光光度法的定量依据是光吸收定律，但具体的操作方法却有多种。常用的定量方法有三种，即标准曲线法、直接比较法、标准加入法。

1. 标准曲线法

标准曲线法也称工作曲线法，适用于大量重复的样品分析，是工厂控制分析中应用最多的方法。根据光吸收定律，对于一种有色化合物，ε 是一个定值，若把光程 L 也固定，那么吸光度 A 就和溶液的浓度 c 成正比，也就是说吸光度 A 和浓度 c 呈线性关系。配制一系列适当浓度的标准溶液，显色后分别测定其吸光度，把吸光度 A 对浓度 c 作图，即得工作曲线，也叫标准曲线。然后将被测组分在同样条件下显色，测得吸光度后在工作曲线上查得被测组分的浓度。这个方法简单方便，适用于多个样品的系列分析。

2. 直接比较法

直接比较法的实质也是工作曲线法，是一种简化的工作曲线法。

配一个已知被测组分浓度为 c_s 的标样，测其吸光度为 A_s，在同样条件下再测未知样品的吸光度为 A_x，通过计算可求出未知样品的浓度 c_x。

$$A_s = \varepsilon c_s L$$
$$A_x = \varepsilon c_x L$$

由于溶液性质相同，比色皿厚度一样，所以：

$$\frac{A_s}{A_x} = \frac{c_s}{c_x}$$

式中 c_s——已知被测组分的物质的量浓度，mol/L；

c_x——未知样品的物质的量浓度，mol/L；

A_s——已知被测组分的吸光度；

A_x——未知样品的吸光度。

直接比较法简化了绘制工作曲线的步骤，适用于个别样品的测定。操作时应注意配制标样的浓度要接近被测样品的浓度，这样能减少测量误差。

3. 标准加入法

标准加入法也是工作曲线法的一种特殊应用。选择适当的显色条件，先测定浓度为 c_x 的未知样品吸光度为 A_x，再向未知样品中加入一定量的标样，配制成浓度为 $c_x + \Delta c_1$、$c_x + \Delta c_2$……一系列样品，分别显色后再测定吸光度为 A_1、A_2……最后在坐标纸上画图，以吸光度 A 为纵坐标，以浓度 c 为横坐标，分别画出 Δc_1、Δc_2 所对应的 A_1、A_2 等各点，连成直线后延长，与横轴的交点 c_x 也就是未知样品的浓度 c_s。应用标准加入法时要注意，加入的标样浓度要适当，使画出的曲线保持适当角度，浓度过大或过小都会带来测量误差。

这种方法操作比较麻烦，不适用于作系列样品分析，但它适用于组成比较复杂、干扰因素较多而又不太清楚的样品，因为它能消除背景的影响。

三、紫外可见分光光度计使用中的注意点

紫外可见分光光度计虽然种类繁多，但是基本结构都是一样的，因此在使用过程中的注意点也基本一致。以下是紫外可见分光光度计在使用中需要注意的几个方面：

1. 保护光源

光源灯有一定的使用寿命，仪器不工作时不要开灯，若工作间歇时间短，可不关灯。一旦停机，则要待灯冷却后再重新启动，并预热 15 min。灯泡发黑或亮度明显减弱或不稳定时，应及时更换。移动光源时不要用手直接接触窗口（要戴手套），以免手上的油污黏附在窗口上，经紫外光照后形成结痕（可用无水乙醇去除）。更换光源时要注意调好灯丝和进光窗的相对位置，使光能尽可能多地进入光路，否则会造成灵敏度下降。

2. 保证合适的工作环境

温度和湿度是影响仪器性能的重要因素。不适宜的温度和湿度会引起机械部件的锈蚀，使金属镜面的光洁度下降，引起仪器机械部分的误差或性能下降；造成光栅、反射镜、聚焦镜等光学部件的铝膜锈蚀，产生光能不足、杂散光、噪声等；甚至使仪器停止工作，从而影响仪器使用寿命。维护保养时应定期加以校正温度和湿度。实验室，特别是地处南方地区的实验室，应具备四季恒湿的仪器室，配备恒温设备。

环境中的尘埃和腐蚀性气体也可以影响机械系统的灵活性，降低各种限位开关、按键、光电耦合器的可靠性，也是造成光学部件铝膜锈蚀的原因之一。因此必须定期清洁，保障环境和仪器室内卫生条件，注意防尘。

3. 定期除尘、调校

仪器使用一定时间后，内部会积累一定量的尘埃，最好由维修工程师或在工程师指导下定期开启仪器外罩对内部进行除尘工作，同时将各发热元件的散热器重新紧固，对光学盒的密封窗口进行清洁，必要时对光路进行校准，对机械部分进行清洁和必要的润滑，最后，恢复原状，再进行一些必要的检测、调校与记录。

4. 正确使用比色皿

（1）拿比色皿时，手指只能捏住比色皿的毛玻璃面，不要碰比色皿的透光面，以免沾污。

（2）清洗比色皿时，一般先用水冲洗，再用蒸馏水洗净。如比色皿被有机物沾污，可用盐酸－乙醇混合洗涤液（1∶2）浸泡片刻，再用水冲洗。不能用碱溶液或氧化性强的洗涤液洗比色皿，以免损坏。也不能用毛刷清洗比色皿，以免损伤它的透光面。每次做完实验时，应立即洗净比色皿。

（3）比色皿外壁的水用擦镜纸或细软的吸水纸吸干，以保护透光面。

（4）测定有色溶液吸光度时，一定要用有色溶液洗比色皿内壁几次，以免改变有色溶液的浓度。另外，在测定一系列溶液的吸光度时，通常都按由稀到浓的顺序测定，以减小测量误差。

（5）在实际分析工作中，通常根据溶液浓度的不同，选用液槽厚度不同的比色皿，使溶液的吸光度控制在 0.2~0.7。

（6）测试样品时必须根据波长选用吸收池，用紫外光测定时须用石英杯，否则紫外光无法透过。

在实际使用分光光度计的过程中，除了仔细阅读仪器的使用说明书以外，这里也提供了使用中的一些常见问题及解决方法，见表3—4。

表3—4　　　　　　　使用分光光度计的常见问题及解决方法

常见故障	产生原因	解决方法
接通电源后，光源不亮	光源灯泡已损坏	更换氘灯或钨灯
	保险管烧坏	更换保险管
仪器噪声比较大	光源灯泡使用时间超过寿命期	更换光源灯泡
基线的某一段噪声特别大	波长段相应的滤光片受潮发霉，严重损失光的能量	更换相应的滤光片
仪器自检时提示通信错误	仪器与计算机之间的数据线没有连接好	连接好数据线，重新打开仪器和操作软件，重新自检
自检时提示波长自检出错	自检过程中可能打开过仪器样品室的盖子	关上仪器样品室盖子，重新自检
测试过程中提示能量太低	光源灯泡使用时间超过寿命期	更换光源灯泡
	样池中有不透光的东西挡住了光	拿走挡光的物品

【实训3—1】　肉制品中亚硝酸盐的测定——盐酸萘乙二胺法

本方法适用于肉制品中亚硝酸盐的测定，亚硝酸盐的方法检出限为 1 mg/kg。

1. 目的

熟悉和掌握肉制品中亚硝酸盐的测定——盐酸萘乙二胺法的原理及操作方法。

2. 原理

试样经沉淀蛋白质、除去脂肪后，在弱酸条件下亚硝酸盐与对氨基苯磺酸重氮化后，再与盐酸萘乙二胺偶合形成紫红色染料，与标准系列比较定量。

3. 试剂

(1) 亚铁氰化钾溶液（106 g/L）。称取 106.0 g 亚铁氰化钾 [$K_4Fe(CN)_6 \cdot 3H_2O$]，用水溶解，并稀释至 1 000 mL。

(2) 乙酸锌溶液（220 g/L）。称取 220.0 g 乙酸锌 [$Zn(CH_3COO)_2 \cdot 2H_2O$]，先加 30 mL 冰乙酸溶解，用水稀释至 1 000 mL。

(3) 饱和硼砂溶液（50 g/L）。称取 5.0 g 硼酸钠（$Na_2B_4O_7 \cdot 10H_2O$），溶于 100 mL 热水中，冷却后备用。

(4) 对氨基苯磺酸溶液（4 g/L）。称取 0.4 g 对氨基苯磺酸，溶于 100 mL 的 20% 盐酸中，混匀，置棕色瓶中，避光保存。

(5) 盐酸萘乙二胺溶液（2 g/L）。称取 0.2 g 盐酸萘乙二胺，溶解于 100 mL 水中，混匀后置棕色瓶中，避光保存。

(6) 亚硝酸钠标准溶液。准确称取 0.100 0 g 经 110~120℃ 干燥恒重后置于硅胶干燥器中干燥 24 h 的亚硝酸钠，加水溶解，移入 500 mL 容量瓶中，加水稀释至刻度，混匀。此溶液每毫升相当于 200 μg 的亚硝酸钠。

(7) 亚硝酸钠标准使用液。临用前，吸取亚硝酸钠标准溶液 2.50 mL，置于 100 mL 容量瓶中，加水稀释至刻度，此溶液每毫升相当于 5.0 μg 亚硝酸钠。

4. 仪器设备及器皿

本方法所需的仪器设备及器皿见表 3—5。

表 3—5　　　　　　　　盐酸萘乙二胺法所需仪器设备及器皿

名称	规格	数量
粉碎机	—	1
紫外分光光度计	带 2 cm 比色皿	1
分析天平	精度 ±0.1 mg	1
电热恒温水浴锅		1
可调式电炉	1 500 W	1
烧杯	50 mL	3
量筒	25 mL，100 mL	各 1
容量瓶	1 000 mL，500 mL，200 mL	2，1，1
玻璃棒	10~12 cm	1
三角漏斗	φ75 mm	2
移液管	1 mL，2 mL，5 mL，50 mL	1，1，2，1
具塞比色管	50 mL	12
不锈钢角匙	—	1

5. 操作步骤

(1) 试样处理。称取 5.0 g 经绞碎混匀的试样，置于 50 mL 烧杯中，加 12.5 mL 硼砂饱和液，搅拌均匀，以 70℃ 左右的水约 300 mL 将试样洗入 500 mL 容量瓶中，于沸水浴中加热 15 min，取出后冷却至室温，然后一面转动，一面加 5 mL 亚铁氰化钾溶液，摇匀，再加入 5 mL 乙酸锌溶液，以沉淀蛋白质。加水至刻度，摇匀，放置 0.5 h，除去上层脂肪，上清液用滤纸过滤，弃去初滤液 30 mL，滤液备用。

(2) 测定。吸取 40.0 mL 上述滤液于 50 mL 具塞比色管中，另吸取 0.00 mL，0.20 mL，0.40 mL，0.60 mL，0.80 mL，1.00 mL，1.50 mL，2.00 mL，2.50 mL 亚硝酸钠标准使用液（相当于 0 μg，1 μg，2 μg，3 μg，4 μg，5 μg，7.5 μg，10 μg，12.5 μg 亚硝酸钠），分别置

于 50 mL 具塞比色管中。于标准管与试样管中分别加入 2 mL 对氨基苯磺酸溶液（4 g/L），混匀，静置 3~5 min 后各加入 1 mL 盐酸萘乙二胺溶液（2 g/L），加水至刻度，混匀，静置 15 min，用 1 cm 比色杯，以零管调节零点，于波长 538 nm 处测吸光度，绘制标准曲线比较，同时做试剂空白试验。

6. 计算

试样中亚硝酸盐的含量（质量分数）按下式进行计算：

$$X = \frac{(C - C_0) \times 1\,000}{m \times \dfrac{V_2}{V_1} \times 1\,000}$$

式中　X——试样中亚硝酸盐的含量（质量分数），mg/kg；

　　　m——试样质量，g；

　　　C——测定用样液中亚硝酸盐的质量，μg；

　　　C_0——测定用空白液中亚硝酸盐的质量，μg；

　　　V_1——试样处理液总体积，mL；

　　　V_2——测定用样液体积，mL。

7. 精密度

在重复性条件下获得的两次独立测定的结果的绝对差值不得超过算术平均值的 10%。

8. 填写原始记录

盐酸萘乙二胺法测定亚硝酸盐的原始记录见表 3—6。

表 3—6　　　　　　　　　亚硝酸盐测定原始记录

样品名称				检验项目			检验依据		
仪器名称及型号规格				仪器编号			仪器检定有效期至：		
电子天平									
紫外分光光度仪									
比色皿长度				10 mm					
工作曲线	标准溶液名称	标准浓度	0	1	2	3	4	5	6	7
		吸光度								
		C（　）								
		A								
取样量 m（g）			吸取毫升数 V_2（mL）				定容体积 V_1（mL）		

续表

样品吸光度 A	A_1		A_2		A（空白）	
对应浓度 C（　）	C_1		C_2		C（平均）	
稀释倍数 B						
实测结果	标准值（mg/kg）		样品含量（mg/kg）		单项结论	
计算公式	$X = \dfrac{C \times V_1}{m \times V_2}$		直线回归方程：			
备注						

检验员：　　　　　校核员：　　　　　日期：　　　　　检验地点：

【实训 3—2】　白砂糖中亚硫酸盐（以二氧化硫计）的测定——盐酸副玫瑰苯胺法

本方法适用于白砂糖中二氧化硫残留量的测定，检出质量分数为 1 mg/kg。

1. 目的

熟悉和掌握白砂糖中亚硫酸盐的测定——盐酸副玫瑰苯胺法的原理及操作方法。

2. 原理

亚硫酸盐与四氯汞钠反应生成稳定的络合物，再与甲醛及盐酸副玫瑰苯胺作用生成紫红色络合物，与标准系列比较定量。

3. 试剂

（1）四氯汞钠吸收液。称取 13.6 g 氯化高汞及 6.0 g 氯化钠，溶于水中并稀释至 1 000 mL，放置过夜，过滤后备用。

（2）氨基磺酸铵溶液（12 g/L）。

（3）甲醛溶液（2 g/L）。吸取 0.55 mL 无聚合沉淀的甲醛（36%），加水稀释至 100 mL，混匀。

（4）淀粉指示液。称取 1 g 可溶性淀粉，用少许水调成糊状，缓缓倾入 100 mL 沸水中，随加随搅拌，煮沸，放冷备用，此溶液临用时现配。

（5）亚铁氰化钾溶液。称取 10.6 g 亚铁氰化钾 [$K_4Fe(CN)_6 \cdot 3H_2O$]，用水溶解，并稀释至 100 mL。

（6）乙酸锌溶液。称取 22 g 乙酸锌 [$Zn(CH_3COO)_2 \cdot 2H_2O$]，加 3 mL 冰乙酸，溶于水并稀释至 100 mL。

(7) 盐酸副玫瑰苯胺溶液。称取 0.1 g 盐酸副玫瑰苯胺（$C_{19}H_{18}N_2Cl \cdot 4H_2O$，p-rosaniline hydrochloride）于研钵中，加少量水研磨使之溶解并稀释至 100 mL。取出 20 mL，置于 100 mL 容量瓶中，加盐酸（1∶1），充分摇匀后使溶液由红变黄，如不变黄再滴加少量盐酸至出现黄色，再加水稀释至刻度，混匀备用（如无盐酸副玫瑰苯胺可用盐酸品红代替）。

(8) 碘溶液。碘溶液的物质的量浓度 $c\,(1/2\,I_2)$ = 0.100 mol/L。

(9) 硫代硫酸钠标准溶液。该溶液的物质的量浓度 $c\,(Na_2S_2O_3 \cdot 5H_2O)$ = 0.100 mol/L。

(10) 二氧化硫标准溶液。称取 0.5 g 亚硫酸氢钠，溶于 200 mL 四氯汞钠吸收液中，放置过夜，上清液用定量滤纸过滤备用。吸取 10.0 mL 亚硫酸氢钠-四氯汞钠溶液于 250 mL 碘量瓶中，加 100 mL 水，准确加入 20.0 mL 碘溶液（0.1 mol/L），再加入 5 mL 冰乙酸，摇匀，放置于暗处，2 min 后迅速以硫代硫酸钠（0.100 mol/L）标准溶液滴定至淡黄色，加 0.5 mL 淀粉指示液，继续滴至无色。另取 100 mL 水，准确加入碘溶液 20.0 mL（0.1 mol/L）、5 mL 冰乙酸，按同一方法做试剂空白试验。

二氧化硫标准溶液的质量浓度按下式计算：

$$X = \frac{(V_2 - V_1) \times c \times 32.03}{10}$$

式中　X——二氧化硫标准溶液质量浓度，mg/mL；

　　　V_1——测定用亚硫酸氢钠-四氯汞钠溶液消耗硫代硫酸钠标准溶液的体积，mL；

　　　V_2——试剂空白消耗硫代硫酸钠标准溶液的体积，mL；

　　　c——硫代硫酸钠标准溶液的物质的量浓度，mol/L；

　　　32.03——每毫升硫代硫酸钠标准溶液相当于二氧化硫的质量，mg。

(11) 二氧化硫使用液。临用前将二氧化硫标准溶液以四氯汞钠吸收液稀释至二氧化硫的质量浓度为 2 μg/mL。

(12) 氢氧化钠溶液。氢氧化钠溶液的质量浓度为 20 g/L。

(13) 硫酸（1∶71）。

4. 仪器设备及器皿

盐酸副玫瑰苯胺法所需的仪器设备及器皿见表 3—7。

表 3—7　　　　　　　　　盐酸副玫瑰胺法所需的仪器设备及器皿

名称	规格	数量
紫外分光光度计	带 1 cm 比色皿	1
分析天平	精度 ±0.1 mg	1
量筒	25 mL	1

续表

名称	规格	数量
容量瓶	100 mL	2
玻璃棒	10~12 cm	1
三角漏斗	ϕ75 mm	2
移液管	1 mL, 5 mL, 10 mL	3, 4, 1
具塞比色管	25 mL	10
不锈钢角匙	—	1

5. 分析步骤

（1）试样处理。称取约10.00 g均匀试样（试样量可视亚硫酸盐含量高低而定），以少量水溶解，置于100 mL容量瓶中，加入4 mL氢氧化钠溶液（20 g/L），5 min后加入4 mL硫酸（1∶71），然后加入20 mL四氯汞钠吸收液，以水稀释至刻度。

（2）测定。吸取0.50~5.0 mL上述试样处理液于25 mL具塞比色管中。另吸取0 mL、0.20 mL、0.40 mL、0.60 mL、0.80 mL、1.00 mL、1.50 mL、2.00 mL二氧化硫标准使用液（相当于0 μg、0.4 μg、0.8 μg、1.2 μg、1.6 μg、2.0 μg、3.0 μg、4.0 μg二氧化硫），分别置于25 mL具塞比色管中。于试样及标准管中各加入四氯汞钠吸收液至10 mL，然后再加入1 mL氨基磺酸铵溶液（12 g/L）、1 mL甲醛溶液（2 g/L）及1 mL盐酸副玫瑰苯胺溶液，摇匀，放置20 min。用1 cm比色皿，以零管调节零点，于波长550 nm处测吸光度，绘制标准曲线比较。

6. 计算

试样中二氧化硫的含量（质量分数）按下式进行计算：

$$X = \frac{C \times 1\,000}{m \times (V/100) \times 1\,000 \times 1\,000}$$

式中　X——试样中二氧化硫的含量（质量分数），g/kg；

　　　C——测定用样液中二氧化硫的质量，μg；

　　　m——试样质量，g；

　　　V——测定用样液的体积，mL。

计算结果表示到三位有效数字。

7. 精密度

在重复性条件下获得的两次独立测定结果的绝对差值不得超过10%。

8. 填写原始记录

亚硫酸盐测定的原始记录见表3—8。

表3—8　　　　　　　　　　　亚硫酸盐测定原始记录

样品名称			检验项目			检验依据		
仪器名称及型号规格			仪器编号			仪器检定有效期		
电子天平						年　月　日		
紫外分光光度仪						年　月　日		
比色皿长度			10 mm					
工作曲线	标准溶液名称	标准浓度	0	1	2	3	4	5	6	7
		吸光度								
		$C(\ )$								
		A								
取样量 m（g）			吸取毫升数 V_2（mL）			定容体积 V（mL）		
样品吸光度 A	A_1			A_2			A（空白）		
对应浓度 $C(\ )$	C_1			C_2			C（平均）		
稀释倍数 B									
实测结果	标准值（g/kg）			样品含量（g/kg）			单项结论		
计算公式	$X = \dfrac{C \times 1\,000}{m \times (V/100) \times 1\,000 \times 1\,000}$						直线回归方程：		
备注									

检验员：　　　　　校核员：　　　　　日期：　　　　　检验地点：

相关链接

盐酸副玫瑰苯胺的精制方法：称取20 g盐酸副玫瑰苯胺于400 mL水中，用50 mL盐酸(1+5)酸化，徐徐搅拌，加4～5 g活性炭，加热煮沸2 min。将混合物倒入大漏斗中，过滤（用保温漏斗趁热过滤）。滤液放置过夜，出现结晶，然后再用布氏漏斗抽滤，将结晶再悬浮于1 000 mL乙醚-乙醇（10:1）的混合液中，振摇3～5 min，以布氏漏斗抽滤，再用乙醚反复洗涤至醚层不带色为止，于硫酸干燥器中干燥，研细后于棕色瓶中储存。

职业技能鉴定要点

行为领域	鉴定范围	鉴定点	重要程度
理论准备	紫外可见分光光度法原理	紫外可见分光光度法的理论基础	★★★
	紫外可见分光光度计部件	光源	★★
		单色器	★★
		吸收池	★★
		检测系统	★
	测量条件的选择	显色反应及显色条件的选择	★★★
		吸光度测量条件的选择	★★★
技能训练	分光光度法的应用	食品中亚硝酸盐的测定	★★
		食品中亚硫酸盐的测定	★★

测 试 题

一、判断题（下列判断正确的请打"√"，错误的请打"×"）

1. 人眼能感觉到的光称为紫外光。（　　）
2. 透射光和吸收光互为补色光。（　　）
3. 物质对光的吸收具有选择性。（　　）
4. 不同物质的吸收曲线形状一样，但是最大吸收波长不一样。（　　）
5. 吸光度是具有加和性的。（　　）
6. 显色剂的量加得越多越好，这样可以促进完全化学反应。（　　）
7. 光电池检测器可以长时间使用而不影响准确度。（　　）
8. 光电倍增管是目前最常用的检测器。（　　）
9. 分光光度法所用的光源是复色光。（　　）
10. 朗伯－比耳定律适用于单色光。（　　）

二、简答题

1. 朗伯－比耳定律的物理意义是什么？
2. 分光光度计有哪些主要部件？
3. 显色反应如何选择？
4. 显色条件如何选择？
5. 吸光度测量条件如何选择？
6. 分光光度法的定量方法有哪几种？

7. 分光光度法的干扰类型有哪些？

8. 分光光度法的干扰消除方法有哪几种？

9. 比色皿使用过程中需要注意哪些方面？

10. 分光光度计在使用过程中，对于光源灯的使用需要注意哪些方面？

三、思考题

1. 标准加入法在应用时要注意什么？

2. 分光光度计常见的故障有哪些？如何维护？

测试题答案

一、判断题

1. × 2. √ 3. √ 4. × 5. √ 6. × 7. × 8. √ 9. × 10. √

二、简答题

1. 朗伯-比耳定律的物理意义为：当一束平行单色光通过单一均匀的、非散射的吸光物质溶液时，溶液的吸光度与溶液浓度、液层厚度的乘积成正比。

2. 分光光度计的主要部件包括光源、单色器、吸收池和检测系统。

3. 显色反应的选择条件是：灵敏度高，选择性好，显色剂在测定波长处无明显吸收，反应生成的有色化合物组成恒定且化学性质稳定。

4. 应从显色剂用量、酸度、显色温度、显色时间、干扰的消除等方面考虑，选择显色条件。

5. 应从入射光波长、参比溶液、吸光度读数范围等方面考虑，选择吸光度测量条件。

6. 分光光度法常用的定量方法有三种，即标准曲线法、直接比较法、标准加入法。

7. 分光光度法的干扰类型有：干扰离子本身有颜色；干扰离子与显色剂反应生成配合物；干扰离子与被测离子反应生成配合物或沉淀。

8. 分光光度法的干扰消除方法有：控制溶液的酸度；加入掩蔽剂与干扰离子形成更稳定的化合物，使干扰离子不再产生干扰；利用参比溶液消除某些有色干扰离子的影响；选择适当的波长以消除干扰；采用适当的分离方法。

9. 比色皿使用过程中需注意以下几点：

（1）拿比色皿时，手指只能捏住比色皿的毛玻璃面，不要碰比色皿的透光面，以免沾污。

（2）清洗比色皿时，一般先用水冲洗，再用蒸馏水洗净。如比色皿被有机物沾污，可用盐酸-乙醇混合洗涤液（1:2）浸泡片刻，再用水冲洗。不能用碱溶液或氧化性强的洗

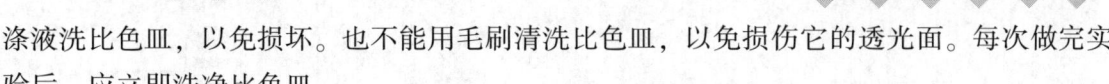

涤液洗比色皿，以免损坏。也不能用毛刷清洗比色皿，以免损伤它的透光面。每次做完实验后，应立即洗净比色皿。

（3）比色皿外壁的水要用擦镜纸或细软的吸水纸吸干，以保护透光面。

（4）测定有色溶液吸光度时，一定要用有色溶液洗比色皿内壁几次，以免改变有色溶液的浓度。另外，在测定一系列溶液的吸光度时，通常都按由稀到浓的顺序测定，以减小测量误差。

（5）在实际分析工作中，通常根据溶液浓度的不同，选用液槽厚度不同的比色皿，使溶液的吸光度控制在 0.2~0.7 之间。

（6）测试样品时必须根据波长选用吸收池，用紫外光测定时须用石英杯，否则紫外光无法透过。

10. 光源灯有一定的使用寿命，仪器不工作时不要开灯，若工作间歇时间短，可不关灯。一旦停机，则要待灯冷却后再重新启动，并预热 15 min。灯泡发黑或亮度明显减弱或不稳定，就及时更换。移动光源时不要用手直接接触窗口（要戴手套），以免手上油污黏附在窗口上，经紫外光照后形成结痕（可用无水乙醇去除）。更换光源时要注意调好灯丝和进光窗的相对位置，使光能尽可能多地进入光路，否则灵敏度下降。

三、思考题

答案略。

第4章

气相色谱法

第1节　气相色谱基本理论　　　　　　　　　　　　　　　/69
第2节　气相色谱仪的基本结构和工作原理　　　　　　　　/72
第3节　气相色谱方法的建立　　　　　　　　　　　　　　/78
第4节　气相色谱的定性定量分析　　　　　　　　　　　　/81
第5节　气相色谱仪操作维护要点和常见故障分析　　　　　/82
第6节　气相色谱法在食品安全分析中的应用　　　　　　　/86

引 导 语

色谱技术是目前食品安全分析领域重要的分离和检测手段。气相色谱是色谱法中的一种，它是以气体作为流动相的，具有高效能、高选择性、高灵敏度等特点，被广泛应用于分析食品中各种食品添加剂、营养成分、农药残留、兽药残留、真菌毒素和其他有毒有害物质。

在本章中，介绍了气相色谱基本理论，重点阐述了气相色谱仪的基本结构和工作原理及其操作维护要点，并举例介绍了气相色谱法在食品安全检测中的应用。

学 习 要 点

- **熟悉**
  气相色谱基本理论及其在食品安全分析中的应用

- **掌握**
  气相色谱仪的基本结构和工作原理

- **熟练掌握**
  气相色谱仪的操作维护和常见故障分析

第1节 气相色谱基本理论

一、色谱常用术语和参数

1. 与色谱法有关的常用术语

（1）色谱法（chromatography）。色谱法又称色层法或层析法，是一种物理化学分析方法，它利用不同溶质（样品）与固定相和流动相之间的作用力（分配、吸附、离子交换等）的差别，当两相做相对移动时，各溶质在两相间进行多次平衡，使各溶质相互分离。

（2）固定相（stationary phase）。固定相是指在色谱分离中固定不动、对样品产生保留的一相。

（3）流动相（mobile phase）。流动相是指与固定相处于平衡状态、带动样品向前移动的另一相。

（4）气相色谱法（gas chromatography，GC）。以气体为流动相的色谱分析法称为气相色谱法。

2. 色谱图常用术语

在色谱分析中，当样品注入色谱柱后，由于各组分与固定相的作用力不同，在随流动相移动的过程中，逐渐在柱中得到分离并依次从色谱柱流出，先后到达检测器，检测器把各组分的浓度信号转变为电信号，然后用记录仪或工作站软件记录下来，得到色谱图，即组分浓度随时间变化的色谱流出曲线，如图4—1所示。

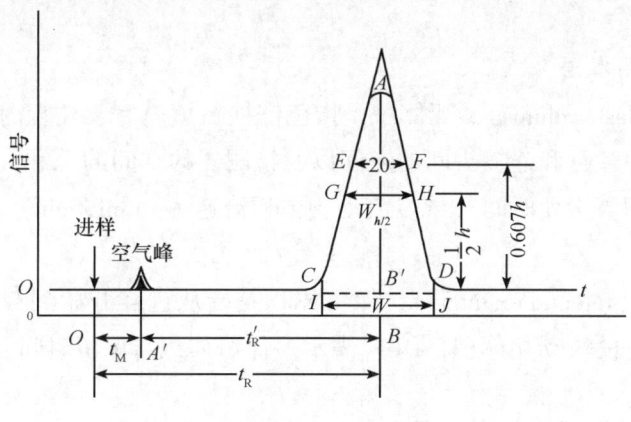

图4—1 典型的色谱图

解读图4—1时,需要了解以下一些常用术语:

(1) 基线(baseline)。仅有流动相通过检测器时所产生的响应曲线 Ot 称为基线。稳定的基线应该是一条水平直线,若是斜线就称为基线漂移(drift)。保持基线平稳是进行色谱分析的最基本要求。

(2) 色谱峰(peak)。色谱柱流出组分通过检测器时所产生的响应信号的微分曲线 $CGEAFHD$ 称为色谱峰。在理想情况下,色谱峰应为正态分布曲线。

(3) 峰高(peak height)。峰顶点与基线之间的垂直距离 AB' 称为峰高,用 h 表示,是色谱定量分析的依据之一。

(4) 峰宽(peak width)。在峰两侧拐点处所作切线与峰底相交的两点间的距离 IJ 称为峰宽,用 W 表示。

(5) 半高峰宽(peak width at half height)。通过峰高的中点作平行于峰底的直线,此直线与峰两侧相交两点之间的距离 GH 称为半高峰宽,用 $W_{h/2}$ 表示。

(6) 峰面积(peak area)。由色谱峰与基线围成的面积 $CGEAFHD$ 称为峰面积,用 A 表示。峰面积是色谱定量分析的基本依据。

(7) 死时间(dead time)。从进样到空气等不被固定相滞留的组分出现峰最大值所需的时间 t_M 称为死时间。用柱长除以死时间即得到流动相的平均线速度。

(8) 保留时间(retention time)。组分从进样到出现峰最大值所需的时间称为保留时间,用 t_R 表示。

(9) 调整保留时间(adjusted retention time)。保留时间减去死时间称为调整保留时间,用 t'_R 表示。

从色谱图上,可以得到许多重要信息:根据色谱峰的个数,可以判断样品中所含组分的最少个数;根据色谱峰的保留值,可以进行定性分析;根据色谱峰的峰面积或峰高,可以进行定量分析。

3. 色谱参数常用术语

(1) 死体积(dead volume)。死体积是指色谱柱在填充后,柱管内固定相颗粒间所剩留的空间、色谱仪中管路和连接头间的空间以及检测器的空间的总和。当后两项很小而可忽略不计时,死体积等于死时间 t_M 乘以流动相体积流速 F_0(mL/min),通常用 V_M 表示。

$$V_M = t_M F_0$$

(2) 保留体积(retention volume)。保留体积是指从进样开始到被测组分在柱后出现浓度极大点时所通过的流动相体积,用 V_R 表示。保留体积与保留时间 t_R 的关系如下:

$$V_R = t_R F_0$$

(3) 调整保留体积(adjusted retention volume)。某组分的保留体积减去死体积后即为该组分的调整保留体积，通常用 V'_R 表示。

$$V'_R = V_R - V_M = t_R F_0 - t_M F_0 = (t_R - t_M) F_0 = t'_R F_0$$

（4）相对保留值 $\gamma_{2,1}$（relative retention volume）。在一定的色谱条件下某组分 2 的调整保留值与组分 1 的调整保留值之比称为相对保留值，是一个无量纲量。

$$\gamma_{2,1} = \frac{t'_{R_2}}{t'_{R_1}} = \frac{V'_{R_2}}{V'_{R_1}}$$

相对保留值只与柱温及固定相的性质有关，而与柱内径、柱长、柱的填充情况及流动相流速无关，因此它是气相色谱中广泛使用的定性数据。

（5）选择因子。在色谱定性分析中，通常固定一个色谱峰作为基准（s），然后再求其他峰（i）对这个峰的相对保留值，将它们的相对保留值作为重要参数，可用符号 α 表示：

$$\alpha = \frac{t'_{R_i}}{t'_{R_s}}$$

二、气相色谱的分离原理

色谱分析的目的是将样品中各组分彼此分离，只有当各组分分离之后，才能进行定性和定量分析。组分要达到完全分离，两峰间的距离必须足够远。两峰间的距离是由组分在两相间的分配系数决定的。

1. 分配系数

在一定温度和压力下，组分在固定相和流动相之间分配达到平衡时的浓度之比称为分配系数（distribution coefficient），用 K 表示，即：

$$K = \frac{\text{溶质在固定相中的浓度}}{\text{溶质在流动相中的浓度}} = \frac{c_s}{c_m}$$

K 值与固定相和柱温有关。K 值小的组分，每次分配达到平衡后在流动相中的浓度较大，较早地流出色谱柱，而 K 值较大的组分较晚流出色谱柱。因此，分配系数不同是色谱分离的基础。

2. 分离度

分离度用 R（resolution）表示，又称分辨率，它是指相邻两组分色谱峰保留值之差与两组分色谱峰底宽总和之半的比值，即：

$$R = \frac{t_{R_2} - t_{R_1}}{\frac{1}{2}(W_1 + W_2)} = \frac{2(t_{R_2} - t_{R_1})}{W_1 + W_2}$$

式中　t_{R_1}——峰1的保留时间，s；
　　　t_{R_2}——峰2的保留时间，s；
　　　W_1——峰1的峰宽，mm；
　　　W_2——峰2的峰宽，mm。

如果色谱峰呈正态分布，则分离度 $R=2$，两个峰完全达到了基线分离。通过调节色谱条件还可获得更高的 R 值，不过这时的代价将是分析时间的增加。$R<1.0$ 时，两个相邻峰有部分重叠；$R=1.0$ 时，分离程度可达98%；$R=1.5$ 时，分离程度可达99.7%。所以，通常用 $R=1.5$ 作为相邻两色谱峰完全分离的指标。计算 R 时应注意 t_R 和 W 所用单位要一致。

第2节　气相色谱仪的基本结构和工作原理

气相色谱仪的基本结构由气路系统、进样系统、分离系统、温控系统、检测记录系统等部分组成。气相色谱仪的一般工作流程如图4—2所示。

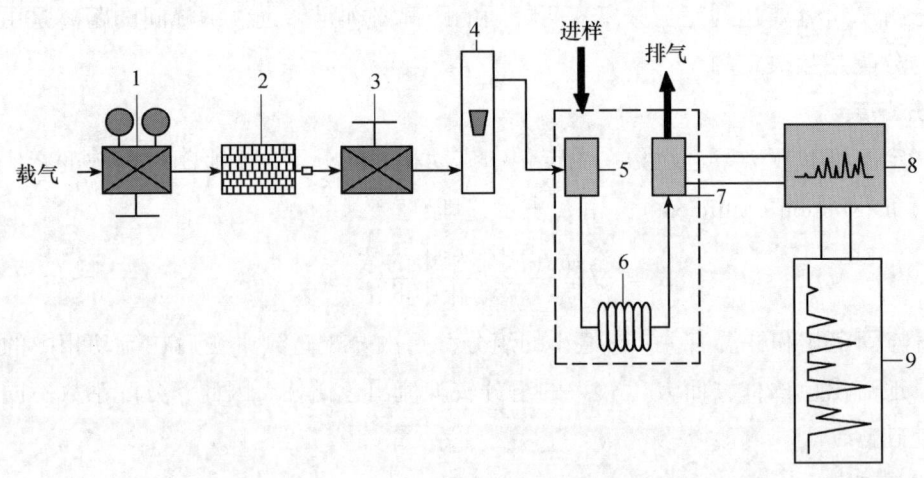

图4—2　气相色谱仪的一般工作流程
1—减压阀　2—净化器　3—流量调节阀　4—转子流速计
5—汽化室　6—色谱柱　7—检测器　8—放大器　9—记录器

由高压载气钢瓶供给的流动相载气，经减压阀减压至 0.2～0.5 MPa，通过净化器（内装有5A分子筛，一种化学物质）除去载气中的水分和杂质，再经流量调节阀和转子流速计后，以稳定的压力、恒定的流速流经汽化室，与汽化的样品混合后进入色谱柱。各组分在柱中达到分离后依次进入检测器，最后载气放空。检测器将组分的浓度（或质量）变化转变为电信号。电信号经放大后，由记录器记录下来，即得到色谱图。

一、气路系统

气相色谱仪是一个载气连续运行、气密的气体流路系统。气路系统的气密性、载气流速的稳定性等因素都影响色谱仪的稳定性和分析结果的准确性。

1. 载气

气相色谱中常用的载气有氢气、氮气、氦气。它们一般都是由相应的高压钢瓶储存的压缩气源供给。气相色谱用高纯级气体（纯度为 99.99% 以上）作载气。载气纯度不符合要求时，会使基线不稳，噪声增大。

2. 净化器

净化器（又叫捕集阱）是用来提高载气纯度的装置。净化剂主要有活性炭、硅胶和分子筛、105 催化剂，它们分别用来除去烃类杂质、水分、氧气。

3. 稳压恒流装置

由于载气流速是影响色谱分离和定性分析的重要操作参数之一，因此要求载气流速稳定。载气的压力可用压力表来测量，流量用转子流量计指示。

气相色谱仪的稳压恒流是通过控制气源、减压阀、稳压阀、稳流阀来实现的。

新一代的气相色谱仪采用电子气路控制（electronic pneumatic control，EPC），即将气路测量控制部件集成至一个整体气路控制模块中，模块上的传感器可根据周边环境气压及室温变化自动进行补偿并校准各气路压力、流量、分流比及色谱柱线速度等参数，从而实现对这些参数的数字化调节和程序化控制。

二、进样系统

进样系统是把待测样品快速而定量地注入色谱柱中进行色谱分离的装置，包括进样装置及汽化室。进入分析系统的样品量的多少、进样时间的长短、进样量的准确度和重复性等都对气相色谱的定性、定量工作有很大影响。进样量过大、进样时间过长都会使色谱峰变宽甚至变形。通常要求进样量要适当，进样速度要快，进样方式要简便、易行。

1. 进样装置

最常用的进样装置为微量注射器，常用的规格有 1 μL、5 μL、10 μL 和 50 μL。

2. 汽化室

汽化室的作用是将液体样品瞬间汽化为蒸气。气相色谱法中对汽化室要求很高。为了使样品能瞬间汽化而不分解,要求汽化室热容量大,温度足够高且无催化反应;为了减少柱前峰展宽,汽化室的死体积要尽可能小。大量使用的是在汽化室内插入石英衬管,以消除金属表面的催化效应,同时把不挥发组分滞留在衬管内,从而保护色谱柱。衬管内加入少量经硅烷化处理的石英玻璃棉可防止注射器针尖的歧视(即针尖内的溶剂和易挥发组分首先汽化),加速样品汽化,同时避免固体物质进入并堵塞色谱柱。

3. 进样系统

(1)填充柱进样口。液体样品通过汽化室转化为气体后被载气带入色谱柱。色谱柱的一端插入汽化室中,汽化室的另一端有一个硅橡胶隔膜,注射器穿透隔膜将样品注入汽化室。填充柱进样口消除了汽化时样品的损失以及传输过程中从进样口到色谱柱之间的样品损失。其结构如图4—3所示。

(2)毛细管柱进样口。由于毛细管柱样品容量在纳升(nL)级,直接导入如此微量的样品是很困难的,通常采用分流/不分流(split/splitless)进样口分流,其结构如图4—4所示。当采用分流进样时,进入汽化室的载气与样品混合后只有一小部分进入毛细管柱,大部分从分流气出口排出,分流比可通过调节分流气出口流量来确定。当采用不分流进样时,在进样时分流电磁阀关闭。经过一段时间(一般为30~90 s)大部分溶剂和溶质进入色谱柱,打开电磁阀,把汽化室中的剩余溶剂和溶质通过分流阀吹走。

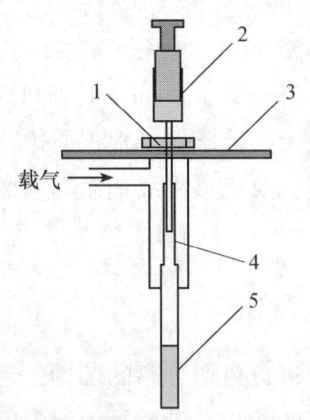
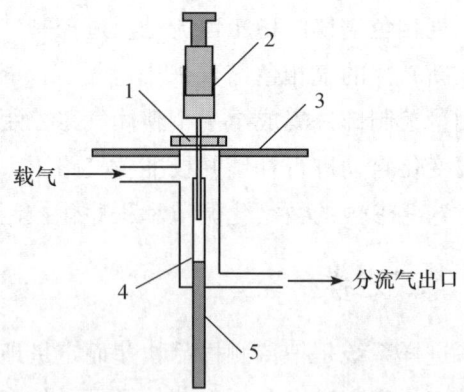

图4—3 填充柱进样口的结构　　　　图4—4 毛细管柱分流/不分流进样口
1—硅橡胶隔膜　2—注射器　3—恒温箱顶墙　　1—硅橡胶隔膜　2—注射器　3—恒温箱顶墙
4—加热玻璃管　5—填充柱　　　　　　　　　4—加热玻璃管　5—毛细管柱

三、色谱分离系统

分离系统由色谱柱组成,安装在柱温箱内用于分离样品。色谱柱主要有两类:填充柱和毛细管柱。

1. 填充柱

填充柱气相色谱的柱管通常长 1~10 m，内径为 2~4 mm，由不锈钢或玻璃材料制成。为节省柱温箱空间而将柱管弯成环状和 U 形，在管内壁涂渍液体物质（气液色谱）或在管内填充固体吸附剂（气固色谱）。

（1）气液色谱

1）固定相。涂渍在惰性多孔固体基质（载体或担体）上的液体物质，常称为固定液。气液色谱固定液有上千种，常用的有聚二甲基硅氧烷、聚乙二醇、含 5% 或 20% 苯基的聚甲基硅氧烷、含氰基和苯基的聚甲基硅氧烷等。

2）载体。载体分为无机载体（如硅藻土、玻璃粉末或微球、金属粉末或微球、金属化合物）和有机载体（如聚四氟乙烯、聚乙烯、聚乙烯丙烯酸酯）。

（2）气固色谱。气固色谱的固定相是固体吸附剂，基于样品分子在固定相表面的吸附能力的差异而实现分离。常用的固体吸附剂有碳质吸附剂（活性炭、石墨化炭黑、碳分子筛）、氧化铝、硅胶、无机分子筛和高分子小球。

气固色谱不如气液色谱应用广泛，主要用于永久气体和低沸点烃类的分析，在石油化工领域应用很普遍。

2. 毛细管柱

毛细管柱又叫空心柱（open tubular column），可分为填充型和开管型两大类。目前填充型毛细管柱已很少使用了。开管型按固定相的涂渍方式分为涂渍开管柱、多孔层开管柱和载体涂层空心柱。

（1）涂渍开管柱（wall coated open tubular，WCOT）。涂渍开管柱是将固定相直接涂在毛细管内壁上而制成。WCOT 柱涂渍的固定液少，涂层厚度通常只有 0.3~1.5 μm，固定液易流失，柱寿命短。

（2）多孔层开管柱（porous layer open tubular，PLOT）。在管壁上涂一层多孔性吸附剂颗粒，实际上是气固色谱开管柱。

（3）载体涂层空心柱（support coated open tubular，SCOT）。载体涂层空心柱是先在管壁上涂一层载体，如硅藻土载体，再将固定液涂在载体而成。SCOT 柱液膜较厚，克服了 WCOT 柱的上述缺点，是目前使用最广泛的毛细管色谱柱。

毛细管色谱柱渗透性好，传质阻力小，而柱子可以做到几十米长。与填充柱相比，其分离效率高、分析速度快、样品用量小，但柱容量低、要求检测器的灵敏度高，并且制备较难。

四、温控系统

温控系统是指对气相色谱的汽化室、色谱柱和检测器进行温度控制的装置。在气相色谱分析中,温度直接影响样品的汽化、色谱柱的选择分离、检测器的灵敏度和稳定性,因此要求温度控制精度在±0.1℃以内。

五、检测记录系统

检测记录系统包括检测器、信号放大器和数据记录仪。现在基本采用色谱工作站的计算机系统,不仅可对色谱仪进行实时控制,还可自动采集数据和完成数据处理。

检测器(detector)是将被色谱柱分离的组分的真实浓度或质量流量转换为电信号的装置。根据检测原理的不同,可分为浓度型检测器和质量型检测器。

浓度型检测器的响应值和进入检测器组分浓度成正比。它的响应值与载气流速的关系是峰面积随流速增加而减少,峰高不变,如热导池检测器、电子捕获检测器等。

质量型检测器的响应值和进入检测器的组分的量成正比。它的响应值与载气流速的关系是峰高随流速增加而增加,峰面积不变,如氢火焰离子化检测器、火焰光度检测器等。

1. 检测器的性能指标

(1)灵敏度。灵敏度是指通过检测器被测组分量的变化所引起信号的变化率,用 S 表示,即:

$$S = \frac{\Delta R}{\Delta Q}$$

式中 ΔR——记录仪信号变化率;

ΔQ——组分量(浓度或质量)变化率。

(2)检出限。检出限又称敏感度,是指当检测器恰能产生和噪声相鉴别的信号时,在单位体积与单位时间内通过检测器的组分的物质量(或浓度),用 D 表示。过去常用的信号大小为2倍噪声,现采用的恰能鉴别的响应信号为检测器噪声的3倍,即:

$$D = \frac{3R_N}{S}$$

式中 R_N——检测器的噪声;

S——灵敏度。

可见,检出限与灵敏度成反比,与噪声成正比。检出限是衡量检测器性能好坏的综合指标,检出限越低,说明检测器越敏感,越利于痕量组分的分析。

(3)线性范围。检测器的线性范围是指检测信号大小与被测组分的量呈线性关系的范围,通常用线性范围内的最大进样量(Q_{max})和最小进样量(Q_{min})之比表示。

不同检测器的线性范围也有很大的差别。同一个检测器对于不同的组分有不同的线性范围。检测器的线性范围越大,适用性越宽,越有利于定量分析。氢火焰离子化检测器的线性范围为1.0×10^7。

2. 常用的检测器

气相色谱常用检测器的工作原理、使用注意事项及其应用范围见表4—1。

表4—1　常用检测器的工作原理、使用注意事项及其应用范围

检测器类型	工作原理	使用注意事项	应用范围
氢火焰离子化检测器(FID, flame ionization detector)	FID以氢气和空气燃烧的火焰作为能源,利用含碳有机物在火焰中燃烧产生离子,在外加电场作用下,使离子形成离子流,根据离子流产生的电信号强度,检测被色谱柱分离出的组分	一般,氢气流量与空气流量之比为1:10。如果气体中含有微量的有机杂质,会严重影响基线的稳定性	对含碳有机物有很高的灵敏度
电子俘获检测器(ECD, electron capture detector)	ECD以^{63}Ni或^{3}H作放射源,当载气(如N_2)通过检测器时,受放射源发射的β射线的激发与电离,产生一定数量的电子和正离子,在一定强度电场作用下形成一个背景电流(基流)。在此情况下,如载气中含有电负性强的样品,则电负性物质就会捕捉电子,从而使检测室中的基流减小,基流的减小与样品的浓度成正比	载气不纯容易污染检测器,出现高背景噪声或负峰。可将检测器350℃烘烤24 h	只对具有电负性的物质,如含S、P、O、N、卤素等的物质有响应,广泛用于农药残留、大气及水质污染分析等
火焰光度检测器(FPD, flame photometric detector)	当含有磷或硫的有机物质在富氢(并含有O_2)中燃烧时,磷或硫都会变为激发态而发出特征光波。磷发射出526 nm、硫发射出394 nm的特征光波,所发射的光被反射镜收集后,通过滤光片投射到光电倍增管上,产生光电流,经放大可将信号记录下来	滤光片要保持洁净和干燥,防止发霉。光电倍增管要避光、防潮、防震、防止过热,不用时及时关掉,以延长其使用寿命。FPD必须加热到120℃以上才能点火。气源纯度差,带入杂质,会造成噪声增大	主要用于含硫、磷化合物的痕量检测

续表

检测器类型	工作原理	使用注意事项	应用范围
氮磷检测器（NPD，nitrogen-phosphorus detector）	NPD的原理是载气经过一个氢气/空气等离子体，一个加热陶瓷源（铷珠）处于喷嘴上方。低的氢气/空气比例不能维持火焰，使碳氢化合物的电离减至最小，而铷珠表面的碱盐离子促进有机氮或有机磷化合物的电离。输出的电流正比于收集到的离子数，用静电计测量并将其转化为数字形式记录下来	开加热电源后，应逐渐升高加热电流，切勿突然用大电流加热电离源。应尽量用低氢气流速，以延长电离源寿命。 避免大量具电负性的化合物如CH_2Cl_2、$CHCl_3$等溶剂和硅烷化试剂及带氰基的固定液进入检测器，它们会使灵敏度急剧下降。 避免水分进入检测器，影响使用寿命甚至导致检测器损坏	主要用于含氮、磷化合物的痕量检测
热导检测器（TCD，thermal conductivity detector）	TCD的原理是基于不同的物质具有不同的热导系数，通过测量参比池和测量池中发热体热量损失的比率，即可测出气体的组成和含量	由于TCD检测池体积太大，需要采用补充气来减少死体积的影响，只有在样品浓度高时才能产生足够的响应，因此在毛细管气相色谱中应用有限	对无机物和有机物都有响应。但灵敏度较低

第3节　气相色谱方法的建立

根据分析对象、分析要求和工作目的，确定气相色谱仪进样系统、色谱柱及炉温控制系统、载气和检测器的配制情况。

一、色谱柱的选择

在选择毛细管柱时需考虑以下四个因素：固定相、柱长、内径及膜厚。

1. 固定相

应根据目标化合物的性质，依据"相似相溶"原理，选择合适的固定相。固定相的组成和应用范围见表4—2。

表 4—2　　　　　　　　　　　固定相的组成和应用范围

相似固定相	组成	极性	应用
HP-1, OV-1, SE-30, OV-101, DB-1, BP-1, SBP-1	100%聚甲基硅氧烷	非极性	胺类、烃类、农药酚类和硫代物
HP-5, SE-54, OV-73, DB-5, BP-5, SPB-5	5%苯基聚甲基硅氧烷	弱极性	生物碱、药物、脂肪酸甲酯、卤代化合物
HP-35, DB-35, RTX-35, SPB-35, OV-11	35%苯基聚甲基硅氧烷	中极性	Aroclols（半挥发性物质）、胺类、农药及药物
HP-1701, DB-1701, OV-1701, BP-10, SPB-1701	14%氰丙基苯基聚甲基硅氧烷	中极性	杀虫剂、除草剂、TMS（三甲基硅醚）糖
HP-50+, DB-17, OV-17, SP-2250, SPB-50, DB-17	50%苯基聚甲基硅氧烷	中极性	药物、乙二醇类、杀虫剂、甾族
HP-FFAP, OV-351, SP-1000, DB-FFAP, BP-21	酸改性聚乙二醇20M	极性	酸类、醇类、醛类、丙烯酸、酯类、酮类及腈类
HP-Wax, DB-Wax, Supelcowax-10, BP-20	聚乙二醇20M	极性	溶剂、二醇及醇类

2. 柱长

选择色谱柱长时，应考虑分离度、分析时间和色谱柱的成本等，分离度与柱长的平方根成正比，而分析时间直接与柱长成正比，即如果通过增加色谱柱长来提高分离度，要使分离度增大一倍，柱长必须增加三倍，分析时间也增加三倍。

一般填充柱的柱长在 0.5~5 m 之间。对于毛细管柱色谱，一般柱长在 10~30 m 可满足大多数分析的需求，对于复杂的混合物可采用 50 m、60 m 或 100 m 的色谱柱。

3. 内径

内径增大，有较大的样品容量，随着内径的减小，单位时间内的柱效迅速增加，分离度增大。一般选用 0.25 mm、0.32 mm、0.53 mm 内径的色谱柱。

4. 膜厚

随着膜厚的增加，对两个流出时间相近的化合物的分离度越好，但是固定相的温度上限降低，柱流失增加。

对于低挥发性高沸物或热敏化合物，往往选用薄液膜柱（0.25~0.5 μm），洗脱组分快，有利于实现组分的快速分离，而且通常选择较短的柱子（10~15 m）。采用 1~8 μm

的厚液膜柱时，柱容量大，有利于痕量组分和低沸点化合物的分析。

二、柱温（初温、终温、升温速率）的选择

1. 柱温选择的一般原则

在使最难分离的组分有尽可能好的分离的前提下，采取适当低的柱温，但应以保留时间适宜、峰形不拖尾为度。同时柱温不能超过固定液的最高使用温度，以免造成固定液流失。

2. 程序升温法

对于宽沸程的多组分混合物，可采用程序升温法，即在分析过程中按一定的速度提高柱温，在程序开始时，柱温很低，低沸点的组分得以分离，中沸点的组分移动很慢，高沸点的组分则停留在柱口附近。随着柱温的升高，中沸点和高沸点的组分也依次得以分离。

三、载气的种类及流速的选择

1. 载气的种类

选择载气种类时，必须考虑检测器的适应性。TCD 常用氢气、氦气和氮气作载气，FID 和 FPD 常用氮气作载气（氢气作燃烧气，空气作助燃气），ECD 常用氮气作载气。

2. 流速的选择

可根据所选填充柱或毛细管柱的柱长、内径及膜厚来选择流速。如对于内径 0.25 mm 的毛细管柱，一般选用的载气流速为 1.0~2.0 mL/min；对于内径 0.32 mm 的毛细管柱，一般选用的载气流速为 2.0 mL/min。

如强调快速分析，可选用氢气、氦气作载气。

四、汽化室温度和检测器温度的选择

1. 汽化室温度

一般情况下，汽化室的温度应高于柱温 20~50℃，以保证样品快速汽化，但对某些高沸点、热稳定性差的样品，温度高于或接近其沸点时，样品可能已分解，此时可调大分流比，在大量载气稀释下，保证微量样品在低于沸点温度下汽化或采用冷柱头进样、程序升温进样等方法。

2. 检测器温度

检测器温度与样品的沸程范围、检测器类型等有关。一般来讲，检测器的温度应高于最高组分的沸点 20~50℃。FID、FPD、NPD 的温度最低不得低于 100℃，以防止检测器积水。

第4节 气相色谱的定性定量分析

一、定性分析方法

1. 保留值法

气相色谱一般使用已知纯物质对照定性。在相同的色谱条件下,将待测物质与已知的纯物质分别进样,若两者的保留时间相同,则可能是同一种物质,这就是保留值法。利用保留值法进行定性分析时,应严格控制实验条件,而且操作条件要稳定。

2. 气相色谱定性分析过程中可能遇到的问题和解决方法

(1)采用加标定性。对于复杂样品,由于其流出色谱峰间距太近或操作条件不易控制,可在试样中加入已知的纯物质,在相同的条件下进样,对比加已知物前后的色谱峰,若某色谱峰增高了,则原样中可能含有该已知物。

(2)采用双柱、多柱定性。当试样出现假阳性时,把试样和标准物质的混合物分别在极性完全不同的两根或多根柱子上进行色谱分离,若标准物和未知物的保留值始终相等,可判断为同一组分。

(3)采用保留指数、经验规律等定性。当没有待测组分的纯物质时,可用保留指数或用气相色谱中的经验规律如碳数规律、沸点规律等进行定性。

二、定量分析方法

气相色谱定量分析是根据检测器对待测组分产生的响应信号与组分的量成正比的原理,通过色谱图上的面积或峰高,计算样品中待测组分的含量。

1. 归一化法

将所有出峰组分的含量之和按 100% 计算的定量方法称为归一化法。它简单准确,不必准确称量和准确进样,操作条件如进样量、载气流速等的变化对结果影响较小,是气相色谱法中常用的一种定量方法。只有当样品中的所有组分经色谱分离后均产生可以测量的色谱峰时才能使用归一化法,它不适用于超痕量分析。

当测量参数为峰面积时,归一化的计算公式为:

$$x_i = \frac{A_i f_i}{A_1 f_1 + A_2 f_2 + \cdots + A_n f_n} \times 100\%$$

式中　x_i——待测样品中组分 i 的含量（浓度）；
　　　A_i——组分 i 的峰面积；
　　　f_i——组分 i 的定量校正因子。

2. 外标法

外标法是所有定量分析中最通用的一种方法，也叫标准曲线法。外标法比较简便，不需要校正因子，但要求进样量十分准确，操作条件也需严格控制，适用于日常控制分析和大量同类样品分析。

外标法的原理是：把待测组分的纯物质配成不同浓度（c）的标准系列，在一定操作条件下分别向色谱柱中注入相同体积的标准样品，测得各峰的峰面积（A）或峰高（h），绘制 A-C 或 h-C 标准曲线。在完全相同的条件下注入相同体积的待测样品，根据所得的峰面积或峰高从曲线上查得待测样品含量。

3. 内标法

内标法是选择适宜的物质作为待测组分的参比物定量加入到样品中，根据待测组分和参比物的峰面积及参比物的加入量进行定量分析的方法。内标法克服了外标法的缺点，可以抵消实验条件和进样量变化带来的误差。内标法定量准确，应用广泛，操作条件和进样量对分析结果影响不大，限制条件少。但需要用分析天平进行准确称量，而且对于复杂的样品，有时难以找到合适的内标物。

相对校正因子的测定方法是：准确称量被测组分的标准物质和内标物质，混合后在相同实验条件下进样分析（注意进样量应在线性范围之内），分别测量相应的峰面积，然后通过公式计算校正因子，可测量数次，取其平均值。

第 5 节　气相色谱仪操作维护要点和常见故障分析

一、操作维护要点

1. 正确使用毛细管柱

毛细管柱的寿命与使用载气的纯度、水蒸气含量以及所分析样品的性质有关。

（1）在没有载气通过时，柱的固定液热分解较迅速，所以在柱箱升温前应该先通载气，柱箱冷却后才能把载气关上。大多数情况下，柱的寿命与它的使用温度成反比。采用稍低些的温度上限，可以显著提高寿命，一般实际使用温度上限可比固定相使用温度上限低20℃。

（2）载气中的水分能透过固定液膜吸在柱管表面上，会取代或破坏固定液膜，所以固定液极性越高，越需要采用干燥的载气。

（3）对于固定液能被氧气氧化的色谱柱，如 PEG – 20M、FFAP（色谱柱固定液的型号），对载气除氧也很重要。停机使用时，应将拆卸后的柱两端密封住，以防空气中的氧气氧化柱固定液。

（4）毛细管柱的老化。使用新毛细管柱前，首先要对柱子进行老化处理。一般是先在50℃柱温下保持1 h，赶走溶剂，然后以2~3℃/min的速度程序升温，当达到固定液允许的最高使用温度后老化4 h。

应当注意的是，一根放置较长时间的柱子，在重新使用之前，也必须按上述程序进行老化，而不可突然将柱温升至很高，防止固定相被破坏。

2. 其他日常维护要点

（1）要及时更换毛细管柱密封垫，石墨密封垫漏气是最常见的故障之一。

（2）要使用纯度合乎要求的气体，以避免干扰分析，或污染色谱柱、检测器。

（3）要定期更换气体净化器用变色硅胶或分子筛。

（4）要定期更换进样口隔垫。

（5）要及时清洗注射器。干净的注射器能避免样品记忆效应的干扰。更换样品时要彻底清洗，同一样品多次进样时也要用样品本身清洗注射器。

（6）要定期检查并清洗进样口衬管。仪器长期使用后，衬管内会积有焦油状物质（样品中的不挥发成分造成的），此外还会有颗粒状物质积存（隔垫碎屑、样品中的固体物质），这些物质都会干扰分析的正常进行。因此要定期检查，及时清洗进样口衬管。

二、常见故障分析

1. 鬼峰或交叉污染

系统的污染是造成鬼峰或交叉污染问题的主要原因。

（1）如果鬼峰的宽度和样品峰类似（具有类似的保留时间），污染物很可能是与样品同时存在于进样器中或在样品本身中，注射样品和溶剂空白有助于找到可能的污染源。

（2）如果鬼峰的峰宽比样品大很多，污染物可能在注射样品时，即上一次进样结束后已经存在于色谱柱中，在本次进样时这些化合物流出，使得峰很宽。

（3）有时一些鬼峰是由多次进样累积而成，流出时呈馒头或圆包形，这样的鬼峰常常随基线长期或短期漂移而出现，增加程序升温的最后温度或时间是减少或消除这类鬼峰的办法。

2. 基线不稳定

可能导致基线不稳定的原因及解决方法见表4—3。

表4—3　　　　　　　基线不稳定的原因及解决方法

原因	解决方法	注释
进样器被污染	清洗进样器	试验前进行浓缩测试，载气管线也可能需要清洗
进样口被污染	更换衬管	进样口烘烤1~2 h
分流比太低	增加分流比	在分流排放口处的流速应为20 mL/min或更高
隔垫降解	更换隔垫	在高温分析时要使用合适的隔垫
气体被污染或质量差	使用高纯度气体，也要检查捕集阱是否过期或漏气	一般是在更换气瓶以后有问题出现
在程序升温过程中改变载气流速	在很多情况下是正常的	TCD和ECD响应随流速而改变，基线不稳定或扰动
对不分流进样或柱上进样溶剂效应显著	降低初始的柱温	保留时间增加
色谱柱没有老化好	充分老化色谱柱	对痕量分析要更严格一些
色谱柱被污染	把色谱柱切去一段，烘烤色谱柱	把色谱柱前端切去0.5~1 m，烘烤1~2 h
色谱柱安装不好	重新安装色谱柱	早流出的峰更容易拖尾
检测器被污染	清洗或烘烤检测器	一般噪声随时间而增加
检测器有泄漏	检查并排除泄漏	常常是在柱接头或进样器处

3. 保留时间波动

保留时间波动的原因及解决方法见表4—4。

表4—4　　　　　　　保留时间波动的原因及解决方法

原因	解决方法	注释
改变载气流速	检查载气流速	所有峰的保留时间都以相同的方向偏离，波动程度也相同
改变柱温	检查色谱柱温度	不是所有峰的保留时间都改变相同的量
改变柱尺寸	验证色谱柱规格的一致性	—
化合物浓度有大的变化	试验不同的样品浓度	也可能影响到相邻的峰，增加分流比或稀释样品可纠正样品的超载
进样器泄漏	在进样器处检漏	也常会改变峰的大小
隔垫泄漏	更换隔垫	检查针是否有倒刺
样品和溶剂不相容	改变溶剂	对不分流进样器而言
气体管路堵塞	清洗或更换堵塞的管路	分流管路常会堵塞，也要检查流量控制器和电磁阀

4. 色谱峰大小改变

色谱峰大小改变的原因及解决方法见表 4—5。

表 4—5　　　　　　　　色谱峰大小改变的原因及解决方法

原因	解决方法	注释
检测器响应改变	检查气体流速、温度和设定值，检查背景值和噪声	对所有的峰影响不一样，可能系统被污染，而不是检测器的问题
分流比改变	检查分流比	对所有的峰影响不一样
进样量改变	检查进样技术	进样量不是线性的
样品浓度改变	检查和验证样品浓度	也可能是由于降解蒸发或样品温度改变，或 pH 值改变
注射器泄漏	使用不同的注射器	样品泄漏到活塞或到针的周围，这样的泄漏不易发现
色谱柱污染	切去一段色谱柱	把色谱柱前端切去 0.5~1 m
进样器歧视改变	保持同样的进样参数	分流进样更为严重
样品反冲	减少进样量，使用体积大的衬管，降低进样温度	进样量的汽化体积要小于衬管的体积

5. 分离度的降低

分离度降低的原因及解决方法见表 4—6。

表 4—6　　　　　　　　分离度降低的原因及解决方法

原因	解决方法	注释
色谱柱污染	切去一段色谱柱（清洗）	把色谱柱前端切去 0.5~1 m
和其他峰共流出	改变柱温	减低柱温并检查是否有肩峰或拖尾
进样口污染物分解	更换衬管	进样口烘烤 1~2 h
溶剂效应不佳，聚焦不够	降低柱温，用纯度高的溶剂。样品和固定相极性匹配	对不分流进样器而言
改变载气流速	检查载气流速	也会改变保留时间

第6节　气相色谱法在食品安全分析中的应用

气相色谱法广泛应用于食品中脂肪酸、香精香料、食品添加剂、农药残留、多氯联苯等和食品包装材料中的挥发物等成分的分析。本节以一些具体实例介绍气相色谱技术在食品安全分析领域的应用，并给出一些典型的色谱图。

一、植物性样品中有机氯和拟除虫菊酯农药残留的测定

有机氯农药（OCPs）是具有杀虫活性的氯代烃的总称，其代表性的品种有六六六、DDT及其类似物和环戊二烯衍生物，它们均为神经毒性物质。拟除虫菊酯（pyrethroid）是一类重要的合成杀虫剂，具有广谱、高效、低毒和生物降解等特性。

在OCPs和拟除虫菊酯分析领域最为广泛使用的检测技术是气相色谱–电子捕获检测器（GC-ECD），它具有灵敏度高、分离效果好、定量准确等特点。

1. 样品前处理（参照 NY/T 761—2008）

准确称取25.0 g试样放入匀浆机中，加入50.0 mL乙腈，在匀浆机中高速匀浆2 min后用滤纸过滤，滤液收集到装有5~7 g氯化钠的100 mL具塞量筒中，收集滤液40~50 mL，盖上塞子，剧烈震荡1 min，在室温下静置30 min，使乙腈相和水相分层。从100 mL具塞量筒中吸取10.00 mL乙腈溶液，放入150 mL烧杯中，将烧杯放在80℃水浴锅上加热，杯内缓缓通入氮气或空气流，蒸发近干，加入2.0 mL正己烷，盖上铝箔，待净化。

将弗罗里矽柱依次用5.0 mL丙酮+正己烷（10∶90）、5.0 mL正己烷预淋洗，条件化，当溶剂液面到达柱吸附层表面时，立即倒入上述待净化溶液，用15 mL刻度离心管接收洗脱液，用5 mL丙酮+正己烷（10∶90）冲洗烧杯后淋洗弗罗里硅柱，并重复一次。将盛有淋洗液的离心管置于氮吹仪上，在水浴温度50℃条件下，氮吹蒸发至小于5 mL，用正己烷定容至5.0 mL，在旋涡混合器上混匀，分别移入两个2.0 mL自动进样器样品瓶中，待测定。

2. 色谱条件

色谱柱：HP–1，30 m×0.25 mm×0.25 μm。

载气流速：N_2，1.5 mL/min。

柱温：60℃（保持2 min），以20℃/min的速率升温到180℃，保持5 min，再以5℃/min的速率升温到260℃，保持10 min。

进样口温度：260℃，不分流进样。

ECD 检测器温度：300℃。

16 种有机氯、拟除虫菊酯农药的色谱图如图 4—5 所示。

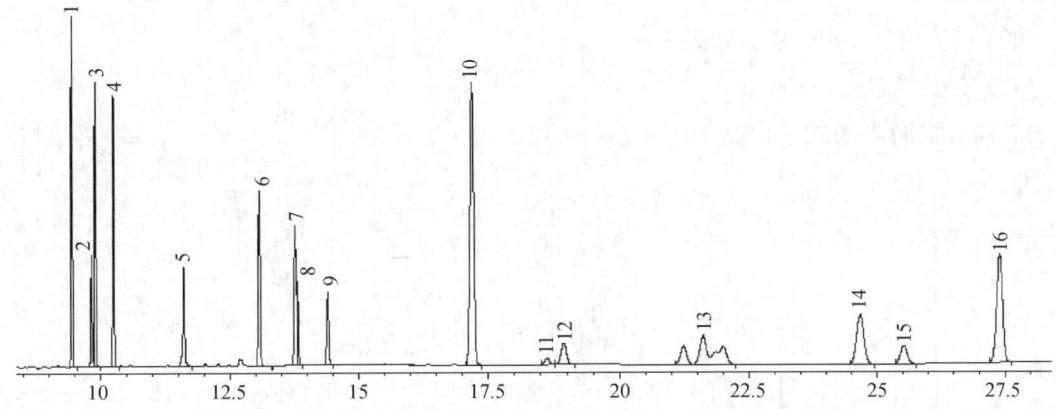

图 4—5　16 种有机氯、拟除虫菊酯农药的色谱图

1—α-666　2—β-666　3—γ-666　4—δ-666　5—七氯醇　6—p,p′DDE
7—p,p′DDD　8—o,p′DDT　9—p,p′DDT　10—氯氟氰菊酯　11—顺式氯菊酯
12—反式氯菊酯　13—氯氰菊酯　14—反式氰戊菊酯　15—顺式氰戊菊酯　16—溴氰菊酯

二、植物性样品中有机磷农药残留的测定

有机磷农药（OPPs）是含有 C—P 键或 C—O—P，C—S—P，C—N—P 的有机化合物，这类化合物对食品安全有巨大的危害。

OPPs 典型的气相色谱分析方法常采用火焰光度检测器和氮磷检测器。

1. 样品前处理（参照 NY/T 761—2008）

准确称取 25.0 g 试样放入匀浆机中，加入 50.0 mL 乙腈，在匀浆机中高速匀浆 2 min 后用滤纸过滤，滤液收集到装有 5~7 g 氯化钠的 100 mL 具塞量筒中，收集滤液 40~50 mL，盖上塞子，剧烈震荡 1 min，在室温下静置 30 min，使乙腈相和水相分层。从 100 mL 具塞量筒中吸取 10.00 mL 乙腈溶液，放入 150 mL 烧杯中，将烧杯放在 80℃ 水浴锅上加热，杯内缓缓通入氮气或空气流，蒸发近干，加入 2.0 mL 丙酮，盖上铝箔，备用。

将上述备用液完全转移至 15 mL 刻度离心管中，再用约 3 mL 丙酮分三次冲洗烧杯，并转移至离心管，最后定容至 5.0 mL，在旋涡混合器上混匀，分别移入两个 2 mL 自动进样器样品瓶中，供色谱测定。如定容后的样品溶液过于浑浊，应用 0.2 μm 滤膜过滤后再进行测定。

2. 色谱条件

色谱柱：CP-Sil 24CB（30 m × 0.25 mm × 0.25 μm）。

载气：氮气 1.0 mL/min、氢气 13 mL/min、空气 17 mL/min。

柱温：70℃，以 15℃/min 的速率升温到 200℃，再以 7℃/min 的速率升温到 250℃，保持 15 min。

进样口温度：230℃，不分流进样。

FPD 检测器温度：300℃。

17 种有机磷农药的色谱图如图 4—6 所示。

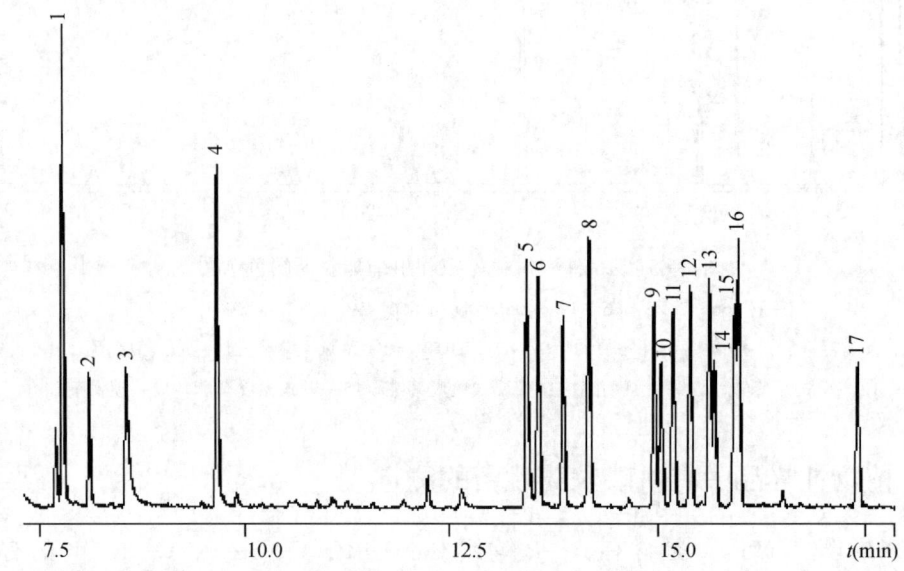

图 4—6　17 种有机磷农药的色谱图

1—敌敌畏　2—辛硫磷　3—甲胺磷　4—乙酰甲胺磷　5—甲拌磷　6—氧化乐果　7—久效磷　8—乐果　9—甲基毒死蜱　10—甲基嘧啶磷　11—甲基对硫磷　12—毒死蜱　13—马拉硫磷　14—杀螟硫磷　15—对硫磷　16—倍硫磷　17—丙溴磷

三、食品中脂肪酸的测定

1. 脂肪的提取

测定食品中脂肪酸时，首先要将脂肪从样品中提取出来，常用的方法和适用范围见表 4—7。脂肪提取的操作在《食品检验员（四级）》中已作详细介绍，在本章中不再重复介绍。

2. 脂肪酸的甲酯化

准确称试样（油脂）60 mg，精确至 0.1 mg，加入 4 mL 异辛烷，溶解，加入 200 μL 氢氧化钾甲醇熔解，盖上玻璃猛烈振摇 30 s 后，静置至澄清，加入 1 g 硫酸氢钠，中和氢氧化钾。待盐沉淀后，将上层溶液移至上机瓶中待测。

表 4—7　　　　　　　　　　　常用的脂肪提取方法

提取方法	适用范围
乙醚提取法（索氏抽提法）	适用于一般食品，特别是脂肪含量比较高的、脂肪和组织成分结合比较少的、干燥的粉末或容易粉碎的食品
酸水解法	适用于结合或包藏于组织中的脂肪，常不溶于水，但加酸后因水解而形成液状的食品，如谷物、面包、薯类、淀粉类、含脂量少的种实类、豆类（大豆和大豆制品除外）、烹调加工食品等
碱水解法	适用于牛乳和乳制品
氯仿-甲醇混合液抽提法	适用于大豆和大豆制品（豆酱类、纳豆类除外）、蛋类等含磷脂多的极性脂肪的食品

3. 色谱条件

色谱柱：SP-2560，100 m×0.25 mm×0.2 μm。

柱温：140℃保持 5 min，以 1.8℃/min 的速率升温至 240℃，保持 5 min。

进样口温度：240℃，分流比 1∶40，进样量 1.0 μL。

检测器温度：250℃。

载气：氮气 1.5 mL/min、氢气 35 mL/min、空气 350 mL/min。

玉米油脂肪酸组成色谱图如图 4—7 所示。

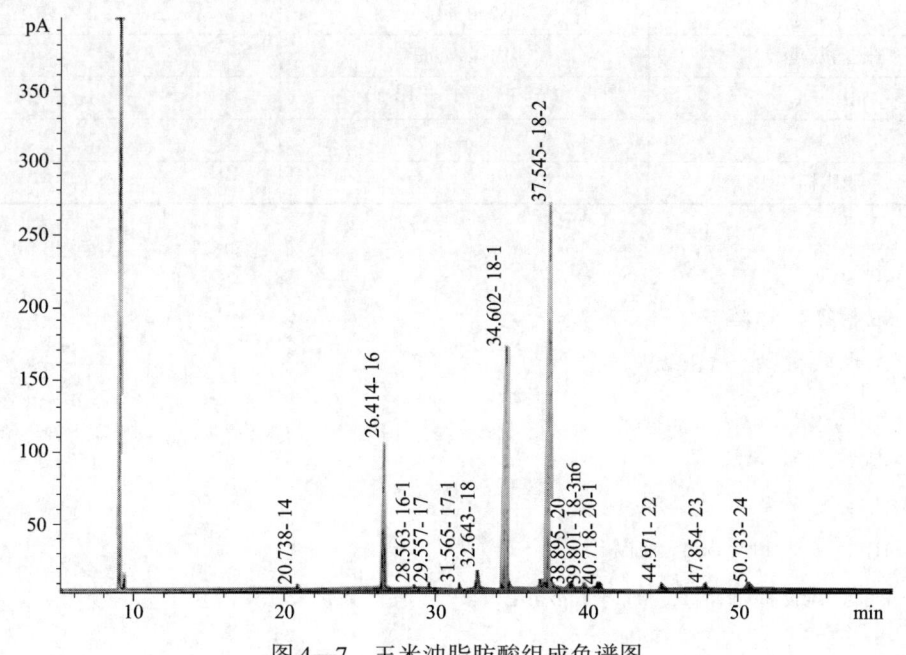

图 4—7　玉米油脂肪酸组成色谱图

【实训 4—1】 月饼中脱氢乙酸的测定

1. 目的

熟悉和掌握月饼中脱氢乙酸的测定方法。

2. 仪器设备及器皿

测定月饼中脱氢乙酸所需的仪器设备及器皿见表4—8。

表4—8　　　　　　测定月饼中脱氢乙酸所需的仪器设备及器皿

名称	规格	数量
气相色谱仪	具有氢火焰离子化检测器	1
分析天平	精度为 0.01 g	1
K-D 浓缩器	—	1
分液漏斗	250 mL	4
具塞量筒	100 mL	2
具塞刻度试管	10 mL	2
量杯	50 mL	1
烧杯	250 mL	1
刻度移液管	10 mL	1
刻度移液管	1 mL	1
胖肚移液管	5 mL	1
平底烧瓶	250 mL	2
玻璃漏斗	内径 8 cm	2
pH 试纸	可测定 pH 值为 1~14	1
吸管	—	2
脱脂棉		少许

3. 试剂

（1）饱和氯化钠溶液。

（2）无水硫酸钠，AR 级。

（3）乙醚，AR 级。

（4）丙酮，AR 级。

（5）10 g/L 碳酸氢钠溶液。

（6）10%（体积分数）硫酸。

（7）脱氢乙酸标准溶液：0.5 mg/mL。

4. 操作步骤

(1) 称取 5 g 已制备好的试样于 100 mL 具塞量筒中,加 10 mL 饱和氯化钠溶液,用硫酸调成酸性,用 50 mL,30 mL,30 mL 乙醚提取三次,合并有机相于 250 mL 分液漏斗中。

(2) 用 10 mL 饱和氯化钠溶液洗涤有机相一次,弃去水层。

(3) 用 50 mL,50 mL 碳酸氢钠溶液提取两次,每次 2 min。将水相转移至另一分液漏斗,用硫酸调成酸性,加入氯化钠至饱和,用 50 mL,30 mL,30 mL 乙醚提取三次。

(4) 在玻璃漏斗颈部塞上少许脱脂棉,上面铺入 2/3 体积无水硫酸钠,乙醚经无水硫酸钠脱水后合并于 250 mL 平底烧瓶中,在 K-D 浓缩器上浓缩至近干,用丙酮定容至 5 mL,供色谱测定。

5. 色谱条件

色谱柱:INNOWAX(色谱柱的型号)或极性相当的毛细柱,30 m×0.25 mm×0.25 μm。

柱温:165℃,进样口温度:220℃,检测器:250℃。

分流比:5∶1,进样量:1 μL。

气流条件:氢气 40 mL/min,空气 400 mL/min,氮气 1.0 mL/min。

6. 测定

以脱氢乙酸标准溶液的保留时间定性,标准物质峰面积外标法定量。

7. 精密度

在重复性条件下获得的两次独立测定结果的绝对差值不得超过算术平均值的 10%。

8. 填写原始记录

气相色谱法测定脱氢乙酸的原始记录见表 4—9。

表 4—9　　　　气相色谱法测定脱氢乙酸的原始记录

样品名称:	样品编号:
检测依据:	天平编号:
气相色谱仪型号:	进样口温度:
气相色谱仪编号:	检测器温度:
色谱柱型号:	柱温:
检测器类型:	氢气流量:　　　　mL/min
取样量(g):$m_1=$　　　$m_2=$	载气流量:　　　　mL/min
分流比:	空气流量:　　　　mL/min
环境温度/湿度(℃/%):	检测地点:
标样名称:	标样浓度(　　):

续表

项目名称	1	2
标样峰面积		
样品峰面积		
检测结果（　　）		
平均值		
相对偏差（%）		
标准值（　　）		
结果判定	□符合　　□不符合	

计算公式：

注：表中不涉及项用"—"表示

检验员：　　　　　　　校核员：　　　　　　　检验日期：

【实训4—2】　果汁饮料中环己基氨基磺酸钠（甜蜜素）的测定

1. 目的

熟悉和掌握果汁饮料中环己基氨基磺酸钠（甜蜜素）的测定方法。

2. 仪器设备及器皿

测定果汁饮料中环己基氨基磺酸钠（甜蜜素）所需的仪器设备及器皿见表4—10。

表4—10　　　测定环己基氨基磺酸钠（甜蜜素）所需的仪器设备及器皿

名称	规格	数量
气相色谱仪	具有氢火焰离子化检测器	1
制冰机	—	1
分析天平	精度为0.01 g	1
具塞离心试管	10 mL	4
离心机	10~50 mL	1
具塞比色管	50 mL	3
胖肚移液管	10 mL	1
刻度移液管	5 mL	2
烧杯	500 mL	1
吸管	—	2

3. 试剂

（1）氯化钠，AR 级。

（2）正己烷，AR 级。

（3）50 g/L 亚硝酸钠溶液。

（4）100 g/L 硫酸溶液。

（5）环己基氨基磺酸钠标准溶液：10 mg/mL。

4. 操作步骤

称取 20 g 试样（精确至 0.01 g）于 50 mL 具塞比色管，置于冰浴中。加入 5 mL 50 g/L 亚硝酸钠溶液，5 mL 100 g/L 硫酸溶液，摇匀，在冰浴中放置 30 min，并经常摇动，然后准确加入 10 mL 正己烷，5 g 氯化钠，摇匀后振摇 80 次，待静止分层后吸出己烷层，于 10 mL 具塞离心试管中进行离心分离，上清液上机测定。

5. 色谱条件

色谱柱：HP-5 或极性相当的毛细柱，30 m × 0.25 mm × 0.25 μm。

柱温：80℃，进样口温度：150℃，检测器：180℃。

分流比：5:1，进样量：1 μL。

气流条件：氢气 40 mL/min，空气 400 mL/min，氮气 1.0 mL/min。

6. 测定

以环己基氨基磺酸钠标准溶液的保留时间定性，标准物质峰面积外标法定量。

7. 精密度

在重复性条件下获得的两次独立测定结果的绝对差值不得超过算术平均值的 10%。

8. 填写原始记录

气相色谱法测定环己基氨基磺酸钠（甜蜜素）的原始记录见表 4—11。

表 4—11　气相色谱法测定环己基氨基磺酸钠（甜蜜素）的原始记录

样品名称：	样品编号：	
检测依据：	天平编号：	
气相色谱仪型号：	进样口温度：	
气相色谱仪编号：	检测器温度：	
色谱柱型号：	柱温：	
检测器类型：	氢气流量：	mL/min
取样量（g）：$m_1 =$　　$m_2 =$	载气流量：	mL/min
分流比：	空气流量：	mL/min

食品检验员（三级）

续表

环境温度/湿度（℃/%）：		检测地点：	
标样名称：		标样浓度（　）：	
项目名称	1		2
标样峰面积			
样品峰面积			
检测结果（　）			
平均值			
相对偏差（%）			
标准值（　）			
结果判定	□合格		□不合格
计算公式：			

注：表中不涉及项用"—"表示

检验员：　　　　　　校核员：　　　　　　检验日期：

职业技能鉴定要点

行为领域	鉴定范围	鉴定点	重要程度
理论准备	气相色谱基本理论	色谱常用术语和参数	★★★
		气相色谱的分离原理	★
	气相色谱仪的基本结构和工作原理	气路系统	★★
		进样系统	★★
		色谱分离系统	★★
		温控系统	★
		检测记录系统	★★★
	气相色谱方法的建立	色谱柱的选择	★★★
		柱温的选择	★★★
		载气的种类及流速的选择	★★★
		汽化室温度和检测器温度的选择	★★★
	气相色谱的定性定量分析	定性分析方法	★★★
		定量分析方法	★★★

续表

行为领域	鉴定范围	鉴定点	重要程度
理论准备	气相色谱仪操作维护要点和常见故障分析	气相色谱仪操作维护要点	★★
		气相色谱仪常见故障分析	★★
	气相色谱法在食品安全分析中的应用	植物性样品中有机氯和拟除虫菊酯农药残留的测定	★
		植物性样品中有机磷农药残留的测定	★
		食品中脂肪酸的测定	★
技能训练	气相色谱法在食品安全分析中的应用	食品中脱氢乙酸的测定	★★★
		饮料中环己基氨基磺酸钠（甜蜜素）的测定	★★★

测 试 题

一、判断题（下列判断正确的请打"√"，错误的请打"×"）

1. 相对保留值只与固定相的性质有关，而与柱温、内径、柱长、柱的填充情况及流动相流速无关，是气相色谱中广泛使用的定性数据。　　　　　　　　　　　　（　　）

2. 氢火焰离子化检测器、电子捕获检测器是质量型检测器，它们的响应值与载气流速的关系是峰高随流速增加而增加，峰面积不变。　　　　　　　　　　　　　（　　）

3. 检出限与灵敏度成正比，与噪声成反比。检出限是衡量检测器性能好坏的综合指标，检出限越低，说明检测器越敏感，越有利于痕量组分的分析。　　　　　　（　　）

4. 火焰光度检测器主要用于含硫、磷化合物的痕量检测，氮磷光度检测器主要用于含氮、磷化合物的痕量检测。　　　　　　　　　　　　　　　　　　　　　（　　）

5. 在相同的色谱条件下，将待测物质与已知的纯物质分别进样，若两者的保留时间相同，则肯定是同一种物质。　　　　　　　　　　　　　　　　　　　　　（　　）

6. 气相色谱定量分析的基础是根据检测器对待测组分产生的响应信号与组分的量成正比的原理，通过色谱图上的面积，计算样品中待测组分的含量。　　　　　　（　　）

7. 进样系统是把待测样品快速而定量地注入色谱柱中进行色谱分离的装置。进样量过大、进样时间过长都会使色谱峰变宽甚至变形。通常要求进样量要适当，进样速度要快，进样方式要简便易行。　　　　　　　　　　　　　　　　　　　　　（　　）

8. 当毛细管柱采用不分流进样时，从进样至分析结束整个过程中分流电磁阀始终

关闭。（　　）

9. 峰面积是色谱定量分析的唯一依据。（　　）

10. 分配系数 K 值与固定相和柱温有关，K 值大的组分，每次分配达到平衡后在流动相中的浓度较大，较早地流出色谱柱，而 K 值较小的组分较晚流出色谱柱，因此分配系数不同是色谱分离的基础。（　　）

11. 气相色谱仪是一个载气连续运行、气密的气路系统。气路系统的气密性、载气流速的稳定性及测量的准确性都影响色谱仪的稳定性和分析结果。（　　）

12. 色谱柱主要分为两类：填充柱和毛细管柱。毛细管柱与填充柱相比，分离效率高，分析速度快，样品用量小，但柱容量低于填充柱。（　　）

13. 检测器的线性范围越大，适用性越宽，越有利于定量分析。（　　）

14. ECD 只对具有电负性的物质有响应，不可以选择三氯甲烷等强电负性的试剂作为样品的溶剂进样。（　　）

15. 与填充柱进样口不同，毛细管柱进样口通常采用分流/不分流进样口分流。（　　）

二、简答题

1. 简述色谱法和气相色谱法的定义。
2. 什么是死时间？什么是保留时间？什么是调整保留时间？
3. 简述分离度的定义和意义。
4. 气相色谱仪的基本组成部分有哪些？
5. 衬管内加入少量经硅烷化处理的石英玻璃棉，其作用是什么？
6. 什么是浓度型检测器？什么是质量型检测器？
7. 衡量检测器的性能指标有哪些？
8. 电子俘获检测器的工作原理和适用范围是什么？
9. 简述 FID 的工作原理。
10. 如何选择柱温？
11. 标准曲线如何绘制？
12. 什么是归一化法？其特点和适用范围是什么？
13. 什么是内标法？其优缺点是什么？
14. 载气中的水和氧对毛细柱有什么影响？
15. 什么情况下要对柱子进行老化？如何老化？

三、思考题

1. ECD 出现负峰的可能原因有哪些？如何解决？

2. 如何根据色谱图中鬼峰的形状判定其出现的原因？
3. 造成基线噪声过大的原因有哪些？如何解决？
4. 如何做好气相色谱仪的日常维护和保养？
5. 如何建立一个气相色谱分析方法？
6. 气相色谱法在食品检测中的地位和它的发展前景如何？

测试题答案

一、判断题

1. ×　2. ×　3. ×　4. √　5. ×　6. √　7. √　8. ×　9. ×　10. ×　11. √　12. √
13. √　14. √　15. √

二、简答题

1. 色谱法又称色层法或层析法，是一种物理化学分析方法，它利用不同溶质（样品）与固定相和流动相之间的作用力（分配、吸附、离子交换等）的差别，当两相做相对移动时，各溶质在两相间进行多次平衡，最终达到相互分离。以气体为流动相的色谱分析法称为气相色谱法。

2. 死时间是指不被固定相滞留的组分，从进样到出现峰最大值所需的时间，通常用 t_M 表示。保留时间是指组分从进样到出现峰最大值所需的时间，通常用 t_R 表示。保留时间减去死时间即为调整保留时间，通常用 t'_R 表示。

3. 分离度是指相邻两组分色谱峰保留值之差与两组分色谱峰底宽总和之半的比值。$R=2$ 时，两个峰完全达到了基线分离。$R<1.0$ 时，表明两个相邻峰有部分重叠；$R=1.0$ 时，分离程度可达 98%；$R=1.5$ 时，分离程度可达 99.7%。通常用 $R=1.5$ 作为相邻两色谱峰完全分离的指标。

4. 气相色谱仪由五大系统组成：气路系统、进样系统、分离系统、温控系统、检测记录系统。

5. 衬管内加入少量经硅烷化处理的石英玻璃棉可防止注射器针尖的歧视（即针尖内的溶剂和易挥发组分首先汽化），加速样品汽化，同时避免固体物质进入并堵塞色谱柱。

6. 浓度型检测器的特点是检测器的响应值和进入检测器组分浓度成正比。它的响应值与载气流速的关系是峰面积随流速增加而减少，峰高不变。质量型检测器的特点是检测器的响应值和进入检测器的组分的量成正比。它的响应值与载气流速的关系是峰高随流速增加而增加，峰面积不变。

7. 衡量检测器的性能指标有灵敏度、检出限、最小检测量和线性范围。

8. 电子俘获检测器的工作原理是以 ^{63}Ni 或 ^{3}H 作放射源,当载气(如 N_2)通过检测器时,受放射源发射的 β 射线的激发与电离,产生一定数量的电子和正离子,在一定强度电场作用下形成一个背景电流(基流)。在此情况下,如载气中含有电负性强的样品,则电负性物质就会捕捉电子,从而使检测室中的基流减小,基流的减小程度与样品的浓度成正比。ECD 只对具有电负性的物质,如含 S、P、O、N、卤素等的物质有响应。

9. FID 以氢气和空气燃烧的火焰作为能源,利用含碳有机物在火焰中燃烧产生离子,在外加的电场作用下,使离子形成离子流,根据离子流产生的电信号强度,检测被色谱柱分离出的组分。

10. 选择柱温的一般原则是:在使最难分离的组分有尽可能好的分离的前提下,采取适当低的柱温,但应以保留时间适宜,峰形不拖尾为度。同时柱温不能超过固定液的最高使用温度,以免造成固定液流失。对于宽沸程的多组分混合物,可采用程序升温法。

11. 把待测组分的纯物质配成不同浓度的标准系列,在一定操作条件下分别向色谱柱中注入相同体积的标准样品,测得各峰的峰面积或峰高,绘制 A-c 或 h-c 标准曲线。在完全相同的条件下注入相同体积的待测样品,根据所得的峰面积或峰高从曲线上查得相应的含量。

12. 将所有出峰组分的含量之和按 100% 计算的定量方法称为归一化法。它简单准确,不必准确称量和准确进样,操作条件如进样量、载气流速等的变化对结果影响较小,是气相色谱法中常用的一种定量方法,只有当样品中的所有组分经色谱分离后均产生可以测量的色谱峰时才能使用,不适于超痕量分析。

13. 内标法是在一定量的样品中加入一定量的内标物,根据待测组分和内标物的峰面积及内标物质量计算待测组分质量的方法。内标法定量准确,应用广泛,操作条件和进样量对分析结果影响不大,限制条件少。但需要用分析天平进行准确称量,而且对于复杂的样品,有时难以找到合适的内标物。

14. 载气中的水分能透过固定液膜吸在柱管表面上,会取代或破坏固定液膜,所以固定液极性越高,越需要采用干燥的载气。空气中的氧气对柱固定液有氧化作用。因此,停机使用时,应将色谱柱两端密封住。

15. 使用新毛细管柱或一根放置较长时间的柱子之前要对柱子进行老化处理。处理的方法一般是先在 50℃ 柱温下保持 1 h,赶走溶剂,然后以 2~3℃/min 的速率程序升温,当达到固定液允许的最高使用温度后老化 4 h 即可。

三、思考题

答案略。

第 5 章

原子吸收分光光度法

第 1 节 原子吸收分光光度计的主要部件 /101
第 2 节 原子吸收分光光度法测量条件的选择 /107
第 3 节 原子吸收分光光度法的应用 /112

引导语

在现代分析技术中，原子吸收光谱分析技术占有重要的地位。目前原子吸收光谱分析技术已广泛运用于食品分析行业，几乎所有的食品卫生标准中都有重金属元素的限量要求，这就要求熟练地掌握这项分析技术以便能够准确、有效地检测食品中重金属的含量。

本章主要介绍原子吸收分光光度法的基本原理、基本结构、检测技术及应用。

学习要点

● **熟悉**
原子吸收分光光度法的基本原理、原子吸收分光光度计的结构部件

● **掌握**
原子吸收分光光度法选择测量条件的基本要求

● **熟练掌握**
原子吸收分光光度法在食品检测中的应用

从光源辐射出待测元素特征波长的光（也称锐线光谱），通过火焰中样品蒸气时，被蒸气中待测元素的基态原子吸收。吸光度的大小与火焰中原子浓度的关系符合朗伯－比耳定律，当光通过的火焰长度和吸收系数一定时，吸光度与火焰中待测元素的原子浓度成正比。利用此定律可进行待测元素定量分析。

第1节 原子吸收分光光度计的主要部件

原子吸收分光光度计由光源、原子化系统、分光系统和检测系统四部分组成，如图5—1所示。

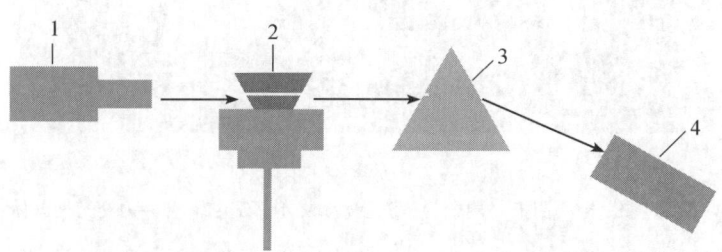

图5—1 原子吸收分光光度计的组成

1—光源 2—原子化系统 3—分光系统 4—检测系统

原子吸收分光光度计的整体外观如图5—2所示。

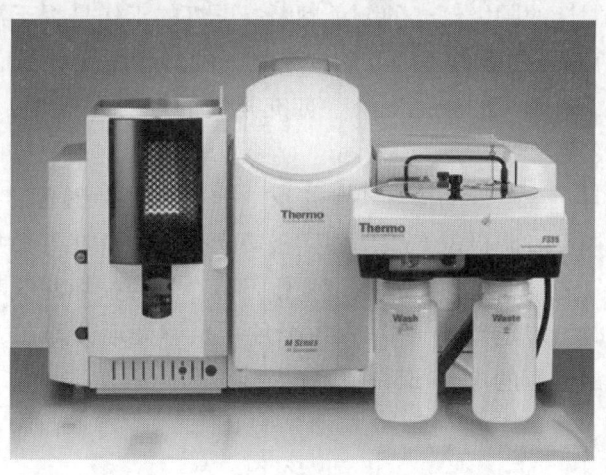

图5—2 原子吸收分光光度计的整体外观

一、光源

原子吸收分光光度计采用的光源大多为元素空心阴极灯,如图5—3所示。空心阴极灯是一种特殊的气体放电灯,其工作原理是:空心阴极灯的阴极由待测元素制备,当阴阳二极外加电压后,产生辉光放电,发射出该元素特征波长的锐线光。光源辐射出的光,在通过火焰之前必须经过调制,即用机械方式或光学方式使光以一定的频率连续地发射。通常单元素的空心阴极灯只能用于一种元素的测定,若阴极材料使用多种元素的合金,可制得能测定 2~3 种元素的灯。

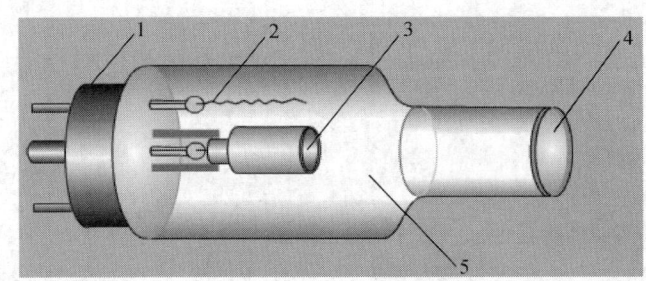

图5—3　元素空心阴极灯

1—灯座　2—阳极　3—空心阴极(内壁为待测金属)　4—石英窗　5—内充惰性气体(氖或氩)

评价元素灯的优劣主要看发光强度、发光稳定性、测定的灵敏度与线性、灯的寿命长短。对于正常的元素灯,在规定的电流和适当狭缝宽度(及增益)下,光电倍增管高压在 300~650 V 就能调到元素测定所需能量。多数灯 5 min 漂移小于 1%,背景强度不大于 1%。能满足以上条件,且测定时灵敏度高、检测限低的灯较好。

灯在点燃后要根据灯的阴极辉光的颜色判断一下灯的工作是否正常(观察空心阴极的发光)。充氖气的灯负辉光的颜色是橙红色,充氩气的灯正常是淡紫色,汞灯是蓝色。灯内有杂质气体存在时,负辉光的颜色变淡(如充氖气的灯变为粉红、发蓝或发白)。此时应重新购买新灯。

使用空心阴极灯时,注意灯的极性不要接反。购买灯时要注意,不同的仪器生产商对灯的要求不同。极性接反时阴极发光很弱而阳极辉光很强。灯在寿命接近终结时,会出现发光明显不稳定,或发光部位不对,灵敏度大幅下降。灯若损坏漏气时,就会不亮。

元素灯长期不用时,应定期(每隔 2~3 个月)点燃处理,即在工作电流下点燃 1 h。元素灯是原子吸收光谱仪上的重要部件,应仔细维护和使用。

二、原子化系统

原子化系统的作用是将试样中的待测元素转化成原子蒸气。它可分为火焰原子化系统和无火焰原子化系统。

1. 火焰原子化系统

火焰原子化系统由喷雾器、雾化室和燃烧器三部分组成，如图5—4所示。各组件应耐腐蚀、噪声小、性能稳定、有安全泄压装置、废液排放流畅。

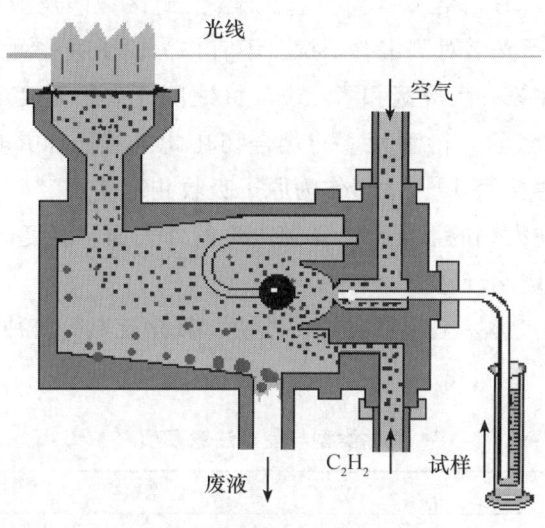

图 5—4　火焰原子化系统

火焰原子化的基本过程是样品溶液被喷雾器吸喷上去，在雾化室内形成雾状的气溶胶，然后导入燃烧器，在火焰中形成基态原子。

（1）喷雾器。喷雾器的作用是把样品溶液转变成高度分散的雾态。通常采用气动同轴型喷雾器，它的喷液速度为 1~12 mL/min，雾化效率达 10% 以上，形成的雾滴直径约在 10 μm。

（2）雾化室。雾化室的作用是把燃气（C_2H_2）与试液的细小雾滴混合均匀。

（3）燃烧器。燃烧器的作用是使试样原子化。为了保证大量基态自由原子的存在，燃烧器火焰的温度要适当。火焰温度过高会引起基态原子的激发或电离，使测试灵敏度降低。燃烧器多为单缝结构，对空气-乙炔（Air-C_2H_2）火焰，其缝长 10~12 cm，缝宽 0.5~0.7 mm；对笑气-乙炔（N_2O-C_2H_2）火焰，其缝长 5 cm，缝宽 0.5 mm。

（4）火焰的结构及性质。火焰的结构分为 6 个区域，如图 5—5 所示。

1）预混合区。在预混合区试液雾滴与燃

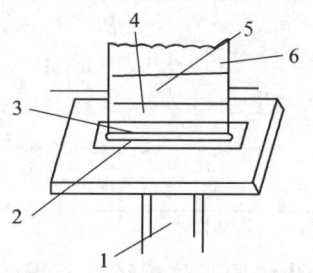

图 5—5　燃烧器及火焰区域

1—预混合区　2—燃烧缝口　3—预燃区
4—第一反应区　5—中间薄层区　6—第二反应区

气、助燃气混合。

2）燃烧器缝口。

3）预燃区。在灯口狭缝上方不远处，上升的燃气被加热至350℃而着火燃烧。

4）第一反应区。在预热区的上方，是燃烧的前沿区，在此区域内燃烧不充分的火焰温度低于2 300℃（Air-C$_2$H$_2$，乙炔－空气型火焰）。此区域内反应复杂，生成多种分子和游离基，产生的连续分子光谱对测定有干扰，不宜作为原子吸收测定区域使用。

5）中间薄层区。在第一反应区和第二反应区之间，火焰温度最高，对空气-乙炔火焰可达2 300℃，为强还原气氛。待测元素的化合物在此区域还原并热解成基态原子。此区为锐线光源辐射通过的主要区域，适于作为原子吸收测定使用。

6）第二反应区。在火焰的上半部，覆盖火焰的外表面，温度低于2 300℃，此区域内由于空气供应充分，燃烧比较完全。

（5）气源。燃烧用气体一般包括空气、乙炔、氧化亚氮等三种类型，不同类型气体使用时的注意事项见表5—1。

表5—1　　　　　　　　　气体类型与使用注意事项

气体类型	注意事项
空气	由压缩空气钢瓶、活塞式空气压缩机或膜动式空气压缩机供给。活塞式空压机出口压力为0.4~0.6 MPa，应配空气过滤减压阀，调节出口压力为0.15~0.2 MPa。膜动式空压机一般由安全阀排气调到使用压强。空气经转子流量计（一般带有针形阀作为调节流量的部件，也可以不带）流入雾化器，流量计刻度为L/min（也有的仪器为L/h）。在湿度大的地方，气路可附加气水分离器除水
乙炔	由钢瓶或乙炔稳压发生器供给。乙炔钢瓶内最大压强为1.5 MPa。乙炔溶于吸收在活性炭上的丙酮内。乙炔钢瓶使用至0.3 MPa就应更换新钢瓶。使用乙炔应注意安全，乙炔钢瓶附近不可有明火。在做完实验后应先关燃气，后关助燃气；在实验开始时则先开助燃气，后开燃气
氧化亚氮（笑气）	钢瓶供气，瓶内压强约7 MPa，减压后使用。使用笑气-乙炔火焰应小心，注意防止回火，禁止直接点燃笑气-乙炔火焰。点燃时，应先点燃空气-乙炔火焰并调节为"富燃"火焰，再过渡到笑气-乙炔火焰，并应保持为"富燃"（保持有桃红色的中间层火焰，是笑气-乙炔火焰"富燃"的特征）。雾化室应装有安全塞，当回火时安全塞被冲开而不造成其他破坏

2. 无火焰原子化系统（石墨炉系统）

（1）系统组成及反应机理。常用的非火焰原子化器是管式石墨炉原子化器，由电源、保护气控制系统、冷却水控制系统、石墨管组成，如图5—6所示。

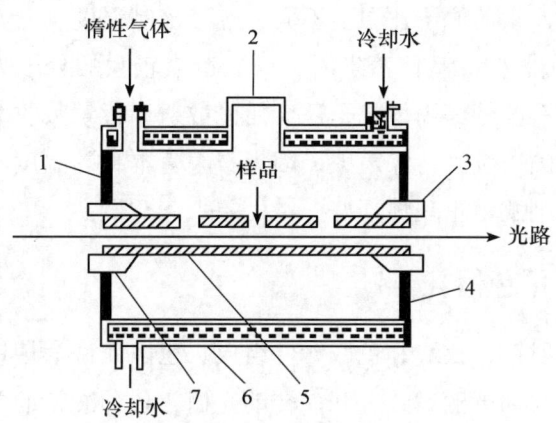

图 5—6　管式石墨炉原子化器

1，4—绝缘材料　2—可卸式窗　3，7—电接头　5—石墨管　6—金属套

外电源加于石墨管两端，供给原子化器能量，电流通过石墨管产生高达 3 000 ℃ 的温度，使置于石墨管中的被测元素变为基态原子蒸气。保护气控制系统是控制保护气的，仪器启动后，使保护气氩气流通，空烧完毕，切断氩气流。外气路中的氩气沿石墨管外壁流动，以保护石墨管不被烧蚀，内路的氩气从管两端流向管中心，由管中心孔流出，以有效地除去在干燥和灰化过程中产生的基体蒸气，同时保护已经原子化了的原子不再被氧化。在原子化阶段，停止通气，以延长原子在吸收区内的平均停留时间，避免对原子蒸气的稀释。

原子化过程可分为三个阶段，如图 5—7 所示。

1）干燥。脱溶剂防止试样飞溅或流散。干燥温度视溶剂沸点和含水量而定。

2）灰化或热解。进一步除水，蒸发出有机物或低沸点无机物，减少烟雾，另外使试样转化为稳定的氧化物。

3）原子化。控制温度为 1 700～3 000 ℃，停止通入氩气。

原子化过程后还需进行净化，在更高温度下除去残留物质。

（2）石墨炉的优缺点

1）优点。试样原子化效率高，不被稀释，原子在吸收区域平均停留时间长，灵敏度比火焰法高。石墨炉加热后，由于有大量碳存在，还原气氛强。石墨炉的温度可调，如有低温蒸发干扰元素，可以在原子化温度前分馏除去。样品用量少，可以直接固体进样。原子化温度可以自

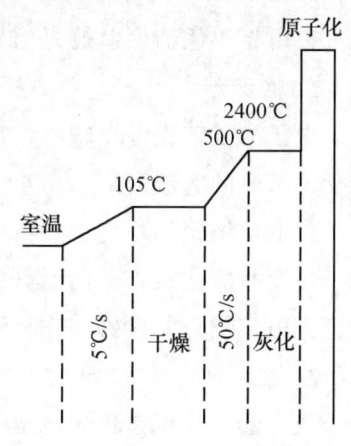

图 5—7　石墨管中的原子化过程

由调节，因此可以根据元素的原子化温度不同，选择控制温度。

2）缺点。装置复杂。样品基体蒸发时，可能造成较大的分子吸收，石墨管本身的氧化也会产生分子吸收，石墨管等固体粒子还会使光散射，背景吸收大，要使用背景校正器校正。管壁能辐射较强的连续光，噪声大。因为石墨管本身的温度不均匀，所以要严格控制加入样品的位置，否则测定重现性不好，精度差。

三、分光系统（单色器）

分光系统由凹面反射镜、狭缝和色散元件组成。色散元件为棱镜或衍射光栅，其作用是将待测元素的共振线与邻近的谱线分开。转动光栅，各种波长的单色谱线按顺序从出射狭缝射出，被检测系统接收，波长范围为 200～860 nm。

单色器的性能指标主要是指色散率、分辨率和集光本领。色散率是指色散元件将波长相差很小的两条谱线分开所成的角度（角色散率）或两条谱线投射到聚焦面上的距离（线色散率）的大小。分辨率是指将波长相近的两条谱线分开的能力。色散元件的分辨率越高，其色散率越大。集光本领是指单色器传递光的本领，它影响出射光谱线的强度。当光源强度一定时，选择具有适当色散率的衍射光栅与狭缝宽度配合，就可构成适于检测器测定的光谱通带。光谱通带（W）是指单色器出射光谱所包含的波长范围，它由光栅线色散率的倒数（D）和出射狭缝宽度（L）所决定。当单色器的色散率一定时，其光谱通带取决于出射狭缝的宽度。

四、检测系统

检测系统由检测器（光电倍增管）、放大器、对数转换器和显示装置（记录器）组成，它可将单色器出射的光信号转换成电信号后进行测量。

1. 检测器

由于测量的光谱很微弱，常采用灵敏度很高的光电倍增管作为检测器，使微弱的光谱转化为可测的电流。

光电倍增管的一个重要特性是它的暗电流。暗电流随温度上升而增大，从而增加噪声。使用时应注意光电倍增管的疲劳现象，要设法遮挡非信号光，避免使用过高增益，以保证光电倍增管的良好工作特性。

2. 放大器

放大器的作用是将光电倍增管输出的电压信号放大后送入显示器。为了改善信噪比，常使用同步检波放大器，即放大器的工作频率和光源的调制频率同步。

3. 对数转换器

对数转换器的作用是将检测、放大后的透光度信号，经运算放大器转换成吸光度信号。

4. 显示装置

显示装置目前都用液晶数字显示，还可以绘制、校准工作曲线，高速处理大量测定数据。

第2节　原子吸收分光光度法测量条件的选择

一、测量条件的选择

原子吸收光谱分析中影响测量的可变因素多，各种测量条件不易重复。这对测量结果的准确度和灵敏度影响大，也关系到能否有效地消除干扰因素。因此，严格控制测量条件十分重要。

1. 测定波长（谱线）的选择

许多元素有几条吸收谱线供选择，这些谱线发射强度不同，灵敏度也不同。通常选择每种元素的共振线作为分析谱线，以获得较高的检测灵敏度。但有时也要考虑测量中干扰因素的影响，而选用灵敏度较差一些的谱线，以保证测量的稳定性。例如，测锌时常选用最灵敏的213.8 nm波长，但当锌含量高时，为保持工作曲线的线性范围，可改用次灵敏线307.5 nm波长进行测量。一般有国家标准的产品其分析标准中都给定了测量波长，直接选用即可。

2. 空心阴极灯工作电流的选择

灯工作电流的大小直接影响灯放电的稳定性和锐线光的输出强度。测量一般元素时，只要光电倍增管电压在300~600 V，空心阴极灯可以使用尽量小的电流，这样能使辐射的锐线光谱窄，使测量灵敏度提高。但灯电流过小时，需提高光电倍增管灵敏度的增益，这样就会增加噪声、降低信噪比。空心阴极灯上都标有最大工作电流（额定电流），对大多数元素，日常分析的工作电流保持在额定电流的40%~60%较为合适，可保证稳定、合适的锐线光强的输出。

3. 光谱通带的选择

光谱通带又称单色器通带，是指出射狭缝所包含的波长范围。选择光谱通带实际上就是选择单色器的狭缝宽度。光谱通带与狭缝宽度的关系为：

$$W = L \times D$$

式中　W——光谱通带，nm；
　　　L——出射狭缝宽度，nm；
　　　D——光栅线色散率的倒数。

当共振线附近存在干扰时，光谱通带的选择就更为重要。一般光谱通带的选择是以能将共振线与邻近的非吸收线分开为原则。也就是说，在选定的狭缝宽度下，只能有共振线通过出射狭缝到达检测器。大多数元素可以在 0.1~2 nm 通带下测定。对谱线简单的元素（如碱金属、碱土金属）宜用较宽的狭缝，以减少灯电流和光电倍增管的高压来提高信噪比，增加稳定性。对于谱线复杂的元素（如铁、钴、镍等），需选用较小的狭缝，防止非吸收线进入检测器，以提高灵敏度，改善标准曲线的线性关系。

有些仪器设计的是狭缝宽度的选择装置，可以利用仪器使用说明书中给出的光栅线色散率的倒数和所选光谱通带值，计算出狭缝的宽度。

4. 燃烧器高度的选择

燃烧器与光轴的距离称为燃烧器高度。为了保证测定的灵敏度和稳定性，一般从光源发出的锐线光应通过中间薄层区，这个区域约位于燃烧器狭缝口上方 10 mm 附近。可通过实验来选择恰当的燃烧器高度，方法是用一种固定浓度的溶液喷雾，再缓缓上下移动燃烧器直到吸光度达到最大值，此时的位置即为最佳燃烧器高度。

此外，燃烧器也可以转动，当其缝口与光轴一致时（0°）有最高灵敏度。当欲测试样的浓度高时，可转动燃烧器至适当角度以减少吸收的长度来降低灵敏度。对 10 cm 长的燃烧器，当其转动 90°时原子吸收的灵敏度约为 0°时的 1/20。

5. 火焰条件的选择

在原子吸收光谱分析中常用两种火焰：空气-乙炔火焰和笑气-乙炔火焰，其一般性质见表 5—2。

表 5—2　　　　　　　　　　　常用火焰的种类及性质

火焰名称	助燃气与燃气流量比	火焰最高温度（℃）	火焰气氛	发射背景/噪声	适用范围
空气-乙炔火焰	贫燃性焰（蓝色）>5:1	约 2 300	强氧化性	低/小	适用于碱金属、碱土金属及 Cu, Ag, Au, Pb, Cd, Bi 等不易氧化的元素
	中性火焰 4:1	约 2 300	氧化性	低/小	适用于 30 多种金属元素

续表

火焰名称		助燃气与燃气流量比	火焰最高温度（℃）	火焰气氛	发射背景/噪声	适用范围
空气-乙炔火焰	富燃性焰（黄色）	3:1~5:2	稍小于2 300	还原性	强/大	适用于难解离且易氧化的元素，如Cr, Mo, Sr和稀土元素
笑气-乙炔火焰		1:1~1.5:1	约2 900	强还原性	强/大	适用于高温难熔的元素，如Al, Ba, Si, Ti, W, Mo, V及稀土元素

选择火焰条件应按下述步骤进行：

（1）按测定元素选定火焰种类。

（2）按火焰种类选定燃烧器和喷雾器。

（3）助燃气压强一般在0.15~0.2 MPa之间调定。调定助燃气流量，对一些特定雾化器，其吸液量效率等因素也较固定。在测定过程中，一般不再变动助燃气流量。

（4）选定燃气流量，调定火焰的状态。选择时可用标准溶液吸喷，并改变流量（改变燃气流量时要重新调零）。根据吸光度-流量变化情况，选用具有最大吸光值的流量范围中最小的流量。

完成以上选择后，再确定燃烧器高度。

6. 检测器条件的选择

在日常分析工作中光电倍增管工作电压一般选为最大工作电压（750 V）的1/3~2/3。增加负高压能提高灵敏度，但噪声增大，稳定性差；降低负高压会使灵敏度降低，提高信噪比，改善测定的稳定性，并能延长光电倍增管的使用寿命。

二、干扰及其消除

原子吸收光谱分析法是一种选择性比较好的分析方法，但实际工作中仍存在化学干扰和物理干扰，应采取适当措施予以消除，以获得满意的分析结果。

1. 化学干扰及消除

化学干扰是原子吸收光谱分析中的主要干扰，它与被测元素本身的性质和在火焰中引进的化学反应有关。产生化学干扰的主要原因是由于被测元素不能全部从它的化合物中解离出来，从而使参与锐线光吸收的基态原子数目减小，而影响测量结果的准确性。由于产生化学干扰的因素多种多样，消除干扰的方法要视具体情况而不同，常用的方法有改变火焰温度和加入释放剂、络合剂及缓冲剂等，见表5—3。

表5—3　　　　　　　　　　消除化学干扰的方法

消除方法	原理及示例
改变火焰温度	对生成难熔、难解离化合物的干扰，可以通过改变火焰的种类，提高火焰的温度来消除。如在空气–乙炔火焰中PO_4^{3-}对钙的测量有干扰、铝对镁的测量有干扰，当改用笑气–乙炔火焰后，由于提高了火焰的温度，就可消除此类干扰
加入释放剂	向试样中加入一种试剂，使干扰元素与之生成更稳定、更难解离的化合物，而将待测元素从其与干扰元素生成的化合物中释放出来。例如，测镁离子时铝盐会与镁生成铝氧镁难熔晶体，使镁难以原子化而干扰测量。若向试液中加入释放剂二氯化锶，它可与铝结合生成稳定的氧化铝锶而将镁释放出来
加入保护络合剂	保护络合剂可与待测元素生成稳定的络合物，而使待测元素不再与干扰元素生成难解离的化合物而消除干扰。例如，PO_4^{3-}干扰钙的测定，当加入络合剂EDTA后，钙与EDTA生成稳定的螯合物，消除了PO_4^{3-}的干扰
加入缓冲剂	加入缓冲剂即向试样中加入过量的干扰成分，使干扰趋于稳定状态，此含干扰成分的试剂称为缓冲剂。例如，用笑气–乙炔火焰测钛时铝有干扰，当向试样中加入铝盐，使铝的质量浓度达到200 mg/L时，铝对钛的干扰就不再随溶液中铝含量的变化而改变，从而可准确测定钛。但这种方法不是很理想，它会大大降低测定的灵敏度。如能将消除化学干扰的几种试剂联合使用，则克服干扰的效果会更显著

2. 物理干扰及消除

物理干扰包括电离干扰、发射光谱干扰和背景干扰，产生的原因与消除方法见表5—4。

表5—4　　　　　　　　　　物理干扰产生的原因与消除方法

类型	原因	消除方法
电离干扰	电离干扰是指待测元素在火焰中吸收能量后，除进行原子化外，还使部分原子电离，从而降低了火焰中基态原子的浓度，使待测元素的吸光度降低，造成结果偏低。火焰温度越高，电离干扰越显著	对电离电位较低的元素，如铍（Be）、锶（Sr）、钡（Ba）、铝（Al）进行分析时，为抑制电离干扰，除可采用降低火焰温度的方法外，还可向试液中加入消电离剂，如质量浓度为10 g/L的氯化铯（或氯化钾、氯化铷）溶液。因氯化铯在火焰中极易电离，产生高的电子密度，此高电子密度可抑制待测元素的电离而除去干扰

续表

类型	原因	消除方法
发射光谱干扰	原子吸收光谱使用的锐线光源应只发射波长范围很窄的特征谱线，但由于某些原因也会发射出少量干扰谱线而影响测定	当空心阴极灯发射的灵敏线和次灵敏线十分接近，且不易分开时，就会降低测定灵敏度。例如，镍的灵敏线为232.0 nm，次灵敏线为231.6 nm和231.1 nm，若使它们彼此分开，应先用窄的光谱通带，否则会降低测定的灵敏度 空心阴极灯内充有氩、氖等惰性气体，其发射的灵敏线与待测元素的灵敏线相近时，也产生干扰。例如，氖发射359.34 nm的谱线，而铬的灵敏线为359.35 nm，为此测铬元素的空心阴极灯，应改充氩气而消除氖的干扰 空心阴极灯阴极含有的杂质元素发射出与待测元素相近的谱线。例如，待测元素锑217.02 nm、汞253.65 nm、锰403.31 nm；杂质元素铅217.00 nm、钴253.60 nm、钙403.29 nm。此时应改变锐线的波长，以避免干扰
背景干扰	背景干扰也称非特征衰减，主要是由分子吸收和光散射而产生的，表现为增加表观吸光度，使测定结果偏高 分子吸收是指在原子化过程中，由于燃气、助燃气、生成气体、试液中的盐类与无机盐（主要为硫酸盐、磷酸盐）等分子或游离基对锐线辐射的吸收而产生的干扰 光散射是在原子化过程中夹杂在火焰中的固体颗粒（难熔氧化物、盐类或炭粒）对锐线光源产生的辐射，使共振不能投射在单色器上，从而使被检测的光减弱。通常辐射光波长越短，光散射干扰越强，灵敏度下降得越多 在测定高浓度基体溶液（试样的基本成分浓度高）时，有时也会产生背景吸收，使表观吸光度增加，造成分析误差	以连续光谱灯校正：在待测元素的特征波长处，保持通带及仪器其他条件不变，用连续光谱灯代替空心阴极灯作光源，测定样品溶液的吸光度。如产生明显的吸收，表明存在背景干扰。连续光谱灯可用氘灯（紫外区）或钨丝灯（可见区）。从空心阴极灯测得的样品溶液吸光度减去连续光谱灯测得的样品溶液的吸光度，其差值为真实的原子吸光度。若仪器装有适当的光源，可以进行自动校正 以邻近非吸收线校正：在待测元素特征波长邻近选择一非吸收线，保持仪器条件不变（可适当改变灯电流），测定样品溶液的吸光度。如产生明显的吸收，表明存在背景干扰。非吸收线可以是待测元素的谱线，也可以是其他元素的谱线。在待测元素的特征波长处测得的样品溶液吸光度，减去其邻近非吸收线处测得的样品溶液的吸光度，其差即为真实的原子吸光度 以基体溶液校正：配制一种基体溶液，使其浓度与样品溶液的基本成分浓度相同，在测定样品溶液的条件下，测定基本溶液的吸光度。如有明显的吸收，表明存在背景干扰。从样品溶液的吸光度减去基体溶液的吸光度，其差值为真实的原子吸光度

第3节 原子吸收分光光度法的应用

原子吸收分光光度法的测定步骤如图5—8所示。

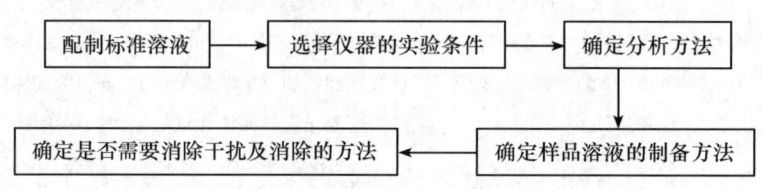

图5—8 原子吸收分光光度法的测定步骤

一、标准溶液的配制

火焰原子吸收测定中常用的标准系列质量浓度单位为 mg/L，无火焰原子吸收测定中的标准系列质量浓度单位通常是 μg/L。选用高纯金属（99.99%）制备 1 g/L 的储备溶液或者选购有证标准物质，在测定时将储备液取一定量稀释配制成标准系列。

配制标准溶液所用的溶剂为二级以上实验室用水。测定钙、镁、铜、锌、钠等时，更应注意保证水的纯度及所用玻璃器皿的洁净。溶解高纯金属所用的硝酸、盐酸应选用优级纯的。储备液要保持一定酸度防止金属离子水解，以便能存放较长时间。储备液一般存于玻璃试剂瓶或聚乙烯试剂瓶中，含氟的储备液只能用聚乙烯试剂瓶储存。金、银等元素的储备液应存放于棕色试剂瓶中。在配制标准溶液时，避免使用磷酸和硫酸。

二、分析方法

应用原子吸收光谱法进行定量分析时，主要使用工作曲线法和标准加入法。

1. 工作曲线法

按检验方法标准规定，配制 5～6 个浓度成正比例的标准溶液，以水或溶剂调零，在规定的仪器条件下，分别测定其吸光度。以标准溶液浓度为横坐标，相应的吸光度为纵坐标，绘制工作曲线。同时配制适当浓度的样品溶液，在上述条件下测定吸光度，并在工作曲线上查出样品溶液中待测元素的浓度。待测元素的浓度应在工作曲线范围内。

2. 标准加入法

称取适量样品（或处理后的样品溶液），称准至 0.01 g，溶于水或其他溶剂，稀释至规定体积。量取 3 份相同体积的上述溶液，标记为①、②、③，分别加入成比例的标准溶液，均用水或溶剂稀释至 100 mL。以空白溶液调零，在规定的仪器条件下，分别测定其吸光度。以加入标准溶液浓度为横坐标，相应的吸光度为纵坐标，绘制曲线，将曲线反向延长与横轴相交，交点 X 即为待测元素的浓度，如图 5—9 所示。待测元素所测的浓度范围应与吸光度呈线性关系。待测元素标准加入的浓度应和样品稀释后待测元素规格量的浓度相当，且第①份中加入待测元素的浓度应是该元素检出限的 20 倍。

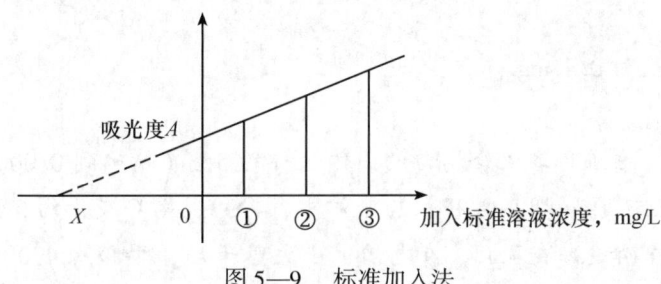

图 5—9　标准加入法

此方法适用于主体干扰不大时的测定，但不能消除非特性衰减引起的干扰。

以上两种定量分析方法中待测元素浓度也可根据测定的吸光度用回归方程法计算。

【实训 5—1】　奶粉中钙含量的测定（火焰原子吸收分光光度法）

1. 目的
熟悉和掌握奶粉中钙含量的测定方法。

2. 原理
试样经干法灰化、分解有机质后，加酸使灰分中的无机离子全部溶解，直接吸入空气–乙炔火焰中原子化，并在光路中分别测定钙原子对特定波长谱线的吸收。测定钙时，需用镧作释放剂，以消除磷酸干扰。

3. 试剂
测定所用试剂见表 5—5。

表 5—5　　　　　　　　　测定奶粉中钙所用的试剂

试剂名称	参数	纯度
盐酸	质量分数 20%	优级纯
硝酸	质量分数 50%	优级纯
氧化镧	质量浓度 50 g/L	优级纯
钙标准储备溶液	质量浓度标准溶液（1 000 μg/mL）	—
钙标准使用溶液	质量浓度 100.0 μg/mL	—

除非另有规定,本方法所用试剂均为优级纯,水为 GB/T 6682 规定的二级水。

4. 仪器和设备

(1) 原子吸收分光光度计。

(2) 钙空心阴极灯。

(3) 分析用钢瓶乙炔气和空气压缩机。

(4) 瓷坩埚。

(5) 马弗炉。

(6) 天平。精度为 0.1 mg。

5. 分析步骤

(1) 试样处理。准确称取混合均匀的固体试样约 5 g(精确到 0.000 1 g)于坩埚中,在电炉上微火炭化至不再冒烟,再移入马弗炉中,490℃±5℃灰化约 5 h。如果有黑色炭粒,冷却后滴加少许硝酸溶液湿润。在电炉上小火蒸干后,再移入 490℃高温炉中继续灰化成白色灰烬。冷却至室温后取出,加入 5 mL 盐酸溶液,在电炉上加热使灰烬充分溶解。冷却至室温后,移入 50 mL 容量瓶中,用水定容,同时处理至少两个空白试样。

(2) 试样待测液的制备(钙待测液)。从 50 mL 的试液中准确吸取 1.0 mL 到 100 mL 容量瓶中,加 2.0 mL 镧溶液,用水定容。同样方法处理空白试液。

(3) 标准曲线的配制。准确吸取钙元素的标准储备液 2.0 mL、4.0 mL、6.0 mL、8.0 mL、10.0 mL 于 100 mL 容量瓶中;同时吸取 2.0 mL 镧溶液于各容量瓶,用水定容,配制成 2.0 μg/mL、4.0 μg/mL、6.0 μg/mL、8.0 μg/mL、10.0 μg/mL。

(4) 标准曲线的绘制。按照仪器说明书将仪器工作条件调整到测定各元素的最佳状态,选用灵敏吸收线 422.7 nm 调整好后预热。先吸取镧溶液 2.0 mL,用水定容到 100 mL,并用毛细管吸喷该溶液调零。分别测定各浓度标准工作液的吸光度。以标准系列使用液浓度为横坐标、对应的吸光度为纵坐标绘制标准曲线。

(5) 试样待测液的测定(测钙时)。先吸取镧溶液 2.0 mL,用水定容到 100 mL,并用该溶液调零。分别吸喷试样测液的吸光度及空白试液的吸光度。查标准曲线得对应的质量浓度。

(6) 分析结果的表述。试样中钙的含量(质量分数)按式计算:

$$X = \frac{(c_1 - c_2) \times V \times f}{m \times 1\ 000} \times 100$$

式中 X——试样中 Ca 的含量(质量分数),mg/100 g;

c_1——测定液中 Ca 的质量浓度,μg/mL;

c_2——测定空白液中 Ca 的质量浓度,μg/mL;

V——样液体积,mL;

f——样液稀释倍数;

m——试样的质量,g。

结果保留三位有效数字;在重复性条件下获得两次独立测定结果的绝对差值,钙不得超过算术平均值的 10%。

6. 填写原始记录

火焰原子吸收分光光度法测定奶粉中钙含量的原始记录见表 5—6。

表 5—6　　　火焰原子吸收分光光度法测定奶粉中钙含量的原始记录

样品简称		检验项目			检验方法依据			
仪器名称		仪器编号			检定有效期			
原子吸收仪					年　月　日			
电子天平					年　月　日			
箱式电阻炉					年　月　日			
读数方式		连续读数		测量方法	□标准曲线法 □标准加入法			
样品制备及消化方式:		□湿法　　□干法　　□直接进样　　□盐酸提取						
仪器条件		元素名称	吸收线(nm)		灯电流(mA)		负高压(V)	
C 标准曲线质量浓度(μg/mL)		2.0	4.0		6.0	8.0	10.0	
吸光度 A								
取样量(g)		m_1		m_2		定容体积 V (mL)		
元素名称	稀释倍数 f	c_1 (μg/mL)	c_2 (μg/mL)	X_1 (mg/100 g)	X_2 (mg/100 g)	平均值 (mg/100 g)	标准值 (mg/100 g)	单项结论
计算公式		$X_i = \dfrac{(c_1 - c_2) \times V \times f}{m \times 1\,000} \times 100$			备注	加入空白样液 C_2: 　　μg/mL		

检验员:　　　　　校核员:　　　　　检验日期:　　　　　检验地点:

【实训 5—2】 饮料中铅含量的测定

1. 目的

熟悉和掌握饮料中铅含量的测定方法。

2. 原理

样品经处理后,导入原子吸收光谱仪的石墨炉中原子化,吸收 283.3 nm 共振线,在一定浓度范围中其吸收量与铅含量成正比,与标准系列比较定量。

3. 试剂

测定饮料中铅含量所需的试剂见表5—7。

表5—7　　　　　　　　　测定饮料中铅含量所需的试剂

试剂名称	质量浓度	纯度
浓硝酸	—	优级纯
浓高氯酸	—	优级纯
去离子水		
磷酸二氢铵	25 g/L	优级纯/分析纯
铅标准储备溶液	1 mg/mL	—
铅标准使用溶液	0.1 mg/mL	—

4. 仪器

（1）原子吸收分光光度计（非火焰原子化器及铅空心阴极灯）。

（2）可调式电热板、可调式电炉。

（3）25 mL容量瓶4个。

（4）50 mL容量瓶7个。

所用玻璃仪器均需以硝酸（1:5）浸泡过夜，用水反复冲洗，最后用去离子水冲洗干净。

5. 分析步骤

（1）样品处理。取均匀样品10.0～20.0 g或10.0～20.0 mL于烧杯中，于电热板上先蒸发至一定体积后，加入硝酸–高氯酸（4:1）10 mL，消化至无色透明冒白烟后，转移、定容于25 mL容量瓶中。取与消化样品相同量的硝酸，按同一方法做试剂空白试验。

（2）标准溶液的制备。吸取10 mL市售的铅标准溶液（1 000 μg/mL），置于100 mL容量瓶中，用0.5%（体积分数）的硝酸稀释至刻度，配制成100.0 μg/mL铅标准溶液。吸取10 mL铅标准溶液（100.0 μg/mL），置于100 mL容量瓶中，用0.5%（体积分数）的硝酸稀释至刻度，配制成10.0 μg/mL铅标准溶液。吸取10 mL铅标准溶液（10.0 μg/mL），置于100 mL容量瓶中，用0.5%（体积分数）的硝酸稀释至刻度，配制成1.0 μg/mL铅标准溶液。准确吸取0.00 mL、1.00 mL、2.00 mL、3.00 mL、4.00 mL铅标准溶液（1.0 μg/mL），分别置于50 mL的容量瓶中，用0.5 mol/L的硝酸稀释至刻度。此标准系列的质量浓度依次是0.00 ng/mL、20.0 ng/mL、40.0 ng/mL、60.0 ng/mL、80.0 ng/mL。

（3）样品测定。测定时采用的仪器参考条件是：空心阴极灯电流8 mA；测定波长283.3 nm或217.0 nm；狭缝宽度0.7 nm；干燥温度100℃，干燥时间20 s；灰化温度800℃，灰化20 s；原子化温度1 800℃，时间3 s；背景校正为氘灯或塞曼效应。

将铅标准溶液、空白试剂和样品溶液分别置于石墨炉自动进样器的样品盘上，进样量为 10~20 μL，以磷酸二氢铵为基体改进剂，进样量为 5~10 μL，结果以峰面积计，与标准曲线比较定量。

6. 计算

铅含量（质量分数或质量浓度）的计算公式为：

$$X = \frac{(A_1 - A_2) \times V}{m}$$

式中　X——样品中铅的含量（质量分数或质量浓度），μg/kg 或 μg/L；
　　　A_1——样品液中铅的质量浓度，ng/mL；
　　　A_2——试剂空白液中铅的质量浓度，ng/mL；
　　　m——样品质量（体积），g（mL）；
　　　V——测定用样品处理液的总体积，mL。

表述结果时报告算术平均值的两位有效数字，结果相对标准偏差应小于 20%。

7. 填写原始记录

石墨炉原子吸收光度法测定饮料中铅含量的原始记录见表 5—8。

表 5—8　石墨炉原子吸收光度法测定饮料中铅含量的原始记录

样品简称			检验项目			检验方法依据		
仪器名称			仪器编号			检定有效期		
原子吸收仪						年　月　日		
电子天平						年　月　日		
箱式电阻炉						年　月　日		
读数方式		□峰面积　□峰高			测量方法		□标准曲线法 □标准加入法	
样品制备及消化方式：		□湿法　　□干法　　□直接进样　　□盐酸提取						
仪器条件		元素名称		干燥温度（℃）		灰化温度（℃）		原子化温度（℃）
标准曲线质量浓度（ng/mL）		0.00		20.00		40.00		60.00　　80.00
吸光度 A								
取样量	□g □mL	m_1		m_2		定容体积 V（mL）		
元素名称	稀释倍数 F	A_1（μg/mL）	A_2（μg/mL）	X_1 □（μg/kg） □（μg/L）	X_2 □（μg/kg） □（μg/L）	平均值 □（μg/kg） □（μg/L）	标准值 □（μg/kg） □（μg/L）	单项结论
计算公式		$X_i = \frac{A_i \times V}{m} \times F$			备注			

检验员：　　　　　　　　检验日期：　　　　　　　　检验地点：

职业技能鉴定要点

行为领域	鉴定范围	鉴定点	重要程度
理论准备	原子吸收光谱分析原理	光谱分析的理论基础	★★
	原子吸收分光光度计部件	光源	★★
		原子化系统	★★★
		分光系统	★★
		检测系统	★
	测量条件的选择	样品前处理	★★★
		干扰及其抑制	★★
		测定条件选择	★★
技能训练	原子吸收分光光度法的应用	食品中铜的测定	★★★
		饮料中铅的测定	★★★

测 试 题

一、判断题

1. 用塞曼效应校正背景的校正波长范围广。（　　）
2. 原子吸收光度法用标准加入法定量不能消除背景干扰。（　　）
3. 用原子吸收光度法分析，灯电流小时，锐线光源发射的谱线较窄。（　　）
4. 原子吸收光度法测定低浓度试样时，应选择次灵敏线。（　　）
5. 原子吸收光度法测定高浓度试样时，应选择最灵敏线。（　　）
6. 火焰原子吸收光度法测定水中 Na 含量时，其灵敏度随试样溶液中酸浓度增加而减少。（　　）
7. 用 HNO_3-HF-$HClO_4$ 消解试样，在驱赶 $HClO_4$ 时，如将试样蒸干会使测定结果偏低。（　　）
8. 空心阴极灯中对发射线宽度影响最大的是灯电流。（　　）
9. 在原子吸收分析中测定元素的吸光度越大越好，最好能大于 0.5。（　　）
10. 光源的作用是提供试样蒸发和激发所需的能量。（　　）

二、简答题

1. 空心阴极灯为何需要预热？
2. 火焰原子吸收光度法测定水中 K、Na 时，会产生电离干扰，通常用何试剂作为消电离剂？

3. 简述原子吸收分光光度法的原理。
4. 简述原子吸收光度法中用氘灯消除背景干扰的原理。
5. 火焰原子吸收光度法主要用哪些方法消除化学干扰？
6. 原子吸收光谱法为何必须采用锐线光源？
7. 在原子吸收分析中通常有哪些干扰？
8. 如何消除背景吸收？
9. 为什么火焰法的灵敏度比石墨炉法低？
10. 在原子吸收分析中如何选择吸收线？

三、思考题

1. 空心阴极灯的使用寿命与哪些因素有关？
2. 要保证或提高原子吸收的灵敏度和准确度应注意哪些问题？
3. 怎样选择原子吸收分析的最佳条件？
4. 火焰的高度和气体的比例对被测元素有什么影响？

测试题答案

一、判断题

1. √   2. ×   3. √   4. ×   5. ×   6. ×   7. √   8. √   9. ×   10. ×

二、简答题

1. 只有达到预热平衡时，空心阴极灯的自吸收和光强度才能稳定，才能进行正常的测定。

2. 锶盐。

3. 原子吸收分光光度法的原理：由光源发出的特征辐射能被试样中被测元素的基态原子吸收，使辐射强度减弱，从辐射强度减弱的程度可求出试样中被测元素的含量。

4. 当氘灯发射的光通过原子化器时，同样可为被测元素的基态原子和火焰的背景值所吸收。由于基态原子吸收的波长很窄，对氘灯总吸收所占的分量很小（<1%），故近似地把氘灯的总吸收看成背景吸收。

5. 消除化学干扰的方法有：加入释放剂、加入保护络合剂、加入缓冲剂、改变火焰温度。

6. 因原子吸收只对 0.001~0.002 nm 波长宽度的特征波长辐射产生吸收，若用产生连续光谱的灯光源，基态原子只对其中极窄的部分有吸收，致使灵敏度极低而无法测定，所以必须使用锐线光源。

7. 干扰有：光谱干扰、化学干扰、电离干扰、物理干扰、背景吸收干扰。

8. 消除背景吸收的方法有：改用高温火焰、选用长波波长、分离或转化共存物、使用背景校正。

9. 火焰法是雾化进样，雾化效率低导致参与原子化的样品溶液很少，被测原子在火焰中停留时间短不利于吸收，进入火焰的试液被大量气体稀释，降低了原子化浓度，所以灵敏度较低。

10. 选择吸收线的原则如下：根据试样的组成和待测元素的含量考虑临近谱线的干扰、背景吸收和火焰气体吸收干扰，选择灵敏度和稳定性好的谱线。

三、思考题

答案略。

第6章

原子荧光分光光度法

第 1 节　原子荧光分光光度计的主要部件　　/123
第 2 节　原子荧光分光光度法测量条件的选择　　/127

引 导 语

原子荧光分光光度法目前被广泛应用于食品检测中,特别是对砷、汞、硒、锑等元素的测定,已成为国内分析实验室常用的分析方法。

本章主要介绍原子荧光分光光度法的基本原理、基本结构、检测技术以及应用。目前使用的绝大多数是氢化物–原子荧光分光光度计,所以本章重点介绍氢化物–原子荧光分光光度法。

学 习 要 点

● **熟悉**
原子荧光分光光度法的基本原理、原子荧光分光光度计的结构部件

● **掌握**
原子荧光分光光度法选择测量条件的基本要求

● **熟练掌握**
原子荧光分光光度法在食品检测中的应用

原子荧光是原子蒸气受具有特征波长的光源照射后，其中一些自由原子被激发跃迁到较高能态，然后激发跃迁到某一较低能态（常常是基态）而发射出特征光谱的物理现象。如果自由原子由某一能态经激发跃迁到较高能态，去激发而跃迁到不同于原来能态的另一较低能态，就有各种不同类型的原子荧光出现。各种元素都有特定的原子荧光光谱，据此可以辨别某种元素的存在，根据原子荧光强度的高低可测得试样中待测元素的含量。

氢化物发生的原理是用强还原剂硼氢化钠（钾）在酸性（盐酸）溶液中与待测元素生成气态的氢化物，然后将此氢化物引入电加热的石英管中进行原子化，再记录峰值的高度。其反应过程如下：

$$M + BH_4^{2-} + 2H^+ + 3H_2O \longrightarrow 2MH_3\uparrow + 3H_2\uparrow$$

$$2MH_3 \longrightarrow 2M + 3H_2\uparrow$$

反应式中 M 为砷、锑、铋、硒、碲、锡、锗和铅等元素的金属阳离子，它们与硼氢化钾（钠）作用都形成氢化物。但汞则生成金属蒸气，被氩气载入氢-氩火焰中受激发。其反应式如下：

$$Hg^{2+} + BH_4^{2-} + 2H^+ + 3H_2O \longrightarrow Hg\uparrow + BO_3^{5-} + 6H_2\uparrow$$

由于硼氢化钾（钠）的还原性很强，在弱碱性溶液中易于保存、使用方便、反应速度快，且待测元素可全部转变为气体，并全部通过电加热石英管，而有很高的灵敏度。近年来这种技术在原子荧光光谱分析中应用较广，尤其适合于测定上述各种元素。

第1节 原子荧光分光光度计的主要部件

原子荧光分光光度计主要包括以下几个部分：光源系统、原子化器、分光系统、检测系统（一般包括信号放大器和数据处理器）。原子荧光分光光度计的结构如图6—1所示。

一、光源系统

原子荧光光源系统主要是指原子荧光激发光源，如图6—2所示。

作为原子荧光用光源必须具备以下条件：足够的稳定性；高辐射强度；足够窄的发射谱线；足够长的使用寿命；低廉的使用费用。

现有的光源各有其特点和优点，没有一种光源是十全十美的，能满足原子荧光分析的全部要求。激光光源（AFL）、无极放电灯（AFE）、高强度空心阴极灯（AFH）、连续光源（AFC）和金属蒸气灯（AFM）在原子荧光光谱分析上应用较广，它们的性能比较见表6—1。

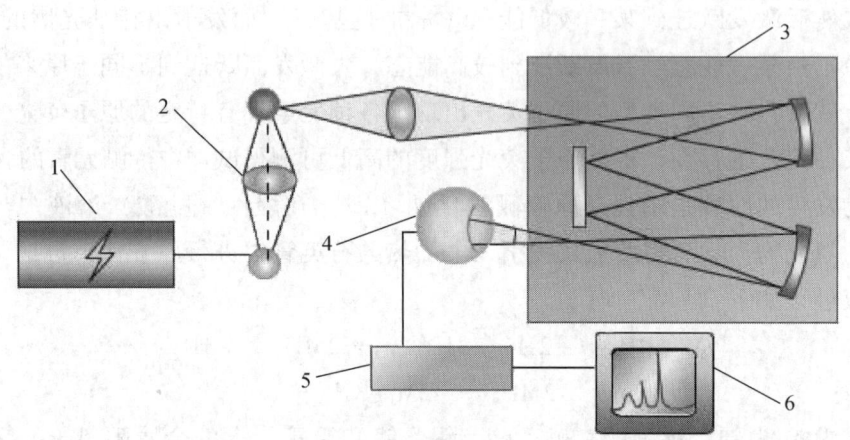

图 6—1　原子荧光分光光度计的结构

1—激发光源　2—原子化器　3—分光系统　4—检测器　5—放大器　6—记录器

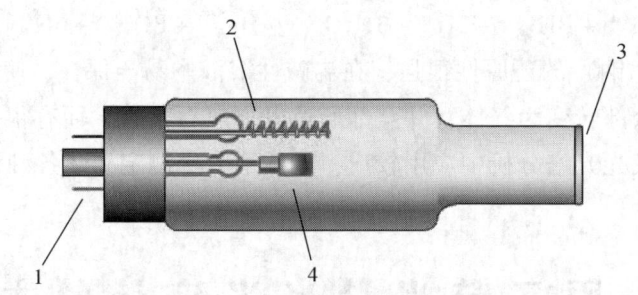

图 6—2　原子荧光激发光源

1—插头　2—阳极　3—石英窗　4—空心阴极

表 6—1　　　　　　　　　　　不同光源的性能比较

比较项	激光光源	无极放电灯	高强度空心阴极灯	连续光源	金属蒸气灯
检出限	较好	较好	较低	较低	大多数达不到要求
干扰情况	干扰最小	有干扰	有干扰	干扰较多	干扰较多
发光强度	发光强度最强，发射的谱线窄，单色性好	发光强度次之，比高强度空心阴极灯稍强，背景小，谱线窄	一般空心阴极灯发光强度不够，不适合使用	发光强度较低，能进行多元素分析	少数易挥发元素的发光强度可用外，大多数元素不能适用

续表

比较项	激光光源	无极放电灯	高强度空心阴极灯	连续光源	金属蒸气灯
线性范围	可达5个数量级	4个数量级	2~3个数量级	2~3个数量级	2~3个数量级
稳定性	其稳定性视装置形式而定	稳定性较好,一般小于等于1%,可低至0.5%	稳定性较好,一般为0.5%	稳定性好	稳定性稍好,一般为1%
灯使用寿命	较长	3 500 h	6 000~8 000 h	较长	较长
价格	染料激发器需要调频和倍频,价格昂贵	低廉	较贵	便宜	便宜

通过上述比较,综合考虑各种光源的全部性能可以看出,激光光源的性能是最为优越的,而无极放电灯则适于广泛采用,进行多元素分析以用连续光源最好。

二、原子化器

用火焰把样品进行原子化时,要求它能够高速地产生自由原子,并具有火焰背景的噪声低、稳定性好、记忆效应小等先决条件。为了达到此目的,必须考虑消除各种可能的不利因素,确定最佳的测试条件。原子化的主要过程如下:

首先是将分析溶液进行雾化,形成潮湿的气溶胶,气溶胶在进入火焰之前,要经过脱溶剂而变成干燥的气溶胶。当送入原子化器时,它吸收火焰中的热能后,经过熔融或升华成为分子蒸气。然后,其中一部分解离为自由原子,再经过激发和去激发的过程而发射出原子荧光。

原子化器由雾化器、雾化室和燃烧器组成,各部件的作用原理大致与原子吸收分光光度计的原子化器相同。

1. 雾化器

雾化器是原子化系统中的主要部件。它直接影响雾滴的形成、雾化率和雾滴的直径,从而影响测定的灵敏度和准确度。所以要求雾化器具有较大的喷雾量,雾滴直径要均匀细小,喷雾速度要稳定。

雾化器的种类很多,基本上分为两大类,即气动雾化器和非气动雾化器,经常使用的是气动雾化器。两者各有利弊,气动雾化器的雾滴不均匀,雾滴直径在1~60 μm之间,其中大部分在20 μm左右。为了提高雾化效率,获得更细的雾滴,通常要在音速区进行工作，如果助燃气的压力为大气压的1.9倍，喷雾的速度就进入音速区。非气动雾化器的雾滴较为均匀，其直径取决于超声波的频率和静电所产生的电效应，一般在 1~2 μm 之间。这种喷雾器虽然雾化效率较高，但仍有其他问题，目前尚未广泛应用，通常仍是采用气动雾化器。

2. 雾化室

雾化室的主要作用是使气溶胶在进入火焰之前进行脱溶，并使燃料气体和助燃气体充分混合，大颗粒的雾滴在雾化室壁凝结排出。对雾化室的要求是：使气流与室壁的摩擦压力保持在 10~20 mmHg 之间以消除气体旋流所产生的噪声，雾化室的内壁要有较好的光洁度，保持良好的输送效率以减少记忆效应。因此，雾化室一般制成圆筒形，其内壁的锥度约为3°，有利于废液顺利地排出。在雾化室中装有扰流器，把气溶胶各潮湿壁隔开，避免气体和雾滴产生剧烈的涡流，从此改善气溶胶的均匀混合。同时可用改变扰流器的层次和角度的办法，使大雾滴凝结下来，以使负载气体的雾滴和燃气均匀混合。在雾化器正前方装上冲击球，以提高喷雾效果。改变雾化室的尺寸，使气溶胶有较长的路程，或把雾化室改为具有一定角度的形状等，都能增加气体的蒸发和平稳性。

3. 燃烧器

燃烧器是根据燃烧气体的性质、与助燃气体的混合形式、火焰的性质而定的。在原子荧光分析中大都采用紊流式屏蔽火焰燃烧器、开口燃烧器等。一般用不锈钢或钛等耐高温材料制成。

三、分光系统

由于原子荧光光谱比较简单，因此对所采用的分光系统的色散率要求不高，一般的单色器即可满足要求。

由于在原子荧光测量中，激发光源与检测器不在同一光路上，因而有时省略分光系统。在这种情况下，测量到的信号是若干条荧光谱线的总强度，其值的大小仍然与原子浓度成正比。

四、检测系统

原子荧光分析是通过光电检测器件把原子荧光信号转换成电信号，经前置放大、主放大、同步解调、放大器等部件组成的检测电路放大后，用记录器或峰值保持电压表来记录荧光强度。由于照射到光电检测器件上的光强和光电流之间具有线性关系，不必增加更复杂的电子线路就能实现分析的目的，这就是原子荧光光谱分析仪的基础。原子荧光分析采用的检测器件有各种光电倍增管、光电管、光敏二极管、光敏电阻等，最常用的是光电倍增管。

第 2 节　原子荧光分光光度法测量条件的选择

一、测定条件的选择

1. 影响测定的因素

氢化物-原子荧光分光光度法在测定过程中主要的影响因素有以下几点：

（1）酸度。首先明确样品的基体，如果样品基体特别简单，则分析过程中在各元素允许酸度范围内选择较低的酸浓度，这样有利于降低试剂空白、节约成本、减小对仪器的腐蚀。

如待分析元素的成分复杂，特别是含有对氢化反应构成干扰的元素 Cu，Co，Ni 等时，则适当增大样品酸度，有利于降低干扰。当然也可更换酸的种类，如测定镍基合金中的 Se，As 等元素时，用酒石酸、柠檬酸等有机酸，可以使干扰元素的量明显降低。

（2）还原剂浓度。还原剂在氢化物发生原子荧光分析中扮演三重角色：

1）作为还原剂，为元素发生氢化反应提供新生态氢（H）。

2）与酸反应生成氢气，在石英炉原子化器出口形成 $Ar-H_2-O_2$ 火焰，提供原子化阶段的能量。

3）提供充分的氢自由基，促进氢化物的原子化。

因此，如果在测定过程中选择还原剂的浓度太低，则 1）、2）作用不完全，测定灵敏度低甚至无灵敏度。如果还原剂浓度太高，则生成大量氢气，炉口的火焰很大，稀释了原子化区的分析元素原子的浓度，使测定灵敏度下降。

> **相关链接**
>
> 实际测试过程中应注意：
> （1）还原剂必须在碱性溶液中配制。
> （2）还原剂最好能够现用现配。
> （3）还原剂浓度不宜过高。

2. 原子荧光仪器的日常维护工作

（1）为保持仪器表面清洁，可用洗涤剂稀释后用干净的纱布浸湿擦拭，再用干净湿纱布擦洗。

(2) 仪器中的透镜应保持清洁，如发现不洁现象，可用脱脂棉蘸乙醇和乙醚的混合液拧干后擦拭（混合液的配比为30%乙醇和70%乙醚）。

(3) 原子化室内容易受酸气和盐类的侵蚀，因此透镜前帽盖和原子化器上会有白色沉淀物形成的斑点，可用干净的纱布擦拭，以保持清洁。

(4) 原子荧光光谱法是一种痕量和超痕量分析方法，因此在测定较高含量样品时，应预先稀释后进行测定，如不慎遇到极高含量样品（特别是Hg），则管路系统将受到严重污染。处理方法是将载流/样品进样管放入10%盐酸（体积分数）溶液中，启动蠕动泵不断进行清洗，如仍然难以清洗干净，则需更换聚四氟乙烯管路，一般情况下均可得到明显改善，如仍有残余难以清除，则需清洗石英炉管：按照说明书将石英炉管拆下，用20%~30%王水浸泡24 h左右，然后再用去离子水清洗干净，晾干或置于100℃的烘箱内烘干后使用。

(5) 更换点火的电炉丝要按照说明书要求，将备有的专用炉丝换上即可，不可将炉丝剪短，否则阻值发生变化，会与输入电压不能匹配。

(6) 应注意空心阴极灯前端石英玻璃窗的清洁，不能用手触摸，如发现不洁现象应采用上述第（2）条中所述的混合液进行擦拭。

二、干扰及其抑制

原子荧光分析中的干扰基本上与其他原子光谱法是相同的，只是在程度上有差别而已。一类是光谱干扰，这是在分析过程中各种辐射能未完全分离所造成的；另一类是化学或物理干扰，即原子化过程中自由原子蒸气不能代表分析物的组成，这与形成原子蒸气过程中的许多物理化学因素有关。

1. 光谱干扰

光谱干扰是指光源或原子化器的有害辐射所造成的谱线重叠等干扰。如果发射的有害光的波长与待测元素的荧光谱线的波长相差在0.3 nm以内，就会产生谱线重叠的干扰。

在各种光源中激光光源的光谱干扰最小。因为激光光源输出的光谱带宽很窄，从现有技术来看一般可以调节其光谱带宽为0.01~0.1 nm，因而可以大大减少光谱干扰。

使用各种空心阴极灯时，由于加入的金属或金属卤化物所含的杂质及灯中所充的惰性气体会产生光谱线，也能产生光谱干扰，所以使用线光源时光谱干扰虽小，但也能造成重叠光谱。因此，在选择元素的荧光分析线时，必须了解在分析线附近有哪些可能产生干扰的谱线，尽可能选择干扰少的共振线及合适的光源，或调节单色仪的光谱通带及窄带干涉滤光器来消除干扰，甚至用预化学法分离干扰元素来消除这些干扰。

2. 化学干扰

化学干扰主要是凝聚相干扰。凝聚相干扰是指雾化微滴挥发为气态分子前所产生的干扰，它包括阳离子干扰、阴离子干扰和阴阳离子混合干扰。

阳离子干扰主要是指阳离子与被测元素形成了难熔的混合晶，因而降低了被测元素的原子化程度。当然，新的固相物质的组成与原子化器的温度有重要的关系，雾化-燃烧系统的效率也有很大影响。如用原子荧光分析法测定镁时发现铝有干扰，这种干扰随着火焰温度的增高而减小。此外，某些物质会阻碍金属离子氧化还原的进行，也能影响分析元素的原子化，因而产生正或负的干扰。

阴离子干扰主要是阴离子与分析元素形成了稳定的化合物或络合物，使分析元素的原子化程度降低。但有些阴离子可以与分析元素形成络合物，由于络合物配位键的能量比较低，在火焰中易于分解，反而增加了分析元素的原子化倾向。若是这种络合物双分解成难解离的其他盐类，也可能反而抑制了分析元素的原子化。

阴阳离子混合干扰是由于它们之间的相互作用，使干扰情况变得更加复杂，也不容易控制。有时阳离子的影响因阴离子的存在而异。

3. 物理干扰

在原子光谱分析中，某些物理干扰与化学干扰是很难明显区别的。一般谈到的物理干扰主要是指雾化-燃烧系统中的某些因素对产生荧光的影响。这些因素有溶液的提升率、雾化效率、分解速度等。这些都影响单位时间通过观察高度区域截面内试样分解的数量，它们都与原子化的效率有关。因此，这种传送干扰即使在使用直接注入燃烧器时也是存在的，因为一些气溶胶微粒从燃烧器旁边逸出而未通过火焰中的测量高度，当然就会降低原子化效率，必将导致测量的荧光信号降低。而溶液的黏度、表面张力和溶剂的蒸气压等物理因素都对传送过程产生严重的影响。

【实训】 蛋糕中总砷含量的测定

1. 目的

熟悉和掌握蛋糕中总砷含量的测定。

2. 原理

样品经消化，加入硫脲使五价砷还原为三价砷。在酸性条件下，加入硼氢化钾或硼氢化钠将三价砷还原为负三价，形成砷化氢气体，由氩气引入原子化器中分解成原子态砷，在特制砷空心阴极灯的发射光的激发下产生原子荧光，其荧光强度在固定条件下与溶液中的砷浓度成正比，与标准系列比较定量。

3. 试剂

（1）氢氧化钠溶液（2 g/L）。

(2) 硼氢化钠（10 g/L）或硼氢化钾（14 g/L）。

(3) 硫脲溶液（50 g/L）。

(4) 硫酸（1:9）。

(5) 氢氧化钠溶液（100 g/L）。

(6) 砷标准储备液（0.1 mg/mL）。精确称取经100℃干燥2 h以上的三氧化二砷（As_2O_3）0.132 0 g，加入氢氧化钠溶液10 mL（100 g/L）溶解，用适量水转入1 000 mL容量瓶中，加硫酸（1:9）25 mL，用水定容至刻度。

(7) 砷标准使用液（1 μg/mL）。吸取1.00 mL砷标准储备液于100 mL容量瓶中，加水稀释至刻度。

(8) 湿消解试剂。硝酸、高氯酸。

(9) 干灰化试剂。六水硝酸镁（150 g/L）、氯化镁、盐酸（1:1）。

4. 仪器

(1) 原子荧光光度计。

(2) 25 mL容量瓶10个。

5. 分析步骤

(1) 试样消解

1) 湿消解。称取样品1.00～2.50 g，置入50～100 mL的锥形瓶中，同时做两份试剂空白。加硝酸10～20 mL、高氯酸1～2 mL、硫酸1.25 mL，摇匀后放置过夜，置于电热板上加热消解至硫酸开始冒白烟，注意消解过程，避免产生炭化现象，如消解不完全，可适当加入硝酸。冷却后，用水将溶液转移至25 mL容量瓶，加入50 g/L硫脲2.5 mL，定容至刻度。

2) 干灰化。一般用于固体样品。称取样品1.00～2.50 g，置入50～100 mL的坩埚中，同时做两份试剂空白。加150 g/L的硝酸镁10 mL，混匀，低温蒸干，将氧化镁1 g仔细覆盖在干渣上，于电炉上炭化至无黑烟，转入550℃马弗炉灰化4 h，取出冷却，小心加入（1:1）盐酸10 mL，以中和氧化镁并溶解灰分，转入25 mL容量瓶，加入50 g/L硫脲2.5 mL，另用硫酸（1:9）分次冲洗坩埚后转出合并至刻度，混匀待用。

(2) 标准系列制备。吸取市售的砷标准溶液（1 000 μg/mL）10 mL于100 mL容量瓶中，用0.5%（体积分数）的硝酸稀释至刻度，配制成100.0 μg/mL砷标准溶液。吸取砷标准溶液（100.0 μg/mL）10 mL于100 mL容量瓶中，用0.5%（体积分数）的硝酸稀释至刻度，配制成10.0 μg/mL砷标准溶液。吸取砷标准溶液（10.0 μg/mL）10 mL于100 mL容量瓶中，用0.5%（体积分数）的硝酸稀释至刻度，配制成1.0 μg/mL砷标准溶液。

取25 mL容量瓶8个，依次准确加入1.0 μg/mL砷标准使用液0 mL、0.05 mL、0.10 mL、0.15 mL、0.20 mL、0.30 mL、0.40 mL、0.50 mL（各相当于砷质量浓度为0 ng、

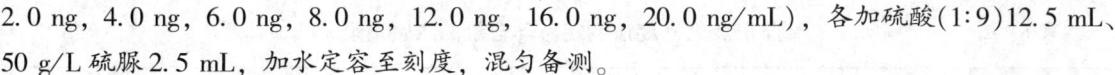

2.0 ng、4.0 ng、6.0 ng、8.0 ng、12.0 ng、16.0 ng、20.0 ng/mL），各加硫酸(1:9)12.5 mL、50 g/L 硫脲 2.5 mL，加水定容至刻度，混匀备测。

6. 测定

（1）仪器参考条件。光电倍增管电压：400 V；砷空心阴极灯电流：35 mA；原子化器：温度 820~850℃，高度 7 mm；氩气流速：载气 600 mL/min；测量方式：荧光强度或浓度直读；读数方式：峰面积；读数延迟时间：1 s；读数时间：15 s；硼氢化钠溶液加入时间：5 s；标液或样液加入体积：2 mL。

（2）浓度方式测量。如直接测荧光强度，则在开机并设定好仪器条件后，预热稳定约 20 min。按"B"键进入空白值测量状态，连续用标准系列的"0"管进样。待读数稳定后，按空档键记录下空白值（即让仪器自动扣底）即可开始测量。先依次测标准系列（可不再测"0"管），标准系列测完后应仔细清洗进样器（或更换一支），并再用"0"管测试，使读数基本回零后才能测试空白和试样，每次测不同的试样前都应清洗进样器，记录（或打印）下测量数据。

（3）仪器自动方式。利用仪器提供的软件功能可进行浓度直读测定。在开机、设定条件和预热后，需输入必要的参数，即试样量（g 或 mL）、稀释体积（mL）、结果的浓度单位、标准系列各点的重复测量次数、标准系列的点数（不计零点）及各点的浓度值。首先进入空白值测量状态，连续用标准系列的"0"管进样以获得稳定的空白值并执行自动扣底后，再依次测标准系列（此时"0"管测试使读数复原并稳定后，再用两个试剂空白各进一次样，让仪器取其平均值作为扣底的空白值，随后即可依次测试样）。测定完毕后退回主菜单，选择"打印报告"即可将测定结果打印。

7. 计算

根据下式计算总砷含量（质量分数）：

$$X = \frac{(A_1 - A_2) \times V}{m \times 1\,000}$$

式中　X——样品中砷的含量（质量分数），mg/kg；

　　　A_1——试液中砷的质量浓度，ng/mL；

　　　A_2——试剂空白中砷的质量浓度，ng/mL；

　　　V——测定用样品处理液的总体积，mL；

　　　m——样品质量，g。

计算结果保留两位有效数字。

表述结果时报告算术平均值的两位有效数字，结果相对标准偏差应小于 10%。

8. 填写原始记录

原子荧光光度法测定总砷含量的原始记录见表 6—2。

表6—2　　　　　　　原子荧光光度法测定总砷含量的原始记录

样品简称		检验项目		检验方法依据		
仪器名称		仪器编号		检定有效期		
原子荧光仪				年　　月　　日		
电子天平				年　　月　　日		
箱式电阻炉				年　　月　　日		
读数方式	□峰面积　　□峰高		测量方法	□标准曲线法　□标准加入法		
样品制备及消化方式：	□湿法　　□干法　　□直接进样　　□盐酸提取					
仪器条件	元素名称	原子化器高度（mm）		灯电流（mA）	负高压（V）	
标准曲线质量浓度（ng/mL）	2.0	4.0	6.0	8.0	12.0	16.0	20.0
读数							

| 取样量 | □g | m_1 | | m_2 | 定容体积 V（mL） | |

元素名称	稀释倍数 F	A_0 (ng/mL)	$A_1 - A_0$ (ng/mL)	$A_2 - A_0$ (ng/mL)	X_1 (mg/kg)	X_2 (mg/kg)	平均值 (mg/kg)	标准值 (mg/kg)	单项结论

| 计算公式 | $X_i = \dfrac{A_i \times V}{m \times 1\,000} \times F$ | 备注 | |

检验员：　　　　　　　检验日期：　　　　　　　检验地点：

职业技能鉴定要点

行为领域	鉴定范围	鉴定点	重要程度
理论准备	原子荧光分光光度法原理	测定原理	★★
		氢化物发生的原理	★★
	原子荧光分光光度计的部件	光源	★★
		原子化器	★★
		分光系统	★
		检测系统	★
	测量条件的选择	前处理	★★
		干扰及抑制	★★★
		测定条件选择	★★
		仪器维护保养	★★
技能训练	原子荧光分光光度法的应用	食品中总砷的测定	★★★

测 试 题

一、判断题

1. 原子荧光光谱分析所用荧光为直跃线荧光。（　）
2. 原子荧光光谱分析所用光源中空心阴极灯性能最好。（　）
3. 原子荧光分析中的干扰只包括光谱干扰和化学干扰。（　）
4. 原子荧光分析的样品只能是溶液。（　）
5. 样品测试中的还原剂包括硫脲、硼氢化钾和碘化钾（抗坏血酸）。（　）
6. 原子荧光分析的样品只能用湿法消解。（　）
7. 测定样品中汞含量时不需要添加还原剂硫脲。（　）

二、简答题

1. 简述原子荧光光谱法的原理、方法、主要特点。
2. 原子荧光分光光度计的主要部件有哪些？
3. 简述原子荧光光谱分析和原子吸收光谱分析对光源要求有何异同。
4. 简述原子荧光光谱分析中光散射干扰的消除方法。

三、思考题

原子荧光光谱分析和原子吸收光谱分析有何异同？

测试题答案

一、判断题

1. √　2. ×　3. ×　4. √　5. √　6. ×　7. √

二、简答题

1. 原子荧光光谱法的原理是：原子蒸气受具有特征波长的光源照射后，其中一些自由原子会被激发跃迁到较高能态，然后去激发跃迁到某一较低能态（常常是基态）而发射出特征光谱。如果自由原子由某一能态经激发跃迁到较高能态，再去激发跃迁到不同于原来能态的另一较低能态，就有各种不同类型的原子荧光出现。各种元素都有特定的原子荧光光谱，据此可以辨别某种元素的存在，根据原子荧光强度的高低可测得试样中待测元素的含量。

原子荧光光谱法的主要特点是：灵敏度高，特别是对锌、镉元素；谱线比较简单，光谱干扰少；分析曲线的线性范围宽，线性好；原子荧光向各个方向辐射，便于制作多道仪器，可同时进行多元素测定。

2. 原子荧光分光光度计主要包括：光源系统、原子化器、分光系统、检测系统（一般包括信号放大器和数据处理器）。

3. 两种光谱分析方法对光源的要求有共同点，也有不同点。共同点是光源要稳定、操作简便且耐用，不同点是原子吸收光谱要求光源为锐线光源，而原子荧光光谱要求光源为强光源，因为荧光强度与光源强度成正比，它可以使用线光源和连续光源。

4. 通过选择合适的原子化器和溶剂、减少颗粒物、选择测量直跃线或阶跃线荧光来消除原子荧光光谱分析中的光散射干扰。

三、思考题

答案略。

第 7 章

冷原子吸收分光光度法

第 1 节　冷原子吸收分光光度计　　　　　　　　　　　　　　　/137
第 2 节　冷原子吸收分光光度法测量条件的选择　　/138

引 导 语

冷原子吸收分光光度法对于测定汞元素具有选择性好、灵敏度高、简便、快速的优点，广泛应用于食品、化妆品、环保等行业。

本章主要介绍冷原子吸收分光光度法的原理，冷原子吸收分光光度计的工作流程、基本构造及其应用。

学习要点

● **熟悉**
冷原子吸收分光光度法的原理

● **掌握**
冷原子吸收分光光度计的工作流程和基本构造

● **熟练掌握**
用冷原子吸收分光光度计测定汞元素

汞蒸气（汞原子）对波长为253.7 nm的紫外线具有最大吸收作用，其吸收强度和汞蒸气的浓度成线形关系，基本符合朗伯-比耳定律。所以，测出管道的输入和输出光线强度，就可知道管道内汞蒸气的浓度。

测定时，试样经过酸消解或催化酸消解使汞转为离子状态，在强酸介质中以氯化亚锡还原成元素汞，以氮气或干燥空气作为载体，将元素汞吹入汞测定仪，进行冷原子吸收测定，在一定浓度范围内其吸收值与汞含量成正比，与标准系列比较定量。化学原子化过程是在室温下完成的，不同于火焰或石墨炉的高温原子化，所以称为冷原子吸收光度法。

第1节　冷原子吸收分光光度计

一、冷原子吸收分光光度计的工作流程

用冷原子吸收分光光度法测定汞的专用仪器称为冷原子吸收分光光度计，其外观如图7—1所示。当光源（冷阴极汞灯）发出的253.7 nm波长紫外线经过比色管道射入光电管时，其紫外线的强度将随管道内汞蒸气的浓度做相应变化。从比色管道射出的紫外线，经过透镜会聚至光电管上，然后经过阻抗转换装置把微弱的光电流放大后去驱动电流表，将汞蒸气浓度的变化反映出来。比色管道内的被测气体是依靠仪器内部的抽气泵抽入和抽出的。其工作流程如图7—2所示。

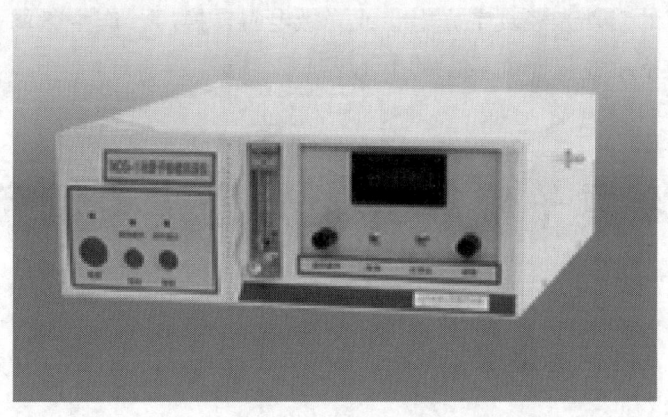

图7—1　冷原子吸收分光光度计的外观

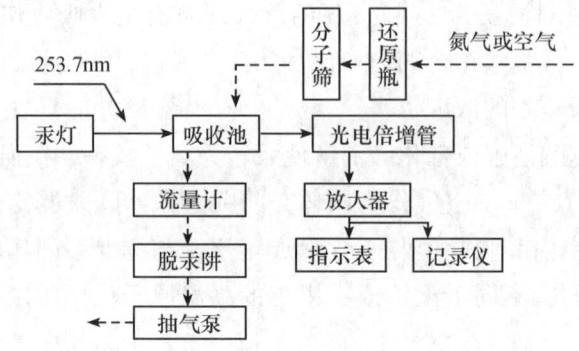

图 7—2 冷原子吸收分光光度计的工作流程

二、冷原子吸收分光光度计的基本构造

1. 光源

电源灯的管壁材料是石英，内部抽真空后，放入汞珠少许，当通入高压电后，管内的汞蒸气被冲击而起辉，放射出能量较大的紫外线，其光谱能量约90%集中在253.7 nm附近。为防止流动气体及杂光对仪器测量工作的影响，光源灯封装于暗盒内。

2. 比色管道

管内壁要求光滑，以尽可能减少对汞蒸气的吸收，减少紫外线在管道壁的损失。

3. 抽气泵

使用微型薄膜泵，用于鼓动汞蒸气进入比色管道，测定完毕时用于鼓动清洁空气，将汞蒸气吹出管外。

4. 光电转换放大装置

通过比色管道的紫外光经真空光电管或光敏电阻转换后，产生微弱的光电流信号，经放大器放大后，被指示在仪器面板上的电流表上。

第2节 冷原子吸收分光光度法测量条件的选择

一、样品前处理注意事项

冷原子吸收分光光度计测定汞元素时，其样品按照第2章中的样品前处理方法进行处理。在样品前处理的过程中要注意以下事项：

1. 在采样和制备过程中，应该注意不使试样受到污染。
2. 粮食、豆类去杂质后，磨碎，过20目筛，储存于塑料瓶中备用。
3. 蔬菜、水果、鱼类、肉类、蛋类等水分含量高的鲜样用食品加工机或匀浆机打成匀浆，储存于塑料瓶中备用。
4. 测汞元素产品的消化过程中应注意避免汞的挥发，需加回流冷凝管。

二、干扰及其抑制

玻璃对汞有吸附作用，因此测汞元素所用的一切器皿需用硝酸溶液（1∶3）浸泡，洗净后备用。

1. 水蒸气干扰

对于冷原子吸收法，常见的干扰是水蒸气，它被从汞蒸气发生瓶带入分光槽，冷凝于槽壁上，通常用装有过氯酸镁或无水氯化钙的干燥管除去。

2. 蜡质、脂肪干扰

样品中的蜡质、脂肪等不易消化的干扰物质，可在冷却后过滤除去。色素不影响测定。

三、仪器的常见故障与排除方法

冷原子吸收分光光度计的常见故障与排除方法见表7—1。

表7—1　　　　冷原子吸收分光光度计的常见故障与排除方法

故障现象	一般原因	排除方法
基线漂移	负高压过高	调低负高压
	光电管损坏	更换光电管
	接地不良	检查接地线路
无信号	汞灯不亮	检查汞灯、电源及变压器
	高压开路	检查电路
	光电信号短路	检查电路
	气路堵塞或接头脱落	检查气源
灵敏度低	光源位置不当	调整光源至合适位置
	负高压过低	适当提高负高压
	气体不纯	更换气源
回基点慢	荧光池污染	清洗荧光池
	样品浓度过高	适当稀释样品

续表

故障现象	一般原因	排除方法
稳定性差	荧光池有水汽或其他污染	清洗荧光池
	屏蔽气流量过低	调高屏蔽气流量
	外电压不稳定	加接稳压器
	电路接地不良	检查接地线路
	负高压不稳	检查负高压电路
	光电管插座不干净	用酒精擦洗光电管插座
	放大器性能不稳	检修或更换放大器

【实训】 大米中汞含量的测定

1. 目的

熟悉和掌握大米中汞含量的测定方法。

2. 原理

样品经前处理后，用冷原子吸收分光光度法测定大米中总汞的含量。当光源（冷阴极汞灯）发出的253.7 nm波长紫外线经过比色管道射入光电管时，其紫外线的强度将随管道内汞蒸气的浓度做相应的变化。

3. 试剂

（1）硝酸（优级纯）。

（2）硫酸（优级纯）。

（3）硝酸-重铬酸钾溶液（0.5 g/L）。称取0.05 g重铬酸钾溶于水中，加入5 mL硝酸，用水稀释至100 mL。

（4）高锰酸钾溶液（50 g/L）。称取5.0 g高锰酸钾于100 mL棕色瓶中，以水溶解、稀释至100 mL。

（5）氯化亚锡溶液（100 g/L）。称取10 g氯化亚锡溶于20 mL盐酸中，以水稀释至100 mL，临用时现配。

（6）标准储备液。准确称取0.135 4 g经干燥过的二氯化汞，溶于硝酸-重铬酸钾溶液中，移入100 mL容量瓶，以硝酸-重铬酸钾溶液稀释至刻度，混匀，此溶液每毫升含1.0 mg汞。

（7）标准使用液。将1.0 mg/mL的汞标准储备液用硝酸-重铬酸钾溶液分别稀释成0.0 ng/mL，2.0 ng/mL，4.0 ng/mL，6.0 ng/mL，8.0 ng/mL，10.0 ng/mL汞标准使用液，

临用时现配。

4. 仪器

双光束测汞仪（附气体循环泵、气体干燥装置、汞蒸气发生装置及汞蒸气吸收瓶）。

5. 测定步骤

（1）样品前处理

1）用回流消解法称取 1.00 g 样品，置于消化装置 50 mL 锥形瓶中，加玻璃珠数粒，加 10 mL 硝酸、2 mL 硫酸，转动锥形瓶防止局部炭化；浸泡 2~6 h（或者浸泡过夜）后，装上冷凝器，在可调电热板上小火加热，待开始发泡即停止加热，发泡停止后，加热回流 2 h。如加热过程中溶液变棕色，再加 5 mL 硝酸，继续回流 2 h，放冷后从冷凝管上端小心加 5 mL 水，继续加热回流 10 min，放冷，用适量水冲洗冷凝管，洗液并入容量瓶内，将消化液经玻璃棉过滤于 10 mL 容量瓶内，用少量水洗锥形瓶、滤器，洗液并入容量瓶内，加水至刻度，混匀。取与消化样品相同量的硝酸、硫酸，按同一方法做试剂空白试验。

2）压力消解罐消解法。称取 1.00~3.00 g 试样（干样、含脂肪高的试样小于 1.00 g，鲜样小于 3.00 g，或按压力消解罐使用说明书称取试样）于聚四氟乙烯内罐，加硝酸 2.0~4.0 mL 浸泡过夜。再加过氧化氢（30%）2~3 mL。盖好内盖，旋紧不锈钢外套，放入恒温干燥箱，在 120~140℃ 保持 3~4 h，在箱内自然冷却至室温，用滴管将消化液洗入 10.0 mL 容量瓶中，用水少量多次洗涤罐，洗液合并于容量瓶中并定容至刻度，混匀备用，同时作试剂空白。

3）微波消解法。称取 0.10~0.50 g 试样于消解罐中，加入 1~5 mL 硝酸，加过氧化氢（30%）1~2 mL，盖好安全阀后，将消解罐放入微波炉消解系统中，根据不同种类的试样设置微波炉消解系统的最佳分析条件（参考仪器供应商推荐的分析条件），至消解完全，冷却后用硝酸溶液（1:9）定量转移并定容至 25 mL（含量低的试样可定容至 10 mL），混匀待测。

（2）仪器条件。打开测汞仪，预热 1~2 h，并将仪器性能调至最佳状态。

（3）标准曲线绘制。吸取汞标准使用液 2.0 ng/mL、4.0 ng/mL、6.0 ng/mL、8.0 ng/mL、10.0 ng/mL 各 5 mL（相当于 10.0 ng、20.0 ng、30.0 ng、40.0 ng、50.0 ng）置于测汞仪的汞蒸气发生器的还原瓶中，分别加入 1.0 mL 还原剂氯化亚锡（100 g/L），迅速盖紧瓶塞，随后有气泡产生，从仪器读数显示的最高点测得其吸光值，然后打开吸收瓶上的三通阀，将产生的汞蒸气吸收于高锰酸钾溶液（50 g/L）中，待测汞仪上的读数达到零点时进行下一次测定，并求得吸光值与汞质量关系的一元线性回归。

（4）试样测定。分别吸取样液和试剂空白液各 5.0 mL，置于测汞仪的汞蒸气发生器的还原瓶中，分别加入 1.0 mL 还原剂氯化亚锡（100 g/L），迅速盖紧瓶塞，随后有气泡产生，从仪器读数显示的最高点测得其吸光值，然后打开吸收瓶上的三通阀，将产生的汞蒸气吸收于高锰酸钾溶液（50 g/L）中，待测汞仪上的读数达到零点时进行下一次测定，并求得吸光值与汞质量关系的一元线性回归，求得样液中汞的含量。

6. 计算公式

$$X = \frac{(A_1 - A_2) \times (V_1/V_2) \times 1\,000}{m \times 1\,000}$$

式中　X——试样中汞的含量（质量分数或质量浓度），μg/kg 或 μg/L；

　　　A_1——试样消化液中汞的含量，ng；

　　　A_2——试样空白消化液中汞的含量，ng；

　　　V_1——试样消化液总体积，mL；

　　　V_2——测试用试样消化液体积，mL；

　　　m——试样质量或体积，g 或 mL。

计算结果保留三位有效数字。

方法精度：在重复性条件下，获得的两次独立测定结果差的绝对值不得超过算术平均值的 20%。

7. 填写原始记录

冷原子吸收分光光度法测定大米中汞含量的原始记录见表7—2。

表7—2　　　　　冷原子分光光度法测定大米中汞含量的原始记录

受检样品名称			检验项目			检验依据	
仪器名称	仪器编号		仪器型号规格		检定有效期		检验环境状况
电子天平					年　月　日		℃　　%RH
双光路测汞仪					年　月　日		℃　　%RH
工作曲线	汞标准溶液质量浓度 c_B (ng/mL)	0	1	2	3	4	5	6
取样量 m (g)					定容体积 V_1 (mL)		
移取毫升数 V_2 (mL)							
汞含量 A (ng)		A_1				A_2（空白）	
实测结果	样品中汞质量分数（含量）（μg/kg）				标准值（μg/kg）		单项结论
计算公式			$X = \dfrac{(A_1 - A_2) \times (V_1/V_2) \times 1\,000}{m \times 1\,000}$				
备注							

冷原子吸收分光光度法

相关链接

操作过程中应注意：

（1）测定结束后，用纯水清洗吸收池，关掉仪器电源。

（2）实验要放在通风橱中进行。

（3）如果遇到汞超标的样品，一定要将管路彻底冲洗干净，防止污染下一个样品。

（4）测定过程中注意防止反应过猛，以免溶液溢出，损伤仪器。

（5）仪器必须避光、避震放置，注意防尘、防潮，吸收管回路内不得出现水珠。

职业技能鉴定要点

行为领域	鉴定范围	鉴定点	重要程度
理论准备	分析原理	光谱分析的理论基础	★★
	冷原子吸收分光光度计	各组成部件的名称	★
		各部件的作用	★★
	测量条件的选择	样品前处理注意事项	★★★
		干扰及其抑制	★★
	常见故障及其排除方法	常见故障的原因分析	★★
		各故障排除方法	★★★
技能训练	冷原子分光光度法	测定食品中汞的含量	★★

测 试 题

一、判断题（下列判断正确的请打"√"，错误的请打"×"）

1. 冷原子吸收分光光度计操作时需要火焰高温原子化。（   ）

2. 汞蒸气（汞原子）对波长为 253.7 nm 的紫外线具有最大吸收作用。（   ）

3. 进行仪器操作时，仪器不需要进行预热，开机即可操作。（   ）

4. 仪器操作时，可用干燥空气作为载体，将元素汞吹入汞测定仪。（   ）

5. 吸收管回路内如果有水珠出现，并不影响实验，因此不用管它。（   ）

6. 仪器灵敏度低是由于负高压过高引起的，因此解决问题的方法是适当调低负高压。（   ）

7. 测汞实验过程比较安全,实验不需要放在通风橱中进行。 (　　)
8. 测汞所用一切器皿需用硝酸溶液(1:3)浸泡,洗净后备用。 (　　)
9. 测汞元素产品的消化过程中应注意避免汞的挥发,需加回流冷凝管。 (　　)

二、简答题

1. 简述冷原子吸收分光光度法的原理。
2. 国产冷原子吸收分光光度计主要部件包括哪些部分?
3. 如果样品中含有蜡质、脂肪等不易消化的干扰物质,应当如何进行处理?
4. 简述冷原子吸收分光光度计的日常保养要点。

三、思考题

1. 样品前处理时应当考虑到哪些注意事项,其对于测试结果可能产生哪些影响?
2. 加入的样品汞含量较高,污染了仪器,出现归零困难等情况时,应当如何处理?
3. 如果仪器没有信号,可能是何种原因造成的?如何解决?

测试题答案

一、判断题

1. × 2. √ 3. × 4. √ 5. × 6. × 7. × 8. √ 9. √

二、简答题

1. 冷原子吸收分光光度法的原理是:根据汞蒸气(汞原子)对波长为 253.7 nm 的紫外线具有最大吸收作用,汞蒸气的吸收强度和汞蒸气的浓度成线形关系,基本符合朗伯－比耳定律。由此可知,测出管道的输入和输出光线强度,就可知道管道内汞蒸气的浓度。

2. 冷原子吸收分光光度计主要包括以下几个部分:光源、比色管道、抽气泵、光电转换放大装置。

3. 可在冷却后通过过滤进行去除。

4. 冷原子吸收分光光度计的日常保养要点有:定期进行仪器各部件的清洁;仪器必须避光、避震放置;注意防尘、防潮,吸收管回路内不得出现水珠。

三、思考题

答案略。

第 8 章

细菌检验基础知识

第 1 节　细菌的分类　　　　　　　　　　　　　　　　　/147
第 2 节　细菌的形态学及形态学检查法　　　　　　　　　/148
第 3 节　细菌的生理学　　　　　　　　　　　　　　　　/149
第 4 节　细菌的培养与分离技术　　　　　　　　　　　　/154
第 5 节　细菌的生物化学试验　　　　　　　　　　　　　/156
第 6 节　菌种的保存　　　　　　　　　　　　　　　　　/165
第 7 节　细菌的微量鉴定系统和自动化快速检测技术　　　/165

引 导 语

食品的卫生与安全不仅直接关系到人类的健康，而且还会对经济的发展和社会的稳定造成一定的影响。根据世界卫生组织统计，绝大部分食物中毒事件是由生物危害造成的，其中90%又是由细菌引起的，所以对食品进行致病菌的检测是至关重要的。

本章通过对细菌的分类学、形态学、生理学、生态学等方面基础知识的介绍，详细描述了细菌的生物化学试验方法，为从事细菌检验工作打好基础。同时为使理论知识与检验技术相互渗透融合、总体检测方法与国际接轨，本章还介绍了微生物自动化快速检测技术，使学员在信息科学发展的时代，跟上学科不断发展的步伐。

学习要点

● **熟悉**
细菌的形态学及其检查法、细菌的生理学

● **掌握**
细菌的培养与分离技术、菌种保存方法

● **熟练掌握**
细菌的生物化学试验

第1节 细菌的分类

微生物的种类很多，按其结构、组成等差异，分为非细胞型微生物、原核细胞型微生物、真核细胞型微生物三类。细菌属于原核细胞型微生物。

细菌有多种分类方法，其中遗传学分类方法是较精确的方法，此方法过去用G（鸟嘌呤）+C（胞嘧啶）含量百分比进行分类，现在使用细菌DNA（脱氧核糖核酸）相关度测定为分类提供了更可靠的科学依据。

目前细菌分类最常用的是经典的传统分类法。细菌传统分类法是按照它们的亲缘关系分群归类地编排系统，即按界、门、纲、目、科、属、种、型、株分类。此外还有亚类，如亚门、亚纲、亚属等，也可因特殊需要另设分类名称，如在科、属之间分族。科以上分类方法多是人为组合，其变动大、争论多。常用的分类单位有科、属、种等。微生物常用的分类单位见表8—1。

表8—1　　　　　　　微生物常用的分类单位

单位名称	组成特征	举例
科	科由共同亲属关系的属组成	肠杆菌科
属	属是种的高一级分类单位，通常包含有共同特征或关系密切的种，用以描述微生物的主要特征	埃希氏菌属
种	种是分类等级的基本单位，同一种微生物的形态、生理学特征和组成成分基本相同，用以描述微生物的次要特征	大肠埃希氏菌
菌株或品系	同一种微生物中不同来源的纯培养物	大肠埃希氏菌 CGMCC 1.3373

《国际细菌命名法典》（the international code of nomenclature of bacteria）1990年修订本是目前公认的细菌命名法典，它确认了1980年1月1日以后由国际系统细菌学杂志合法发表的细菌命名。细菌的科学名称（学名）为生物双名式，具备拉丁文字的形式和明确分类等级两个特点，即由一个属名和一个种名构成。以大肠杆菌为例，其国际定名为 *Escherichia coli* (Migula) Castellani and Chalmers。通常略去后面的人名，略语为 *E. coli*，前一部分为属名，是名词，后一部分为种名，是状语。中文译名则种名在前，属名在后，为大肠埃希氏菌，俗称大肠杆菌。

第2节 细菌的形态学及形态学检查法

细菌的形态与结构主要是指细菌的大小、形状、排列及超微结构。各种细菌的形态与结构不尽相同,但它们都是一群具有细胞壁的原核微生物。各种细菌在一定环境条件下,有相对恒定的形态与结构。细菌的结构与其生理功能、致病性、免疫性有关。因此掌握细菌的一般形态、结构及形态学检查法,对于鉴别细菌、认识细菌特征有重要的意义。

一、细菌的形态与结构

1. 细菌的基本形态

细菌的基本形态有三类:球菌、杆菌、螺旋菌。

2. 细菌的大小

通常以微米(μm)作为测量细菌大小的单位,$1~\mu m = 1/1~000~mm$。球菌以直径表示大小,杆菌以长与宽表示大小。不同种类的细菌大小很不一致,同一种细菌在不同情况下大小形态也有差别:如涂片干燥、固定、染色时细菌收缩;死的大肠杆菌比活菌缩小1/3;幼嫩、代谢活跃的杆菌比老的大几倍;休眠的或濒死的细菌通常近乎圆形,而快速生长的球菌往往呈短杆状;培养4 h的枯草芽孢杆菌比培养24 h的长5~7倍。菌龄与细菌大小的关系受许多因素影响,主要与代谢废物的积累及培养基中渗透压上升等因素有关。

3. 细菌的结构

细菌虽小,仍有一定的细胞结构。现在应用超薄切片、电子显微镜技术、组织化学等方法进行研究,已经比较清楚地了解了细菌的结构,包括其超微结构。

(1)细菌的基本结构。细菌的基本结构包括细胞壁、细胞膜、细胞质、核质。

(2)细菌的特殊结构。细菌的特殊结构包括鞭毛、菌毛、荚膜、芽孢等。这些不是细菌普遍具有的,而是某种细菌特有的结构,对于鉴别细菌种属是比较重要的特征依据。

二、细菌形态学检查法

细菌形态与结构检查的方法是利用普通光学显微镜、相位差显微镜、荧光显微镜、电子显微镜,通过不染色或染色标本,观察细菌菌体的形态、大小、排列、特殊结构及染色反应等,是细菌鉴定的一种手段。有些细菌根据这些检查结果即可做出初步鉴定报告。但要确定具体属种,还须借助培养、生化试验、动物试验、血清学等反应,才能作出最终结论。

细菌的形态学检查法可分为不染色标本检查法和染色标本检查法。

1. 不染色标本检查法

使用不染色标本检查法时依靠的是普通显微镜，虽也可观察细菌的大小、形态，但主要用于观察细菌的动力。

观察细菌有无动力时，应选用新鲜的幼龄培养物，并在20℃以上室温中进行，同时应区别细菌的真正运动与溶胶的布朗运动。常用的方法有压滴法、悬滴法、暗视野映光法等。

2. 染色标本检验法

细菌个体微小且透明，非经染色不易观察清楚。要了解细菌细胞学，需要有多种细胞化学方面的染色技术。染色技术是观察微生物形态的基本技术，主要用于观察细菌的形态、大小、排列及荚膜、鞭毛、芽孢等。

细菌学中最常用的鉴别染色法是革兰氏染色法。同一科的细菌革兰氏染色反应相同，如芽孢杆菌科细菌全是革兰氏染色阳性，肠杆菌科细菌全是革兰氏染色阴性。

革兰氏染色的结果与培养基成分、培养条件及操作技术等有着密切关系。如涂片太厚影响酒精脱色，革兰氏阴性菌则可染成革兰氏阳性菌。脱色时如果酒精作用时间太长，革兰氏阳性菌又会染成革兰氏阴性菌。在缺乏镁盐的培养基中，革兰氏阳性菌可变为革兰氏阴性菌。菌龄也能影响染色的结果，这和生长过程中核酸含量的改变有关。例如，本来为革兰氏阳性菌的老龄菌因核酸的减少而常出现许多革兰氏染色阴性结果。

第3节　细菌的生理学

细菌生理学是研究细菌的营养、代谢、生长繁殖等生理活动规律及其与外界环境的相互关系的科学。研究细菌生理学的意义是从理论上阐明细菌生命活动规律，有助于掌握不同细菌的特点，促进其生长繁殖。

一、细菌的主要理化性状

1. 细菌的化学组成

细菌的化学组成与其他生物细胞相似，主要包括水、蛋白质、糖类、脂类、无机盐类、核酸、维生素等。各种组成的含量随细菌的种类、菌龄、所处环境不同而有差异。

(1) 水分。细菌细胞需要有水才能进行一切代谢活动，若失去必要的水分其生命活动即告停止。水分占菌体质量的75%~85%，芽孢含水量较少，约为40%。细菌细胞内的水分一部分是游离水，另一部分是与其他成分结合存在的结合水，两者的生理功能不同。结合水不易蒸发，不冻结，不能作为溶剂，也不能渗透。细菌繁殖体内主要是游离水，芽孢内主要是结合水。

(2) 固形成分。细菌的固形成分占菌体质量的15%~25%，有蛋白质、核酸、糖类、脂类、无机盐类等。在固形成分中，碳、氢、氧、氮四种元素占90%~97%，其他元素占3%~10%。

1) 蛋白质。蛋白质分布在菌体的各组成部分，占菌体固形成分的50%~80%。除少量白蛋白、球蛋白等单纯蛋白质外，绝大部分与其他物质结合成复合蛋白质，如核蛋白、糖蛋白、脂蛋白等，其中以核蛋白含量最高。

蛋白质是维持细菌生命活动的最基本物质，是细菌酶类的主要组成部分，在免疫与诊断上均具有重要意义。

2) 核酸。细菌的核酸有核糖核酸（RNA）和脱氧核糖核酸（DNA）两种。RNA主要存在于细胞质和细胞膜中，一般约占固形成分的10%；DNA则主要存在于染色体和质粒中，占固形成分的3%左右，核酸与细菌的遗传、变异和蛋白质合成有密切关系。

每种细菌DNA碱基组成中的鸟嘌呤（G）与胞嘧啶（C）这一配对的含量百分比在一定范围内变化不大，且不受菌龄和一般外界因素的影响，故可利用碱基组成作为细菌分类的重要依据之一。应注意（G+C）分子含量百分比不同的菌肯定不属于同一属菌，但（G+C）含量百分比相同的菌却并不一定是同一个属种，故在细菌的分类鉴定中（G+C）分子含量百分比的测定应和其他性状检查配合使用，以避免只测（G+C）分子含量百分比的局限性。

3) 糖类。细菌的糖类占固形成分的10%~30%，主要以多糖的形式存在，如荚膜多糖、纤维素、淀粉、糖原等。多糖或呈游离状态，或与蛋白质及脂类结合成复合物，主要存在于细胞壁、荚膜和细胞质中。单糖有核糖和核糖的衍生物脱氧核糖，核糖是辅酶、RNA的组成成分，脱氧核糖含于DNA中。

4) 脂类。细菌的脂类包括脂肪、类脂、蜡、磷脂等，存在于细胞壁、细胞膜以及细胞质内，为细菌体内能量储存的场所。脂类可游离存在，也可与蛋白质或糖类结合，其含量占菌体固形成分的1%~7%，但分枝杆菌的脂类含量可高达35%~40%，它与抗酸染色有关。

5) 无机盐类。无机盐中以磷含量最高，其次为钾、镁、钙、硫、钠等，而铁、铜、锌、锰等含量甚微。这些元素一部分组成有机物，另一部分以无机盐类形式存在，具有调节渗透压和维持酶活性的作用。

6）其他。细菌体内尚有各种生长因子、色素等其他成分。生长因子主要是 B 族维生素，它们大多数是菌体内的辅酶成分。色素种类很多，一般都是含氮的有机物，所以在培养基中供应氮源是产生色素的必要条件。

2. 细菌的物理性状

（1）带电现象。菌体蛋白质由许多氨基酸组成。氨基酸是兼性离子，在等电点时，其所带的正电荷和负电荷相等。革兰氏阳性菌的等电点低，均为 pH2～3；革兰氏阴性菌的等电点稍高，pH 值为 4～5。在一般培养、染色、血清学试验中，多数为中性或弱碱性环境，pH 值高于细菌的等电点，细菌均带负电荷，尤以革兰氏阳性菌所带的负电荷更多。环境中的 pH 值越高，细菌所带的负电荷越多。细菌的带电现象与细菌的染色反应、凝集反应、抑菌和杀菌作用等都有密切关系。

（2）多相胶体。细菌原生质中具有多种蛋白质，其成分结构各不相同，为多相胶体。其中的某一相可吸引某一组化学物质发生反应，而另一相又可吸引另一组化学物质进行反应。因此，在原生质中可同时进行各种性质不同的生化反应。正因为有这种多相性质，细胞外浓度较低的化学物质可被原生质中的某一相选择性地吸收浓缩于细胞内。

（3）表面积。细菌个体微小，单位体积的表面积比其他大生物的表面积大。例如，每立方厘米葡萄球菌的表面积为 60 000 cm^2。巨大的表面积有利于细菌吸收营养和排泄代谢产物，因而细菌代谢活跃，繁殖速度很快。同样，由于细胞表面积大，故对外界环境因素的影响也十分敏感。

（4）布朗运动。无鞭毛的细菌在溶液中，因受到分散酶分子的撞击，发生不移动位置的颤动，叫作布朗运动。这是一切胶体颗粒所共有的物理现象，它和主动移动位置的细菌鞭毛运动完全不同，应注意区别。

（5）细菌的光学性质。细菌菌体呈半透明状态，光线照射菌体时，一部分光被吸收，另一部分光发生散射，所以细菌悬液呈现混浊现象。用比浊方法可估计悬液中细菌的数量。

（6）渗透性。细菌的细胞壁和细胞膜都有半渗透性，可允许水分透过，但对其他物质则有选择性的通透作用。细菌吸取营养和排出代谢产物均依赖于这种通透作用。细菌体内含有高浓度的营养物质和无机盐，其渗透压比其他生物细胞高。细菌具有坚韧的细胞壁，除能耐受菌体内部的高渗透压外，还能保护细菌在渗透压较低的环境中不致破裂，但在纯水中也不免吸收水分而胀裂。在高渗溶液中，细菌不能生长、繁殖，故日常生活中可用高渗溶液法（盐腌、糖渍等）保存食品。

二、细菌的代谢

细菌为了生长繁殖,必须从环境中吸取营养物质作为能源和基本原料,并排出不需要的产物,这些生化过程称为细菌的代谢,包括分解代谢和合成代谢。

1. 分解代谢产物和细菌的生化反应

分解代谢的过程是将复杂的营养物质分解为简单的化合物,一方面提供合成菌体成分的原料,另一方面从物质分解中获得能量。

各种细菌所具有的酶不尽相同,对营养基质的分解能力也不一致,因而代谢产物或多或少地各有区别,可供鉴别细菌之用。通过生化试验的方法检测细菌对各种基质的代谢产物,可以鉴别细菌的种属。细菌对各种基质的代谢过程称为细菌的生化反应。

(1) 糖类的代谢产物及生化反应。大多数细菌能利用糖,由于各种细菌所具有的酶系统不同,故分解糖类的能力也不同。对于多糖→单糖→丙酮酸这一基本的糖代谢过程,不同种细菌可能一样,而从丙酮酸进一步分解的后续过程则因各种细菌而异。因此,常利用细菌对糖类分解能力的差异和分解产物的不同,来鉴别细菌的种类。

1) 糖发酵试验。糖发酵试验经常用于细菌的鉴别。例如,大肠埃希氏菌能使丙酮酸生成甲酸,并由甲酸解氢酶分解甲酸生成 CO_2 和 H_2,所以大肠埃希氏菌分解葡萄糖时产酸产气。而伤寒杆菌只有使丙酮酸生成甲酸的能力,它缺乏甲酸解氢酶,故伤寒杆菌分解葡萄糖时只能产酸不能产气。又如大肠埃希氏菌能分解乳糖,而伤寒杆菌不能分解乳糖。

2) V-P 试验。产气杆菌与大肠埃希氏菌均能分解葡萄糖与乳糖产酸产气,两者不易区别,但产气杆菌能使丙酮酸脱羧,生成中性的乙酰甲基甲醇。乙酰甲基甲醇在碱性溶液中被大气中的氧分子所氧化,生成红色化合物,这一反应称为 V-P 试验阳性。大肠埃希氏菌不生成乙酰甲基甲醇,故 V-P 试验阴性。

3) 甲基红试验。在上述产气杆菌培养液中,由于 2 个分子的丙酮酸已变为 1 个分子的中性乙酰甲基甲醇,生成的酸量就相应减少,故 pH 值相应较高(为 5.4 以上),用甲基红作为指示剂时,培养液呈现橘黄色,称为甲基红试验阴性。相反,大肠埃希氏菌因分解丙酮酸时不产生乙酰甲基甲醇,产生的酸较多,故培养液的 pH 值下降到 4.5 或更低,因此甲基红指示剂呈红色反应,即甲基红试验阳性。

(2) 蛋白质的代谢产物及生化反应。由于蛋白质的分子量大,不能被菌体直接吸收作为营养基质,有必要先通过细菌的胞外酶,如蛋白酶,把蛋白质分解成为能透进细胞壁与细胞膜的多肽或氨基酸,才能转运入菌细胞内被利用。细菌分解蛋白质的过程一般为:蛋白质→蛋白胨→蛋白胨→多肽→氨基酸。明胶的液化和酪蛋白的胨化等都是细菌蛋白酶分解蛋白质的结果。不同的细菌分解蛋白质的能力不同,可用明胶液化试验或蛋白质消化试验来鉴别细菌的种类。

细菌吸收肽类后，胞内的肽酶将其进一步分解为氨基酸，为合成细菌其他物质的需要，又可对氨基酸进一步分解，主要分三种方式进行。不同细菌分解氨基酸的能力不同，产生的分解产物也不同，故常被用来鉴别细菌。蛋白质代谢作用的应用见表8—2。

表8—2　　　　　　　　　　蛋白质代谢作用的应用

代谢方式		代谢途径	应用举例
脱氨基作用		有些细菌通过脱氨酶的作用，以氧化、还原、水解等方式，使氨基酸生成氨、二氧化碳和各种有机酸	变形杆菌可使苯丙氨酸脱氨，形成苯丙酮酸。苯丙酮酸遇氯化铁溶液呈绿色
脱羧基作用		许多细菌含有氨基酸脱羧酶，能脱去氨基酸的羧基，生成胺类和二氧化碳	沙门氏菌属多能使赖氨酸、鸟氨酸脱羧，使培养基变碱性
其他分解作用（产生特殊产物）	靛基质（生成吲哚）	有些细菌可以分解色氨酸，产生靛基质	大肠埃希氏菌能分解色氨酸产生靛基质
	生成硫化氢	有些细菌水解甲硫氨酸、半胱氨酸等含硫氨基酸，脱氨生成丙氨酸、氨和硫化氢	沙门氏菌、变形杆菌、枯草芽孢杆菌等能生成硫化氢，硫化氢遇金属离子可生成黑色的沉淀物
	分解尿素	有些细菌具有脲酶，能迅速分解培养基中的尿素，产生氨而呈碱性反应	变形杆菌能分解尿素，产生氨，使培养基呈红色

（3）枸橼酸盐利用试验。某些细菌（如产气杆菌）能利用枸橼酸盐作为碳源，因而在仅含枸橼酸盐而不含碳源的培养基上生长，分解枸橼酸盐生成碳酸盐，使培养基由原来的中性变为碱性，以溴麝香草酚蓝为指示剂可显示出培养基由绿色变为深蓝色，即枸橼酸盐利用试验阳性。相反大肠杆菌则不能利用枸橼酸盐为唯一碳源，故不能在此培养基上生长，培养基颜色不变，是阴性反应。

2. 细菌的合成代谢及其产物

细菌在合成代谢中，除菌体自身成分外，还能合成一些其他代谢产物，其中一些在检验中有重要意义。

（1）毒素与侵袭性酶。细菌产生的毒素有内毒素和外毒素，均有强烈的毒性，尤以外毒素为甚。内毒素是革兰氏阴性菌的细胞壁成分，即脂多糖，其毒性存在于脂类A部分，当菌体死亡崩解后才游离出来。内毒素性质稳定，需加热至160℃经2~4 h，或用强酸、强碱或强氧化剂加温煮沸30 min才灭活。外毒素是蛋白质，在细菌生活过程中即可释放出菌体。产生外毒素的细菌大多是革兰氏阳性菌，但也有少数革兰氏阴性菌。外毒素性质不稳定，易被热（50~60℃，20~120 min）破坏。某些细菌还能产生具有侵袭性的酶，能损伤机体组织，如产气荚膜梭菌的卵磷脂酶、链球菌的透明质酸酶等。

（2）热原质。许多革兰氏阴性杆菌如变形杆菌、铜绿假单胞菌（旧称绿脓杆菌），以及一些革兰氏阳性杆菌如枯草芽孢杆菌，能产生一种多糖，将它注入人体或动物体内能引起发热反应，故称热原质。热原质耐高温，即使用高压蒸汽灭菌（121℃，20 min）也不被破坏。生物制品、抗生素和其他注射液中的热原质常因配制用的蒸馏水和器皿被上述细菌污染而产生，热原质与这些污染菌的内毒素有关。用吸附剂和特制的石棉滤板，可除去输液中的大部分热原质，玻璃器皿上的热原质则须在250℃高温下干烤才能破坏。

（3）色素。有些细菌在一定的条件下（氧气充足、温度适宜或暴露阳光）能产生各种颜色的色素。有些细菌产生的色素能溶于水而扩散至周围环境中，如铜绿假单胞菌产生的绿色色素，可使培养基和菌落呈黄绿色到蓝绿色。另有一些细菌产生的脂溶性色素不溶于水，如葡萄球菌的金黄色、白色和柠檬色色素仅使菌落本身有色。不同色素在细菌鉴别上有一定意义。

（4）抗生素。抗生素主要是某些微生物在代谢过程中产生的一种抗生物质，能抑制或杀死某些生物细胞（主要是微生物和肿瘤细胞）。抗生素主要由放线菌和真菌产生，由细菌产生的较少，只有由多黏芽孢杆菌产生的一组多肽类抗生素（多黏菌素）和由地衣芽孢杆菌产生的多肽类抗生素（杆菌肽）等少数几种。

（5）细胞素。细胞素是某些细菌种、株间产生的一类具有抗菌作用的蛋白质，它与抗生素不同，抗菌范围狭窄，仅对产生与细胞素的菌株有近缘关系的细菌才有抑杀作用。已知的有大肠菌素、弧菌素、鼠疫杆菌素、铜绿假单胞菌素、葡萄球菌素等。由于它们具有特异性，已用于细菌种内的分型。

（6）维生素。维生素是细菌必需的生长因子，有些细菌能自己合成，除供菌体本身所需外，也能分泌至菌体外。人体肠道内的大肠埃希氏菌能合成维生素 B_6、维生素 B_{12}、维生素 K_2 等，可供人体所需。

第4节 细菌的培养与分离技术

一、细菌培养的用途

1. 细菌的鉴定和研究

通过细菌培养可以研究细菌的形态、代谢活动、生化反应、抗原结构、致病力等，并且对细菌进行鉴定。

2. 细菌学检验

细菌培养应用于食品和环境等样品的细菌学检验，以评价食品或环境的卫生情况。

3. 传染病的诊断与治疗

对患者或带菌者体内（代谢物）的病原菌进行培养，鉴定其种属并对病原菌进行药物敏感性试验，从而做出确切的病原学诊断，选择有效药物进行治疗。

二、细菌培养所需的条件

1. 培养基

细菌培养所使用的培养基应满足细菌生长和鉴别所需要的条件，选择相应的营养要素和基质成分。按其用途可分为六大类：基础培养基、营养培养基、选择培养基、鉴别培养基、特殊培养基和厌氧培养基。

现在使用的商业化的培养基为干燥培养基，其中含有培养基的各种成分，使用时只要按一定比例加入适量的水分即可，具有节省制备时间、质量稳定、携带方便等优点。

2. 细菌培养的其他条件

细菌培养除了要选用适宜的培养基外，还须满足以下几个方面条件：

（1）合适的酸碱度。酸碱度对细菌的生长繁殖影响很大。大多数病原菌最适宜的酸碱度 pH 值为 7.2~7.6，个别细菌如霍乱弧菌可在碱性（pH 值为 8.4~9.2）环境中生长。结核杆菌则在微酸性（pH 值为 6.5~6.8）环境中生长较好。许多细菌在培养过程中因分解糖类而产酸，影响了本身的生长，因此有时需在培养基中加入磷酸氢二钠、磷酸二氢钾等缓冲剂，防止溶液 pH 值波动过大。

（2）适宜的温度。大多数人体病原菌在长期进化过程中已适应了人体内环境，一般细菌在 15~40℃ 范围内都能生长，但多数病原菌的最适生长温度为 37℃。

（3）一定的湿度。细菌生长需要一定的水分，以利于营养物质的渗透。干燥不利于细菌的生长。

（4）必要的气体环境。有的细菌如牛布鲁氏菌及脑膜炎球菌初分离时，必须在培养环境的大气中，增加 5%~10% 的 CO_2。需氧菌须在有氧环境下生长，厌氧菌须在无氧条件中才能生长。

三、细菌培养法

根据细菌对氧气的需求不同，细菌培养方法可分为需氧培养和厌氧培养。培养厌氧菌时，必须创造一个无氧的环境。通常在培养基中加入还原剂，或用其他物理、化学方法去除环境中的游离氧，以降低氧化还原电势。这类培养基有疱肉培养基、硫基乙酸钠培养基、牛心脑浸液培养基等。常用的厌氧培养方法有许多，可根据实际情况选用。

根据培养基的物理状态不同，细菌培养方法又可分为液体培养、固体培养和半固体培养。

1. 液体培养

不同类型的细菌在液体培养基中会出现不同的生长现象。

（1）混浊。细菌向四周均匀扩散，出现肉眼可见的不同程度的均匀混浊生长。

（2）沉淀。少数排列成链状的细菌可呈沉淀形式生长，沉淀物上面的液体清澈。

（3）菌膜。专性需氧菌多生长在液体表面，形成菌膜。

2. 固体培养

将检材中的目标对象菌用人工培养法分离出来成为纯种，称为分离培养。常用的分离方法有平板划线分离法和涂布法。分离培养可使细菌在平板培养基表面生长。如果接种的细菌能适当地分开，经一定时间培养后，便形成单一菌落。菌落的大小、形状、色泽、边缘、透明度、湿润度、溶血现象等特点则因细菌的种类和所用培养基不同而异。菌落的这些特征是识别细菌的重要依据。有些细菌的菌落特征较突出，有些则不甚明显，所以根据菌落特征识别细菌，须通过工作中的反复实践。当细菌在固体培养基表面密集生长时，多个菌落融合在一起，称为菌苔。

3. 半固体培养

细菌在半固体培养基中生长时，无鞭毛的细菌沿着穿刺线生长，有鞭毛的细菌，除沿穿刺线生长外，还可看见从穿刺线向外扩散生长的趋势。因此，以穿刺法将细菌接种于半固体培养基中有助于鉴别细菌是否具有动力，是否有鞭毛。

第5节 细菌的生物化学试验

各种细菌具有各自独特的酶系统，因而代谢过程所产生的分解和合成产物也不同，这些产物又各具有不同的生化特点，利用生物化学的方法来检查这些代谢产物以鉴别细菌的方法称为细菌的生物化学试验（以下简称生化试验）。细菌生化试验的种类和方法繁多，但归纳起来，主要有糖类代谢试验、蛋白质和氨基酸及含氮化物代谢试验、枸橼酸盐利用试验、呼吸酶类试验、毒性酶类试验、嗜盐试验六类。

一、糖类代谢试验

糖类代谢试验主要有糖（醇）类发酵试验、甲基红（methyl red）试验、V-P试验（优-普试验）、ONPG试验（邻硝基苯-β-D-半乳糖苷试验）、氧化发酵试验等方法。

1. 糖（醇）类发酵试验

（1）原理。不同的细菌含有发酵不同糖（醇）的酶，因而发酵糖（醇）的能力各不相同。即使某些能发酵同样的糖（醇），但其产物也不同，如有的产酸产气，有的产酸不产气，可以根据这些特点来鉴别细菌。

（2）方法。将纯培养的待检细菌，无菌操作接种到糖（醇）发酵培养基中，置于37℃培养箱内，培养数小时到两周，观察结果。若使用微量发酵管或要求培养时间较长时，应保持培养箱中一定的湿度，以免培养基干燥，影响细菌生长。

（3）结果。被检细菌若能发酵培养基中的糖（醇）时，则产酸使培养基的pH值降低，这时培养基中的指示剂呈酸性反应；若发酵培养基中的糖（醇）产酸产气，则培养基不仅显酸性反应，并且有气体出现。培养基若系固体或半固体，则培养基内有裂隙等现象。培养基若为液体，可看到在培养基中的倒置小玻管中有气泡。并且气体占整个倒置小玻管的10%以上，若被检细菌不分解培养基中的糖（醇），则培养基中除有细菌生长外，无任何其他变化。

（4）说明

1）糖（醇）发酵试验培养基。大致可分为液体、半固体、固体（高层、高层斜面）等几类，可根据试验的要求和细菌的特征，选用不同的培养基，见表8—3。

表8—3　　　　　　　　糖（醇）发酵试验培养基

培养基类型	方法
液体糖（醇）发酵管	在无糖肉汤或蛋白胨水中，加入1%的糖（醇）类指示剂，按0.5%加入一种糖、醇或糖苷。若需观察产气反应，另放置一支倒置的小玻管，经灭菌后备用。若被检细菌对营养要求较高时，则在试验前加入2%~5%的无菌血清
半固体糖（醇）发酵管	在液体糖（醇）发酵培养基中，加入0.3%~0.5%的琼脂，溶化后分装试管，灭菌后让试管直立使琼脂凝固，做成高层培养基。接种细菌应用接种针穿刺接种
固体糖（醇）发酵管	此类培养基一般不常用，仅对营养要求较高的某些细菌，如脑膜炎奈瑟氏菌，在含糖类及5%~10%血清琼脂斜面上进行发酵试验。另外，固体高层糖发酵管可用于厌氧细菌糖发酵试验，如产气荚膜杆菌在含糖的固体高层发酵管中出现汹涌发酵（产生大量气体）

续表

培养基类型	方法
双糖（或三糖）高层斜面发酵管	这种培养基含有葡萄糖和乳糖（或再加蔗糖），这两种糖（或三种糖）混在一起，制成高层斜面，其中葡萄糖和乳糖（或蔗糖）比例为1:10，若被检细菌只发酵葡萄糖而不发酵乳糖和蔗糖，则在高层产酸，指示剂呈酸性反应。斜面葡萄糖量少，发酵后产生的酸少，且易被氧化以及产生氨，呈弱碱性，指示剂显碱性反应。若被检细菌分解乳糖或蔗糖，则产酸量多，高层和斜面都是酸性，指示剂均呈酸性反应。若在此种培养基中加入铁盐如硫酸亚铁等，还可观察细菌产生硫化氢的情况

2）糖（醇）发酵试验应用的糖（醇）。各种糖（醇）发酵管含糖（醇）的浓度，一般为0.5%~1%，有时可达2%。因为糖（醇）经高压蒸汽（121℃，20~30 min）灭菌，容易水解变质，特别是在碱性溶液中更易破坏。故糖（醇）发酵培养基常用高压蒸汽（115℃，15 min）灭菌。也可将糖（醇）配成10%~20%的水溶液，高压蒸汽（115℃，15 min）灭菌，糖（醇）发酵管基础液高压蒸汽（115℃，20~30 min）灭菌，再以无菌操作两者混匀，分装于灭菌试管中。有些不能加热的糖（醇），还可先配成10%~20%的水溶液，经细菌滤过器滤过除菌后，再按比例加入到已经灭菌过的糖（醇）发酵基础液中，混匀后分装于灭菌试管中。

应用的糖（醇）种类很多，归纳起来有以下几类：单糖，包括葡萄糖、鼠李糖、阿拉伯糖、果糖、木胶糖、半乳糖等；双糖，包括乳糖、麦芽糖、蔗糖、覃糖等；多糖，包括菊糖、肝糖、糊精、淀粉等；醇，包括甘露醇、卫矛醇、山梨醇、侧金盏花醇、肌醇、丙三醇（甘油）等；糖苷，包括水杨苷等。

3）糖（醇）发酵管中应用的指示剂。最常应用的有酚红、溴麝香草酚蓝、溴甲酚紫、酸性复红等。前两者颜色反应较敏感，但稳定性较差，后两者比较稳定。特别是一些迟缓发酵的细菌，培养时间长，应该应用后两者指示剂。

2. 甲基红（methyl red）试验（简称 MR 试验）

(1) 原理。某些细菌，如大肠埃希氏菌等分解葡萄糖产生丙酮酸，丙酮酸再被分解，产生甲酸、乙酸、乳酸等，使培养基的pH值降低到4.4以下，这时若加入甲基红指示剂，由于甲基红指示剂的变色范围是pH值4.4（红色）~6.2（黄色），故培养液呈红色。某些细菌如产气肠杆菌，分解葡萄糖产生丙酮酸，但又很快将丙酮酸脱羧，转化成醇等物质，则培养液的pH值仍在6.2以上，故此时加入甲基红指示剂，培养液呈黄色。

(2) 方法。将被检细菌接种到葡萄糖蛋白胨水中，37℃培养2~4天，取出一部分培养液加甲基红指示剂数滴，观察培养液颜色。

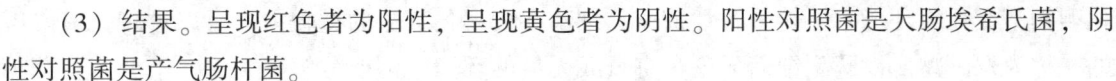

（3）结果。呈现红色者为阳性，呈现黄色者为阴性。阳性对照菌是大肠埃希氏菌，阴性对照菌是产气肠杆菌。

3. V-P 试验

V-P 试验是由 Voges（优格斯）和 Proskauer（普罗斯考尔）二氏创建，故称为伏-普试验，简称 V-P 试验。V-P 试验的目的是检查细菌是否能分解葡萄糖，产生乙酰甲基甲醇。

（1）原理。某些细菌如产气肠杆菌，分解葡萄糖产生丙酮酸，再将丙酮酸脱羧形成乙酰甲基甲醇，乙酰甲基甲醇在碱性条件下，被氧化为二乙酰，二乙酰与培养基蛋白胨中精氨酸等所含的胍基结合，形成红色的化合物。在培养基中加入含胍基化物如肌酸、肌酐等，可加速此反应。

（2）方法。将被检细菌接种到葡萄糖蛋白胨水中，37℃培养 48 h，取出后按每毫升培养物加 0.1 mL 甲液（6% α-萘酚酒精溶液）和乙液（40% 的 KOH 溶液），通常在 10 min 内显色，若不显色，放置于 50℃ 水浴中 2 h，或放置于 37℃ 培养箱中 4 h，充分摇动，观察培养液反应结果。

（3）结果。呈现红色者为阳性，不显红色者为阴性。阳性对照菌是产气肠杆菌，阴性对照菌是大肠埃希氏菌。

4. ONPG 试验

ONPG 是 o-Nitrophenyl-β-D-galactopyranoside（邻硝基苯-β-D-半乳糖苷）的缩写，利用该试剂可以检查被检细菌有无 β-半乳糖苷酶。

（1）原理。发酵乳糖的细菌，具有两类酶，即渗透酶和 β-半乳糖苷酶。渗透酶是将乳糖分子带入菌细胞内，而 β-半乳糖苷酶可将乳糖的 β-半乳糖苷链切断，产生葡萄糖和半乳糖。迟缓发酵乳糖的细菌，缺乏渗透酶，而 ONPG 渗入菌细胞内，被 β-半乳糖苷酶分解产生邻位硝基苯酚，显黄色。本试验主要用于迟缓发酵乳糖菌株的快速鉴定。

（2）方法。将被检细菌接种到 1% 的乳糖肉汤琼脂培养基上，37℃ 培养过夜。取菌苔接种于 0.25 mL 生理盐水中做成悬液。加入 1 滴甲苯，并充分振摇，使酶释放。在悬液中再加入 ONPG 液 0.25 mL，混匀，置于 37℃ 培养箱或水浴箱中，分别在 20 min 和 3 h 后观察培养液反应结果。

（3）结果。呈现黄色者为阳性，一般在 20~30 min 即显黄色，不出现黄色者为阴性。阳性对照菌是枸橼酸盐杆菌、亚利桑那菌，阴性对照菌是沙门氏菌。

5. 氧化发酵试验

（1）原理。测定糖类的氧化或发酵及糖类未被利用的代谢类型。

以葡萄糖为例：细菌在分解葡萄糖的过程中，必须有氧分子参加的，称为氧化型。氧化型细菌在无氧环境中不能分解葡萄糖。细菌在分解葡萄糖的过程中，可以进行无氧降解的，称为发酵型。发酵型细菌无论在有氧或无氧的环境中都能分解葡萄糖。不分解葡萄糖的细菌称为产碱型。

（2）方法。将待检菌同时穿刺接种两支 HL 培养基［Hugh（休）-Leifson（利夫森）培养基］，其中一支培养基滴加无菌的液状石蜡油，高度不少于 1 cm，37℃培养 48 h 或更长，观察反应结果。

（3）结果。培养基变黄色者为产酸。其中发酵型细菌的两支培养基均产酸，氧化型细菌则仅不加石蜡的培养基产酸。产碱性细菌的两支培养基均不变化。

二、蛋白质、氨基酸及含氮化物代谢试验

1. 苯丙氨酸脱氨酶试验

（1）原理。某些细菌具有苯丙氨酸脱氨酶，可使苯丙氨酸脱氨形成苯丙酮酸，苯丙酮酸与三氯化铁发生螯合作用，形成绿色络合物。

（2）方法。将被检细菌的斜面培养物大量移种到苯丙氨酸琼脂斜面上，37℃培养 18~24 h，再从斜面上滴加 10% 的三氯化铁溶液 4~5 滴，使其自斜面培养物上缓缓流下，观察结果。

（3）结果。溶液出现绿色者为阳性。阳性对照菌是变形杆菌，阴性对照菌是产气肠杆菌。

2. 脱羧酶试验

（1）原理。某些细菌具有某种氨基酸的脱羧酶，可使氨基酸脱去羧基产生氨和二氧化碳，氨使培养基的 pH 值大于 7，此时指示剂溴麝香草酚蓝显蓝色。

（2）方法。将被检细菌接种到两支脱羧酶培养基中（其中一支不加氨基酸作对照，另一支加赖氨酸、精氨酸或鸟氨酸），再在培养基上覆盖一层灭菌的液状石蜡，37℃培养 18~24 h，观察结果。

（3）结果。因两管培养基中均含有葡萄糖而产酸，指示剂溴麝香草酚蓝变黄色。但含氨基酸的一管出现脱羧基降解作用，产生碱性反应，继续培养后，培养基中的溴麝香草酚蓝仍恢复到蓝色。各类脱羧酶试验的阳性及阴性对照菌株见表 8—4。

表 8—4　　　　　　　　各类脱羧酶试验的阳性及阴性菌株

对照菌株	赖氨酸	鸟氨酸	精氨酸
阴性对照菌株	产气肠杆菌	阴沟肠杆菌	阴沟肠杆菌
阳性对照菌株	阴沟肠杆菌	克雷伯氏菌属	产气肠杆菌

3. 靛基质（吲哚）试验

（1）原理。某些细菌，如大肠埃希氏菌，能分解蛋白胨中的色氨酸，产生靛基质（吲哚），靛基质与对二甲氨基苯甲醛结合，形成红色化合物。

（2）方法。将被检细菌接种到胰蛋白胨水培养基中，37℃培养24～48 h后，滴加数滴试剂于培养基液面，轻轻摇动，观察结果。

（3）结果。出现红色为阳性反应，出现黄色为阴性反应。阳性对照菌是大肠埃希氏菌，阴性对照菌是产气肠杆菌。

4. 硫化氢试验

（1）原理。某些细菌能分解含硫的氨基酸（胱氨酸、半胱氨酸等），产生硫化氢，硫化氢与培养基中的铅盐或铁盐反应，形成黑色沉淀硫化铅或硫化铁。

（2）方法。将被检细菌以接种针穿刺接种于醋酸铅或双糖铁的培养基中，37℃培养24 h，观察结果。

（3）结果。有黑色出现者为阳性。

（4）说明。在硫化氢试验的培养基中加入硫代硫酸钠的作用是还原作用，以保持培养基处于还原状态，使产生的硫化氢不被氧化。

5. 尿素酶试验

（1）原理。某些细菌具有尿素酶，如变形杆菌，在含有尿素的培养基中，能分解尿素产生氨，使培养基呈碱性，此时培养基中的酚红指示剂显红色。

（2）方法。将被检细菌接种到尿素固体斜面培养基上，37℃培养4 h检查一次，再每天检查一次，培养5天，观察结果。

（3）结果。出现红色者为阳性。阳性对照菌是变形杆菌，阴性对照菌是大肠埃希氏菌。

三、枸橼酸盐利用试验

1. 原理

枸橼酸盐培养基是一种综合性培养基，其中枸橼酸盐钠为碳的唯一来源，而磷酸二氢铵是氮的唯一来源。有的细菌如产气肠杆菌，能利用枸橼酸钠为碳源，因此能在枸橼酸盐培养基上生长，并且能分解枸橼酸盐，最后产生碳酸盐，使培养基变为碱性。此时培养基中的溴麝香草酚蓝指示剂由绿色变为深蓝色。不能利用枸橼酸盐为碳源的细菌在该培养基上不生长，培养基不变色。

2. 方法

将被检细菌的菌悬液接种到枸橼酸盐培养基上，37℃培养24 h后，观察结果。

3. 结果

培养基上有菌生长，培养基变为深蓝色者为阳性。若培养基不变色，则继续培养7天，培养基仍不变色者为阴性。阳性对照菌是产气肠杆菌，阴性对照菌是大肠杆菌。

四、呼吸酶类试验

1. 氧化酶试验

（1）原理。某些细菌，如奈瑟氏菌和铜绿假单胞菌，具有氧化酶，能将二甲基对苯二胺或四甲基对苯二胺试剂氧化成红色的醌类化合物。

（2）方法。取白色洁净滤纸蘸取待测菌落，加盐酸二甲基对苯二胺溶液1滴，阳性者呈现粉红色，并逐渐加深。Ewing（尤因）氏改进法，再加 α-萘酚溶液1滴，阳性者于0.5 min 内呈现鲜蓝色，阴性者于2 min 内不变色。

（3）结果。若为氧化酶阳性细菌，立即出现红色，并且以后颜色逐渐加深，由淡紫色到深紫色。阳性对照菌是绿脓杆菌，阴性对照菌是大肠杆菌。

> **相关链接**
>
> 1%盐酸二甲基对苯二胺溶液要避免接触含铁物质，因遇铁时试验会出现假阳性反应。此试剂应少量新鲜配制，于冰箱内避光保存，也可购置氧化酶试纸条。

2. 触酶活力试验

（1）原理。具有触酶的细菌能催化过氧化氢分解，放出新生态氧，继而形成氧分子，出现气泡。

（2）方法。取3%过氧化氢0.5 mL，滴加到不含血液的被检细菌琼脂培养物上，或滴加到不含血液的肉汤培养物中，观察结果。

（3）结果。培养物出现气泡者为阳性。

（4）说明

1）试验应用的过氧化氢浓度不宜过高，如应用30%的过氧化氢，则产生气泡出现假阳性。

2）培养物不应含有血液，因为血液中含有触酶，容易出现假阳性。

3. 硝酸盐还原试验

（1）原理。某些细菌能将培养基中的硝酸盐还原为亚硝酸盐，亚硝酸盐与醋酸作用生成亚硝酸，亚硝酸与试剂中的对氨基苯磺酸作用生成重氮苯磺酸，再与 α-萘胺结合，生成 N-α-萘胺偶氮苯磺酸（红色）。

（2）方法。将被检细菌接种于硝酸盐培养基中，37℃培养 1~4 天，每天吸取培养物 2 mL，加甲液（对氨基苯磺酸 0.8 g，5 mol/L 醋酸 100 mL）和乙液（α-萘胺 0.5 g，5 mol/L 醋酸 100 mL）各数滴，观察结果。

（3）结果。出现红色者为阳性。

（4）说明

1）试验时，同时以未接种细菌的培养基做对照。因为亚硝酸盐在自然界分布很广，容易污染试剂。另外，硝酸盐不纯或保管不妥也可能含有亚硝酸盐。

2）繁殖迅速且还原硝酸盐能力强的细菌，如果培养时间过久，可能将亚硝酸盐全部分解成为氨和氮，这样可出现假阴性反应，故需每天进行试验。

五、毒性酶类试验

1. 溶血试验

（1）原理。某些细菌在代谢过程中，产生溶血素，能使人或动物的红细胞发生溶解，可借此来鉴别细菌。

（2）方法

1）平板法。将被检细菌接种到血液琼脂平板培养基上，37℃培养 24 h，观察结果。若菌落周围出现透明的溶血环，为完全溶血。菌落周围出现绿色的溶血环，为不完全溶血。若菌落周围无溶血环，为不溶血。

2）试管法。取被检细菌 16~18 h 肉汤培养物若干，加等量经生理盐水洗涤三次的 2% 的羊红细胞悬液，置于 37℃水浴箱中，30 min 后观察结果。若出现溶血（液体澄清透明）者，为阳性。

2. 链激酶试验

（1）原理。A 群链球菌在代谢过程中，产生链激酶，该酶能激活血液中的纤维蛋白酶原为溶纤维蛋白酶，促使纤维蛋白凝块溶解，借此用以测定链球菌的致病性，具有一定的意义。

（2）方法。取血浆 0.2 mL，放入灭菌小试管中，加无菌生理盐水 0.8 mL，再加被检细菌 18~24 h 肉汤培养物 0.5 mL，充分混匀后，再加入 0.25% 的氯化钙水溶液 0.25 mL，置于 37℃水浴箱中，10 min 内血浆即先凝固，而后又开始溶解，溶解的时间与链激酶含量成正比。链激酶含量多时，20 min 内凝固的血浆完全溶解。如无变化，应在水浴中持续 2 h、24 h，分别观察结果。血浆凝块完全溶解者为阳性。24 h 血凝块仍不溶解者为阴性。

3. 血浆凝固酶试验

（1）原理。某些细菌能产生血浆凝固酶，如金黄色葡萄球菌。血浆凝固酶有两种，一种是结合在细菌细胞壁上，遇到血浆，直接作用于血浆中的纤维蛋白原，使细菌凝成颗粒状。玻片法测定血浆凝固酶试验，阳性者是此酶形成。另一种血浆凝固酶，是分泌到细菌细胞外，称为游离血浆凝固酶。它能使血浆中的纤维蛋白原变为纤维蛋白。试管法测定血浆凝固酶试验，阳性者是由此酶形成的。

（2）方法

1）玻片法。此法简便、快速。取生理盐水2滴，分别滴于载玻片上。以接种环挑取被检细菌菌落，放在2滴生理盐水中，研磨成浓的细菌悬液。在1滴细菌悬液中，加1滴未稀释的血浆，另1滴细菌悬液中加1滴生理盐水（对照），迅速摇动，观察结果。

若在加血浆的1滴中迅速出现凝固颗粒，在加生理盐水对照的1滴中未出现凝固颗粒，为阳性。若超过2 min才开始出现凝固颗粒者不作为阳性（多为非致病性）。

2）试管法。取小试管3支，每支加1∶4稀释的新鲜血浆0.5 mL。其中1支加被检细菌生理盐水悬液或肉汤培养物0.5 mL，另1支加阳性菌株生理盐水悬液或肉汤培养物0.5 mL作阳性对照，再1支加生理盐水或肉汤培养液0.5 mL作阴性对照。将3支试管置于37℃水浴箱中，每隔30 min观察一次结果。在6 h内，若试验管和阳性对照管出现凝固，阴性对照管不出现凝固，为阳性。多数阳性细菌，在0.5~1 h内发生凝固，极少数阳性细菌，须在24 h后才发生凝固，说明凝固力较弱。

六、嗜盐试验

1. 原理

某些细菌，如肠杆菌科的细菌，在高于3%的氯化钠培养基上不生长或生长不好，但能在无盐培养基上生长，称为非嗜盐菌。某些细菌，如副溶血性弧菌，能在3%~6%氯化钠培养基上生长，但在无盐培养基上不生长，称为嗜盐菌。有的细菌，如葡萄球菌、铜绿假单胞菌等，在无盐和高盐培养基上均能生长，但长得不茂盛，称为耐盐菌。

2. 方法

取被检细菌，分别接种到一支无盐葡萄糖蛋白胨水培养基和一支5%~6%氯化钠葡萄糖蛋白胨水培养基中，37℃培养6~12 h，观察生长情况，培养物出现混浊生长为阳性。

第6节 菌种的保存

为了便于食品检验、培养基的质量控制以及细菌种类或型别的鉴定,实验室可保存一些必要的菌株。实验室保存细菌菌株必须符合国家颁布的实验室生物安全条例的要求。

一、普通营养琼脂培养基保存法

将细菌的普通琼脂斜面培养物放于4℃冰箱或室温（10~16℃）阴暗处保存。用这种方法只可保存数天,久之菌种容易变异甚至死亡,一般只作暂时保存用。

二、半固体培养基穿刺保存法

用穿刺接种法将细菌培养物接种于半固体培养基内,37℃培养18~24 h后,加一层厚度约为1 cm的无菌液状石蜡,置于室温中保存。肠道杆菌及葡萄球菌等,用这种方法一般可保存3~6个月。传代移种时,将半固体菌种管倾斜,使液状石蜡流至一边,再取少量菌苔移种于新的培养基。将蘸有少量液状石蜡的接种环浸于95%酒精中片刻,再烧灼灭菌,以免直接在酒精灯下烧灼时,液状石蜡四溅,引起污染。

三、冷冻干燥保存法

冷冻干燥法是指将要保存的微生物样品先经低温预冻,然后在低温状态下进行减压干燥。此法保存菌种的时间长,如沙门氏菌等肠杆菌科的菌种能保存20年之久。

第7节 细菌的微量鉴定系统和自动化快速检测技术

以往对细菌的鉴定,主要是根据其形态、染色和生化特征,进行手工鉴定。自20世纪70年代后,随着光电、色谱等技术的发展和计算机的广泛应用,对细菌检验的自动化已成为现实。近年来,出现了许多半自动或全自动的细菌鉴定、药敏分析系统以及微量生化反应系统，在细菌快速鉴定和药敏分析方面取得了较大的进展。

一、API（细菌数值分类分析）鉴定系统

1. 工作原理

API 鉴定系统的原理是在传统应用的碳水化合物的代谢试验、氨基酸和蛋白质的代谢试验、碳源和氮源利用试验、酶类试验、抑菌试验及其他试验中精选 10、20 或 50 种试验，固定成不同鉴定方向的 15 种鉴定系统，利用"数字组合鉴定技术"与数据库，接种孵育 4~24 h 后辅助操作者获取菌种鉴定结果。

2. 基本结构

API 鉴定系统包括独立包装的试条、配套上盖和带蜂窝凹槽的载盒。不同鉴定目标菌的试条具备不同的试验组合和相应附加试剂与培养基。

3. 操作要点

须严格按照产品说明书所示的操作要求及注意事项进行操作，以确保鉴定试条稳定的质量性能。

4. 功能与特点

API 将多种生化及代谢试验和数据库相结合，按照自身要求及基础预区分试验，选择相应试条、操作标准和流程化，鉴定性能具有良好重复性。

二、全自动微生物定量分析系统（TEMPO）

1. 工作原理

依据 MPN（最可能数）方法，以 16 管的形式改良成一个单独封闭包装的检测卡片，内含不同大小反应孔；将检测样本加入特定培养基中，填充入卡片内进行培养；仪器检测卡片每个反应孔的荧光；根据阳性孔数目（有荧光或无荧光），系统运用统计学的原理计算出原来样本中的微生物数量，最终的结果以 CFU/g（CFU 为菌落形成单位）报告。该系统是用于食品和乳制品中广泛微生物指标的全自动定量分析系统。

2. 基本结构

（1）真空填充器。将食品样本稀释液加入特定培养基瓶中，通过弯塑料管与测试卡片进样孔相连接，经抽真空、放气后形成负压，使稀释液充入试卡中，并通过热刀将卡片封口。

（2）读数器。检测卡片每个反应孔的荧光反应，每 7 s 判读一张卡片，并将判读结果传给软件，软件将 MPN 结果转化为 CFU/g 报告。

（3）中央处理器。图形用户界面的 Windows（视窗）操作系统，分为准备工作站及读

数工作站两部分，通过无线网络相互连接。

（4）无线联网系统。WIFI（无线网络）连接准备和读数部分，使两部分可以放在不同的房间。

（5）试卡种类。系统对所有食品等标本的卫生指标定量分析包括：细菌总数（AC）、大肠埃希氏菌（EC）、大肠菌群（TC/CC）、凝固的阴性葡萄球菌（STA）、肠杆菌科（EB）、乳酸杆菌（LAB）、酵母/霉菌（Y&M）、蜡样芽孢杆菌（BC）。

3. 操作要点

（1）将待测食品样本和稀释液按1:9的比例进行稀释（视具体样本而定），并彻底混匀。

（2）根据试验要求，所取样本量应是0.1 mL（1:400稀释）或1 mL（1:40稀释）。需要1:400稀释时，培养基瓶中先加3.9 mL蒸馏水，然后加1:10稀释样本0.1 mL；需要1:40稀释时，培养基瓶中先加3 mL蒸馏水，然后加1:10稀释的样本1 mL。不管哪种稀释，培养基瓶以及试验卡片中的终样本量必须精确为4 mL。

（3）在样本准备站计算机用户界面，将扫描卡片上的条码输入待测样本编号，将待测样本号与培养基和TEMPO卡片号连接。

（4）将培养基瓶和卡片放进填充架，并小心将样本传输管插入瓶内，放入真空填充器中，充填卡片并封口。

（5）将卡片插入培养架，放在规定的温度下培养24 h或48 h。

（6）取出卡片培养架放入读数器内，在样本读数站计算机用户界面，进行判读。

（7）在样本读数站计算机用户界面，得到最终CFU/g报告，可进行报告打印。

4. 功能和特点

（1）与传统方法比较，TEMPO能节省30%~80%的操作时间（根据一些初步的数据）。

（2）24 h快速报告（Y&M为48 h）。

（3）高度自动化让TEMPO提升了结果的重复性。

三、全自动致病菌快速筛选仪

1. 工作原理

仪器使用ELFA（酶联荧光技术），待检抗原（细菌、蛋白）由包被针上（固相）的抗体结合，继而与酶标记的二抗反应产生免疫夹心，酶跟底物反应产生的荧光与标本中抗原的含量成正比，得出定性/定量结果。

仪器使用免疫浓缩技术，待检致病菌在食物/环境样本中由包被针上（固相）的抗体捕获，经清洗后由特异性强的酶切割连接自标准致病菌的抗体，集中释放于试剂条的小孔内。

2. 基本结构

（1）主机。主机包括反应仓和孵育器（35～38℃）、发光二极管（450 nm 光入射）、内置处理器、内置屏幕及键盘、内置打印机、外置扫描仪，两个反应仓各含 6 个试验通道，可独立运作，也可分开启动。

（2）试卡种类。试卡种类包括李斯特菌属检测、快速李斯特菌属检测、单核细胞增生李斯特菌检测、单核细胞增生李斯特菌/李斯特菌检测、沙门氏菌检测、大肠埃希氏菌 O157：H7 检测、葡萄球菌肠毒素检测、弯曲菌检测、大肠埃希氏菌 O157：H7 免疫浓缩等。

3. 操作要点

（1）将待检样本无菌操作 25 g 加入 225 mL 培养液中进行培养（按不同检测项目相应的增菌流程进行前增菌、选择性增菌和后增菌）。

（2）培养后，取增菌培养液 1 mL，100℃下加热 15 min，其余增菌培养液 4℃保存，以备复查之用。

（3）选择要检测项目的相应试剂条，取经过加热的增菌培养液 500 μL 加入试条第一孔内，将试剂条插入反应仓的槽口内，按直接启动，仪器便开始检测。整个反应过程需要 45～120 min，视不同的项目而定。

（4）检测完毕仪器自动打印结果。

（5）阳性结果需用保存的肉汤接种平板进一步确认。

4. 功能和特点

（1）使用全自动致病菌快速筛选仪，可以快速筛选样品中存在的致病菌，提高检测的时效性。

（2）该系具有高灵敏度、高特异性。针对某些细菌，常规检测较困难，该系统提供了相对简便、标准的检测方法。

（3）该系可以对增菌肉汤进行免疫浓缩，有目的地富集目标菌，有效排除杂菌的干扰，提高检测的阳性率。

四、全自动细菌鉴定及药敏分析系统

1. 工作原理

该仪器采用光电比色法和细菌八进制数码鉴定相结合。根据细菌的理化性质不同，测定细菌分解底物产生的不同颜色变化，来判断反应的结果。在每张卡片上有 40 多项生化反应。由计算机控制读数器，每 15 min 对各反应孔底物进行读数，动态观察反应变化。一旦鉴定卡内的终点指示孔到达临界值，指示此卡已完成，系统将最后一次判读结果，将所得的生物数码与菌种资料库标准菌株的生物模型相比较，就得到相应的鉴定结果。

2. 基本结构

（1）真空填充仓。试管中的菌悬液用弯塑料管与测试卡片进样孔相连接，经抽真空、放气后形成负压，使菌液充入试卡中。

（2）载卡仓。通过热电丝，接种后的试卡可经此切割器将进样孔切断并封闭。随后仪器自动将测试卡装载进入孵育箱中。

（3）读数器/孵育箱。由计算机控制恒温孵箱，并带光电比色读数头。读数器采用 430 nm、560 nm、660 nm 三个波长。孵育箱一共可以装载 30 或 60 张卡片。

（4）中央处理系统。该部分作为仪器管理控制部分，进行资料的储存、系统状态信息及资料的登记。软件操作基于 Windows XP 操作界面。

（5）试卡种类。鉴定卡片包括革兰氏阴性菌、革兰氏阳性菌、芽孢杆菌、真菌、嗜血杆菌、奈瑟氏菌、弯曲菌、厌氧菌等。

3. 操作要点

（1）制备菌液。按不同测试卡的要求，通过麦氏比浊仪标准地配制不同浓度纯菌液。

（2）输入资料。扫描测试卡片条码信息，录入样本相关资料。

（3）菌液接种。将制备好的菌悬液放在架子上，插上卡片，放入真空填充仓，仪器通过负压将菌悬液充填入测试卡片中。

（4）卡片封口、装载。将已填充好菌悬液的测试卡连同架子一起放入装载仓内，仪器自动切割封口，并将卡片装载入孵育转盘中。

（5）自动打印报告。鉴定完毕后，仪器会自动打印鉴定结果（也可根据需要选择设置打印与否）。

4. 功能和特点

（1）鉴定功能。能快速鉴定革兰氏阴性菌、革兰氏阳性菌、芽孢杆菌、真菌、嗜血杆菌、奈瑟氏菌、弯曲菌、厌氧菌等。

（2）药敏功能。具有 20 多种药敏测试卡，能快速检测细菌药敏情况。

（3）采用动态分析原理，鉴定速度增快，平均鉴定时间为 2~6 h。

（4）高度自动化，减少人工操作可能出现的误差；庞大的数据库覆盖95% 常规菌株；数据可追踪。

职业技能鉴定要点

行为领域	鉴定范围	鉴定点	重要程度
理论准备	细菌的形态学检查法	细菌的形态与结构	★
		细菌形态学检查法	★★
	细菌的生理学	细菌的主要理化性状	★★
		细菌的代谢	★★★
	细菌的培养与分离技术	细菌培养的用途	★
		细菌培养所需的条件	★★★
		细菌培养法	★
	细菌的生物化学实验	糖类代谢试验	★★★
		枸橼酸盐利用试验	★
		蛋白质、氨基酸及含氮化物代谢试验	★★
		呼吸酶类试验	★
		毒性酶类试验	★★★
		嗜盐试验	★
	菌种的保存	普通营养琼脂培养基保存法	★
		半固体培养基穿刺保存法	★
		冷冻干燥保存法	★
技能训练	细菌的主要生物化学实验	糖（醇）类发酵试验	★★★
		血浆凝固酶试验	★★★

测　试　题

一、判断题（下列判断正确的请打"√"，错误的请打"×"）

1. 一般肥沃的土壤中，微生物的数量以细菌为最多。　　　　　　　　　　　（　　）
2. 同科细菌的化学组成不变。　　　　　　　　　　　　　　　　　　　　　（　　）
3. 糖发酵利用细菌分解糖能力的差异和分解产物的不同来鉴定细菌，是最常用的鉴定细菌的手段。　　　　　　　　　　　　　　　　　　　　　　　　　　　　　　（　　）
4. 脱羧酶试验中细菌利用氨基酸脱去羧基产生氨和二氧化碳，氨使 pH 值大于 7，此时指示剂显蓝色。　　　　　　　　　　　　　　　　　　　　　　　　　　　　（　　）
5. 用半固体培养基穿刺保存法保存菌种的时间没有普通营养琼脂培养基保存法时间长。　　　　　　　　　　　　　　　　　　　　　　　　　　　　　　　　　（　　）
6. 产气杆菌与大肠埃希氏菌均能分解葡萄糖与乳糖，产酸产气，需要做 V-P 试验来鉴别。   (   )

7. 细菌产生的毒素有内毒素和外毒素,均有强烈的毒性,尤以外毒素为甚。(   )

8. 最常用、最重要的细菌鉴别染色法是革兰氏染色。   (   )

9. 革兰氏染色的原理是利用不同细菌细胞壁化学组分不同。   (   )

10. 细菌的主要繁殖方式是二分裂繁殖。细菌在不同生长条件下,形态可能有变化。
                                                                   (   )

11. 革兰氏染色方法的关键步骤是酒精脱色。   (   )

12. 大多数食物中毒是由微生物引起的。   (   )

13. 革兰氏阴性细菌的细胞壁包括内壁层和外壁层,因此这类细菌的细胞壁通常比革兰氏阳性细菌的细胞壁来得厚。   (   )

14. 只有某些种类的细菌才能在一定的条件下形成芽孢,细菌的芽孢和霉菌的孢子都是繁殖体。   (   )

15. 任何微生物培养基中均需含有碳源、氮源、无机盐、生长因子、水分五种营养物质。   (   )

二、简答题

1. 普通光学显微镜使用后应怎样处理和维护?
2. 实验室人工培养细菌所需的条件有哪些?
3. 简单描述双（三）糖发酵试验情况。
4. 简述血浆凝固酶试验。
5. 细菌常用的接种方法有哪几种?
6. 三糖铁试验主要是测定细菌对什么的生化反应?

三、思考题

细菌的各类生化试验和它们特有的生长过程中的代谢产物密切相关,请对本书中讲述的两者之间的关系进行汇总。

测试题答案

一、判断题

1. √ 2. × 3. √ 4. √ 5. × 6. × 7. √ 8. √ 9. √ 10. √ 11. √ 12. √
13. × 14. √ 15. ×

二、简答题

1. 普通光学显微镜使用后的维护应注意以下几点:

（1）上升镜筒，取下载玻片，油镜镜头用擦镜纸蘸少许二甲苯溶解香柏油，并用擦镜纸擦净；还原各部位，反光镜垂直，物镜成"八"字形下旋，聚光镜下降。

（2）搬动时一手托镜座，一手握镜臂。

（3）置于干燥处，遮盖，避光，远离热源。

2. 实验室人工培养细菌所需的条件有：

（1）培养基。由适合于细菌需要的各种营养基质配制而成，可供细菌在其中生长繁殖。

（2）合适的酸碱度。大多数病原菌最适宜生长繁殖的酸碱度在 pH 值 7.2～7.6 之间。

（3）适宜的温度。一般细菌在 15～40℃范围内都能生长，但多数病原菌的最适温度为 37℃。

（4）一定的湿度。干燥对细菌生长不利。

（5）必要的气体环境。

3. 双糖（或三糖）高层斜面发酵管培养基含有葡萄糖和乳糖（或再加蔗糖），这两种糖（或三种糖）混在一起，制成高层斜面，其中葡萄糖和乳糖（或蔗糖）的比例为 1:10，若被检细菌只发酵葡萄糖而不发酵乳糖和蔗糖，则在高层产酸，指示剂呈酸色反应。斜面葡萄糖量少，发酵后产生的酸少，且易被氧化以及产生氨，呈弱碱性，指示剂显碱色反应。若被检细菌分解乳糖或蔗糖，则产酸量多，底层和斜面都是酸性，指示剂均呈酸色反应。若在此种培养基中加入铁盐如硫酸亚铁等，还可观察细菌产生硫化氢的情况。

4. 某些细菌如金黄色葡萄球菌，产生血浆凝固酶。将分泌到细菌细胞外的，称为游离血浆凝固酶。它能使血浆中的纤维蛋白原变为纤维蛋白。试管法血浆凝固酶试验，阳性者是由此酶形成的。其对鉴别金黄色葡萄球菌非常重要。试验取小试管 3 支，一支为试验管，另两支分别为阳性及阴性对照管。将 3 支试管置于 37℃水浴箱中，每隔 30 min 观察一次结果。在 6 h 内，若试验管和阳性对照管出现凝固，阴性对照管不出现凝固，为阳性。多数阳性细菌在 0.5～1 h 内发生凝固，极少数阳性细菌须在 24 h 后才发生凝固，说明凝固力较弱。

5. 检验细菌常用的接种方法有：斜面接种、液体接种、固体接种、穿刺接种。

6. 通过三糖铁发酵试验可以测定细菌的生化反应有：葡萄糖、蔗糖、乳糖的利用情况，硫化氢、产气的反应现象。

三、思考题

答案略。

第 9 章

沙门氏菌检验

第 1 节　生物学特性　　　　　　　/175
第 2 节　检验原理和实验材料　　　/177
第 3 节　操作步骤　　　　　　　　/178

引 导 语

沙门氏菌属是一类分布广泛、血清型较多、抗原复杂的肠道病原菌，主要通过污染食品和水源，经口感染而侵入肠道，然后继续繁殖，并释放大量毒素，引起急性肠胃炎。在世界各地的食物中毒事件中，沙门氏菌食物中毒常占首位或第二位，因此，对食品中的沙门氏菌检验尤为重要。

本章介绍了沙门氏菌的主要生物学特性和检验原理，同时以国标检验方法（GB 4789.4）为依据，详细描述了食品中沙门氏菌的检验方法，包括实验材料、操作步骤及检验结果的判定，力求做到理论知识与检验技术相互渗透融合、总体检测方法与国际接轨。在检验关键点加入了具体操作要求，使检验方法更具可操作性和实用性。

学 习 要 点

● **熟悉**
沙门氏菌的生物学特性

● **掌握**
沙门氏菌检验所需的实验材料、检验结果的出具和检验注意事项

● **熟练掌握**
沙门氏菌的检验原理和操作步骤

第1节 生物学特性

沙门氏菌属广泛分布于自然界，通常寄居于人或动物肠道内。沙门氏菌属是肠杆菌科中最复杂的菌属。按考夫曼（Kauffman White）的分类标准，有2 200种以上的血清型。目前公认的分类方法是将沙门氏菌属分为6个亚属，其中亚属Ⅲ在20世纪60年代以前属于肠杆菌科的亚利桑那菌属。由于亚利桑那菌属和沙门氏菌属的生化特性、血清学和致病力很相似，所以国际沙门氏菌中心和《伯杰氏系统细菌学手册（第8版）》将亚利桑那菌属和沙门氏菌属合并，并将亚利桑那菌属作为沙门氏菌属的亚属Ⅲ。由于这些历史的原因，亚属Ⅲ习惯上也叫亚利桑那菌。

一、形态与染色

沙门氏菌是革兰氏阴性杆菌，较细长，无芽孢，无荚膜，大多具有周鞭毛，能运动，有时会出现无动力的突变型，如鸡沙门氏菌和雏沙门氏菌。

二、培养特性

需氧或兼性厌氧，最适生长温度为35~37℃，最适pH值为6.8~7.8，营养要求不高，在营养琼脂（牛肉膏蛋白胨固体培养基）上就能生长，培养24 h形成的菌落为中等大小，直径为2~3 mm，圆形。光滑型菌落的表面光滑湿润，无色半透明，边缘整齐；粗糙型菌落的边缘不整齐，表面干燥。在液体培养基中呈均匀混浊生长。

三、生化特性

沙门氏菌的生化特性很复杂，这里只列举与检验有关的重要生化特性及与埃希氏菌属的区别，见表9—1。

表9—1　　沙门氏菌属的重要生化特性及与埃希氏菌属的区别

项目	沙门氏菌属 （亚属Ⅰ，Ⅱ，Ⅳ，Ⅴ，Ⅵ）	亚利桑那菌 （亚属Ⅲ）	埃希氏菌属
硫化氢	+91.6%	+98.7%	-100%
乳　糖	-0.8%	d 61.3%	+90.8%

项目	沙门氏菌属 （亚属Ⅰ，Ⅱ，Ⅳ，Ⅴ，Ⅵ）	亚利桑那菌 （亚属Ⅲ）	埃希氏菌属
蔗 糖	−0.5%	−4.7%	d 48.9%
水杨苷	−0.8%	−4.7%	d 40.0%

注：表中数字为阳性百分率，"+"表示阳性，"−"表示阴性；"d"表示有不同的生化反应

四、抗原构造与分类

沙门氏菌的抗原主要有：菌体抗原（O抗原）、鞭毛抗原（H抗原）、表面抗原（Vi抗原等）。

1. 菌体抗原（O抗原）

存在于细胞壁最外层，其化学成分主要是多糖–类脂–蛋白质复合物。多糖部分决定O抗原的特异性，加热至100℃经2.5 h不能被破坏，也不能被乙醇及0.1%石炭酸破坏。O抗原有许多不同的组成部分，用阿拉伯数字1，2，3，4，……，67表示，现已排到67位，但实际只有58种。

每种菌常含有几种O抗原，有的是一种菌所特有的O抗原，有的是几种菌所共有的。将含有共同O抗原的沙门氏菌归为一群或一组，这样可将沙门氏菌分为不同的群或组，用大写英文字母A，B，C，……，Z表示。Z以后的用O加下角阿拉伯数字表示，如O_{51}～O_{63}，O_{65}～O_{67}组。引起人类疾病的沙门氏菌主要是在A，B，C，D，E，F群中，且95%以上的沙门氏菌也在这6个群中。

2. 鞭毛抗原（H抗原）

存在于鞭毛上，化学成分为蛋白质，其特异性主要由蛋白质多肽链上氨基酸的排列顺序和空间构型决定。H抗原不耐热，于60℃经15 min或乙醇处理后即被破坏。沙门氏菌的H抗原有两种，分别为第一相（特异相）和第二相（非特异相）。第一相中的不同H抗原用小写字母a，b，c，……，z，z_1，z_2，……，z_{55}表示。第二相中不同的H抗原用阿拉伯数字1，2，3，……表示，但少数也有用英文字母表示的，如l和w。绝大多数沙门氏菌有两相H抗原，少数沙门氏菌只有一相，具有两相H抗原的沙门氏菌称双相菌，只有一相H抗原的沙门氏菌称单相菌。每群（组）沙门氏菌根据H抗原不同分成不同菌型。

3. 表面抗原（Vi抗原等）

（1）Vi抗原（毒力抗原）。只有极少数沙门氏菌含有Vi抗原，如伤寒沙门氏菌、丙型副伤寒沙门氏菌、都柏林沙门氏菌。Vi抗原的化学成分主要是糖脂，位于菌体表面。Vi抗原不耐热，在60℃经30 min或100℃经5 min即可破坏。Vi抗原可阻止O抗原与O抗体

的特异性凝集反应，但 Vi 抗原破坏后，O 抗体仍可和相应的 O 抗原凝集。

（2）M 抗原（黏液抗原）。不能用于血清分型，同样可以用加热的方法破坏。

五、变异性

1. S-R 变异（光滑型 – 粗糙型变异）

自标本中初次分离的菌株，一般都是光滑型，经长期人工传代培养，逐渐变成粗糙型。此时，菌体表面的特异多糖抗原丧失，在盐水中自凝。

2. H-O 变异（有动力 – 无动力变异）

H-O 变异是指有鞭毛的细菌失去鞭毛的变异。

3. 位相变异

具有双相 H 抗原的沙门氏菌变成只有其中某一相 H 抗原的单相菌，称为位相变异。在沙门氏菌血清学分型时，如遇到单相菌，特别是只有第二相抗原时，需反复分离和诱导出第一相抗原方可作出鉴定。

4. V-W 变异（Vi 抗原的变异）

V – W 变异是指沙门氏菌失去 Vi 抗原的变异。

六、抵抗力

沙门氏菌对热及外界环境的抵抗力属于中等，在 60℃经 20～30 min 即被杀死；在普通水中虽不易繁殖，但可存活 2～3 周；在自然环境的粪便中可生存 1～2 个月；在冰箱中可生存 3～4 个月；在 –5℃可存活 10 个月左右；在干燥的垫草中可存活 8～20 周。当水煮或油炸大块鱼、肉、香肠、肉饼时，若食品内部温度不足以杀死细菌，就会有细菌残留。沙门氏菌对化学药品的抵抗力较弱，如用 5% 苯酚处理，5 min 即可杀死；胆盐、煌绿、孔雀绿等对本属细菌的抑制作用较大，对肠杆菌的抑制作用弱，常可用以制备选择性培养基。沙门氏菌属细菌对氯霉素敏感。

第 2 节　检验原理和实验材料

一、检验原理

食品中沙门氏菌的含量较少，且常由于食品加工过程使其受到损伤而处于濒死的状态。故为了分离食品中的沙门氏菌，对某些加工食品必须经过前增菌处理，即用无选择性的培养基使处于濒死状态的沙门氏菌恢复活力，再进行选择性增菌，使沙门氏菌得以增殖而大多数的其他细菌受到抑制。

沙门氏菌属细菌不发酵侧金盏花醇、乳糖及蔗糖，不液化明胶，不产生靛基质，不分解尿素，能有规律地发酵葡萄糖并产生气体。由于不发酵乳糖，其能在各种选择性培养基上生成特殊形态的菌落。大肠杆菌由于发酵乳糖产酸而出现与沙门氏菌形态特征不同的菌落，如在XLD（木糖赖氨酸脱氧胆盐）琼脂平板上大肠杆菌产酸使酚红指示剂变黄，菌落呈黄色，借此可把沙门氏菌同大肠杆菌相区别。由于沙门氏菌属的生化特征，借助于三糖铁、靛基质、尿素、氰化钾、赖氨酸脱羧酶等试验可与肠道其他菌属相鉴别。

本菌属的所有菌种均有特殊的抗原结构，借此可以把它们分辨出来。

二、培养基与试剂

培养基与试剂包括缓冲蛋白胨水（BPW）、四硫黄酸钠煌绿（TTB）增菌液、亚硒酸盐胱氨酸（SC）增菌液、亚硫酸铋（BS）琼脂、HE（Hektoen，赫克通）琼脂、木糖赖氨酸脱氧胆盐（XLD）琼脂、沙门氏菌显色培养基、三糖铁（TSI）琼脂、蛋白胨水、靛基质试剂、尿素琼脂（pH7.2）、氰化钾（KCN）培养基、赖氨酸脱羧酶试验培养基、糖发酵管、邻硝基苯 $-\beta$-D 半乳糖苷（ONPG）培养基、半固体琼脂培养基、丙二酸钠培养基、沙门氏菌诊断血清、生化鉴定试剂盒。

三、设备和材料

除微生物实验室常规灭菌及培养设备外，其他设备和材料如下：

冰箱（2~5℃），恒温培养箱（36℃±1℃，42℃±1℃）、均质器，振荡器，电子天平（感量0.1 g），无菌锥形瓶（500 mL，250 mL），无菌吸管（1 mL，10 mL，分别具有0.01 mL，0.1 mL刻度）或微量移液器及吸头，无菌培养皿（直径90 mm），无菌试管（3 mm×50 mm，10 mm×75 mm），无菌毛细管，pH计或pH比色管或精密pH试纸，全自动微生物生化鉴定系统。

第3节 操 作 步 骤

沙门氏菌的检验有五个基本步骤：前增菌、增菌、分离、生化试验和血清学鉴定，具体操作步骤如图9—1所示。

沙门氏菌检验

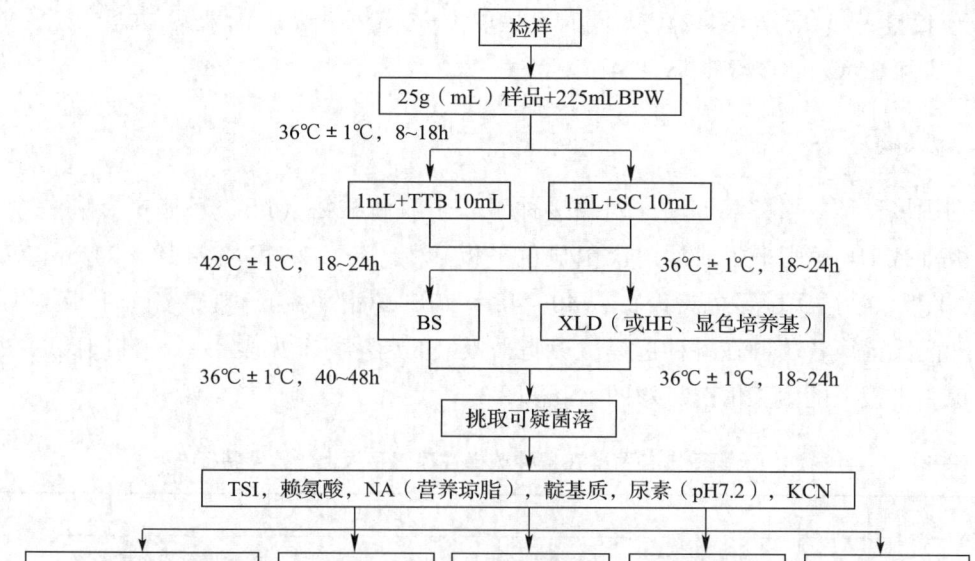

图9—1 沙门氏菌检验的操作步骤

一、前增菌和增菌

1. 前增菌

称取检样25g（mL），放入盛有225 mL 缓冲蛋白胨水（BPW）的无菌均质杯中。固体食品可先用均质器以8 000～10 000 r/min的速度打碎1 min，或置于盛有225 mL 缓冲蛋白胨水（BPW）的无菌均质袋中，用拍击式均质器拍打1～2 min。若样品为液态，不需要均质，振荡混匀。如需测定 pH 值，用1 mol/mL 无菌 NaOH 或 HCl 调 pH 至6.8±0.2。无菌操作将样品转至500 mL 锥形瓶中，如使用均质袋，可直接进行培养，于36℃±1℃培养8～18 h。如为冷冻产品，应在45℃以下不超过15 min，或2～5℃不超过18 h 解冻。

2. 增菌

轻轻摇动增菌培养物，移取1 mL 培养物转种于10 mL 四硫黄酸钠煌绿（TTB）增菌液中，于42℃±1℃培养18～24 h。同时，另取1 mL转种于10 mL亚硒酸盐胱氨酸（SC）增菌液中，于36℃±1℃培养18～24 h。

二、分离培养

分别用接种环取增菌液1环，划线接种于一个亚硫酸铋（BS）琼脂平板和一个XLD琼脂平板（或HE琼脂平板或沙门氏菌显色平板）。于36℃±1℃培养18～24 h（XLD平板、HE平板、沙门氏菌显色夹板）或40～48 h（BS琼脂平板），观察各个平板上生长的菌落。沙门氏菌属各菌群在各种选择性琼脂平板上的菌落特征见表9—2，沙门氏菌在部分选择性琼脂平板上的生长情况见彩图1～彩图3。

表9—2　　沙门氏菌亚属各菌群在各种选择性琼脂平板上的菌落特征

选择性琼脂平板	沙门氏菌
BS琼脂	菌落为黑色有金属光泽、棕褐色或灰色，菌落周围培养基可呈黑色或棕色；有些菌株形成灰绿色的菌落，周围培养基不变
HE琼脂	蓝绿色或蓝色，多数菌落中心黑色或几乎全黑色；有些菌株为黄色，中心黑色或几乎全黑色
XLD琼脂	菌落呈粉红色，带或不带黑色中心，有些菌株可呈现大的带光泽的黑色中心，或呈现全部黑色的菌落；有些菌株为黄色菌落，带或不带黑色中心
沙门氏菌显色培养基	按照显色培养基的说明进行判定

三、生化试验

1. 初步鉴定

自选择性琼脂平板上分别挑取2个以上典型或可疑菌落，接种三糖铁琼脂，先在斜面划线，再于底层穿刺；接种针不要灭菌，直接接种赖氨酸脱羧酶试验培养基和营养琼脂平板，于36℃±1℃培养18～24 h，必要时可延长至48 h。在三糖铁琼脂和赖氨酸脱羧酶试验培养基内，沙门氏菌的反应结果见表9—3。

表9—3　　沙门氏菌在三糖铁琼脂和赖氨酸脱羧酶试验培养基内的反应结果

三糖铁琼脂				赖氨酸脱羧酶试验培养基	初步判断
斜面	底层	产气	硫化氢		
K	A	+（-）	+（-）	+	可疑沙门氏菌属
K	A	+（-）	+（-）	-	可疑沙门氏菌属

续表

三糖铁琼脂				赖氨酸脱羧酶试验培养基	初步判断
斜面	底层	产气	硫化氢		
A	A	+（-）	+（-）	+	可疑沙门氏菌属
A	A	+/-	+/-	-	非沙门氏菌
K	K	+/-	+/-	+/-	非沙门氏菌

注：K：产碱，A：产酸；+：阳性，-：阴性；+（-）：多数阳性，少数阴性；+/-：阳性或阴性。

2. 生化实验

接种三糖铁琼脂和赖氨酸脱羧酶试验培养基的同时，可直接接种蛋白胨水（供做靛基质试验）、尿素琼脂（pH7.2）、氰化钾（KCN）培养基，也可在初步判断结果后从营养琼脂平板上挑取可疑菌落接种。于36℃±1℃培养18~24 h，必要时可延长至48 h，按表9—4判定结果。将已挑菌落的平板储存于2~5℃或室温至少保留24 h，以备必要时复查。

表9—4 沙门氏菌属生化反应初步鉴别表1

反应序号	硫化氢（H₂S）	靛基质	尿素琼脂（pH7.2）	氰化钾（KCN）	赖氨酸脱羧酶
A1	+	-	-	-	+
A2	+	+	-	-	+
A3	-	-	-	-	+/-

注：+表示阳性，-表示阴性；±表示阳性或阴性。

（1）反应序号 A1。典型反应判定为沙门氏菌属。如尿素、氰化钾和赖氨酸脱羧酶3项中有1项异常，按表9—5可判定为沙门氏菌。如有2项异常为非沙门氏菌。

表9—5 沙门氏菌属生化反应初步鉴别表2

尿素（pH7.2）	氰化钾（KCN）	赖氨酸脱羧酶	判定结果
-	-	-	甲型副伤寒沙门氏菌（要求血清学鉴定结果）
-	+	+	沙门氏菌亚属Ⅳ或Ⅴ（要求符合本群生化特性）
+	-	+	沙门氏菌个别变体（要求血清学鉴定结果）

注：+表示阳性，-表示阴性。

（2）反应序号 A2。补做甘露醇和山梨醇试验。沙门氏菌靛基质阳性变体两项试验结果均为阳性，但需要结合血清学鉴定结果进行判定。

（3）反应序号 A3。补做 ONPG，ONPG 阴性为沙门氏菌，同时赖氨酸脱羧酶阳性，但甲型副伤寒沙门氏菌为赖氨酸脱羧酶阴性。

（4）必要时按表9—6进行沙门氏菌生化反应群的鉴别。

表9—6　　　　　　　　　沙门氏菌属各生化反应群的鉴别

项　目	Ⅰ	Ⅱ	Ⅲ	Ⅳ	Ⅴ	Ⅵ
卫矛醇	+	+	-	-	+	-
山梨醇	+	+	+	+	+	-
水杨苷	-	-	-	+	-	-
ONPG	-	-	+	-	-	-
丙二酸盐	-	+	+	-	-	-
KCN	-	-	-	+	+	-

注：+表示阳性，-表示阴性

3. 系统自动鉴定方法

可根据初步鉴定结果，从营养琼脂平板上挑取可疑菌落，用生理盐水制备成浊度适当的菌悬液，使用商业化生化鉴定试剂盒或全自动微生物鉴定系统进行鉴定。

四、A – F 多价诊断血清凝集试验

当涂片染色和生化反应都疑为沙门氏菌时，应用沙门氏菌属 A – F 群多价 O 诊断血清进行凝集试验，同时用生理盐水作对照。

1. 抗原的准备

一般采用1.2%～1.5%琼脂培养物作为玻片凝集试验用的抗原。

O 血清不凝集时，将菌株接种在琼脂量较高的（如2%～3%）培养基上再检查，如果是由于 Vi 抗原的存在而阻止了 O 凝集反应，可挑取菌苔于1 mL 生理盐水中做成浓菌液，于酒精灯火焰上煮沸后再检查。H 抗原发育不良时，将菌株接种在0.55%～0.65%半固体琼脂平板的中央，在菌落蔓延生长时，在其边缘部分取菌检查；或将菌株通过装有0.3%～0.4%半固体琼脂的小玻管1～2次，自远端取菌培养后再检查。

2. 多价菌体抗原（O）鉴定

在玻片上划出两个约1 cm×2 cm 的区域，挑取1 环待测菌，各放1/2 环于玻片上的每一区域上部，在其中一个区域下部加1滴多价菌体（O）抗血清，在另一区域下部加入一滴生理盐水，作为对照。再用无菌的接种环或针分别将两个区域内的菌落研成乳状液。将玻片倾斜，摇动混合1 min，并对着黑暗背景进行观察，任何程度的凝集现象皆为阳性反应。

3. 多价鞭毛抗原（H）鉴定

鞭毛抗原鉴定方法与菌体抗原鉴定类同。

五、结果与报告

综合以上生化试验和血清学鉴定的结果,报告 25 g(mL)样品中检出或未检出沙门氏菌。

六、注意事项

即使某些细菌在三糖铁和赖氨酸脱羧酶试验培养基上的反应结果符合沙门氏菌的生化特性,又与沙门氏菌因子血清发生了凝集反应,若不做进一步的生化试验,也不能判定为沙门氏菌。因为肠杆菌科的某些细菌,如柠檬酸杆菌属,可以和沙门氏菌因子血清发生凝集反应即非特异性反应,所以生化试验结果符合后才能判定为沙门氏菌。

【实训】 检验生鸡蛋中的沙门氏菌

1. 目的

熟悉和掌握沙门氏菌的检验方法。

2. 设备和材料

检验生鸡蛋中沙门氏菌所需的设备和材料见表9—7。

表9—7　　　　　　　　检验生鸡蛋中沙门氏菌所需的设备和材料

设备和材料	规格与要求	数量
电炉	1 000~2 000 W	1台
高压灭菌锅	121℃	1台
均质器或乳钵	—	1台
恒温培养箱	36℃±1℃	1台
恒温培养箱	42℃±1℃	1台
冰箱	0~4℃	1台
天平	精确度0.01 g(最大称量500 g)	1台
显微镜	光学显微镜	1台
灭菌剪子、镊子和勺子	—	若干
灭菌广口瓶	容量为500 mL	1个
酒精灯	—	1个
三角烧瓶	容量为500 mL	4个
广口瓶	250 mL	2个

续表

设备和材料	规格与要求	数量
灭菌试管	15 mm×150 mm	20 支
灭菌吸管	10 mL	2 支
平皿	直径为 90 mm	10 套
试管架	用于 15 mm×150 mm 的试管	2 个
灭菌玻璃棒	直径约 1 cm，长约 30 cm	1 根
玻璃烧杯	500 mL 或 1 000 mL	1 只
吸耳球	10 mL	1 只
接种针、接种环	—	各 1 支
载玻片	—	4 片

3. 培养基和试剂

培养基和试剂包括：缓冲蛋白胨水（BPW）、四硫黄酸钠煌绿（TTB）增菌液、亚硒酸盐胱氨酸（SC）增菌液、亚硫酸铋（BS）琼脂、HE 琼脂、木糖赖氨酸脱氧胆盐（XLD）琼脂、沙门氏菌显色琼脂、三糖铁（TSI）琼脂、蛋白胨水、靛基质试剂、尿素琼脂（pH7.2）、氰化钾（KCN）培养基、赖氨酸脱羧酶试验培养基、糖发酵管、邻硝基苯-β-D 半乳糖苷（ONPG）培养基、半固体琼脂培养基、丙二酸钠培养基、沙门氏菌 O 和 H 诊断血清、生化鉴定试剂盒、0.85% 生理盐水（按所需量配制分装后放入高压灭菌锅灭菌，121℃、15 min）、75% 酒精棉球。

4. 操作步骤

基本操作步骤是：样品处理→前增菌→选择性增菌→分离培养→生化试验及初步血清学鉴定→结果报告。

（1）样品处理及前增菌。先用 75% 酒精棉球清洁鸡蛋表面，然后用灭菌的镊子在蛋壳的大头处开一个口子，将蛋黄及蛋清倒入灭菌的广口瓶中，用灭菌的玻璃棒搅拌均匀。取 25g 搅拌液加入装有 225 mL 缓冲蛋白胨水（BPW）的广口瓶中，混匀后即为前增菌液，于 36℃±1℃ 培养 8~18 h。

（2）选择性增菌。取 1 mL 前增菌液接种于 10 mL 四硫黄酸钠煌绿（TTB）增菌液内，于 42℃±1℃ 培养 18~24 h。另取 1 mL 前增菌液接种于 10 mL 亚硒酸盐胱氨酸（SC）增菌液内，于 36℃±1℃ 培养 18~24 h。

（3）分离培养。分别用接种环取增菌液 1 环，划线接种于一个亚硫酸铋（BS）琼脂平板和一个 XLD 平板（或 HE 平板，或沙门氏菌显色平板）。于 36℃±1℃ 培养 18~24 h（XLD 平板、HE 平板、沙门氏菌显色琼脂平板）或 40~48 h（BS），观察各个平板上生长的菌落。两种增菌液可同时划线接种在同一个平板上,观察各个平板上菌落的生长情况。菌落生长符合下列情形之一的,应做生化试验及初步血清学鉴定:亚硫酸铋(BS)琼脂平板上黑色有金属光泽、棕褐色或灰色的产硫化氢菌落;HE 琼脂平板上蓝色、蓝绿色或黄色、产硫化氢(少数不产硫化氢)且中心带黑色或几乎全黑色的菌落;XLD 琼脂平板上菌落呈粉红色,带或不带黑色中心或几乎全黑色,有时菌株为黄色,中心黑色或几乎全黑色;沙门氏菌显色培养基上菌落为紫红色。

(4) 生化试验。自选择性琼脂平板上直接挑取数个可疑菌落,分别接种三糖铁琼脂、赖氨酸脱羧酶试验培养基和营养琼脂平板。于 36℃±1℃ 培养 18～24 h,必要时可延长到 48 h。观察三糖铁琼脂和赖氨酸脱羧酶试验培养基结果反应,在三糖铁琼脂内斜面产酸、底层产酸,同时赖氨酸脱羧酶试验阴性的菌株可以排除。其他的反应结果均有沙门氏菌属的可能,同时也均有不是沙门氏菌属的可能。

接种三糖铁琼脂和赖氨酸脱羧酶试验培养基的同时,可直接接种蛋白胨水(供做靛基质试验)、尿素琼脂(pH7.2)、氰化钾(KCN)培养基,也可在初步判断结果后从营养琼脂平板上挑取可疑菌落接种。于 36℃±1℃ 培养 18～24 h,必要时可延长到 48 h。典型沙门氏菌符合表 9—4 中的 A1 硫化氢(+)、靛基质(-)、尿素琼脂(-)、氰化钾(-)、赖氨酸脱羧酶(+)。如尿素、氰化钾和赖氨酸脱羧酶 3 项中有 1 项异常,按表 9—5 可判定为沙门氏菌。如有 2 项异常为非沙门氏菌。如果符合表 9—4 中的 A2 和 A3,应补做甘露醇、山梨醇试验和 ONPG 试验,按生化试验结果判定。

(5) 多价血清学鉴定。当涂片染色和生化反应都疑为沙门氏菌时,应用沙门氏菌属 A-F 群多价 O 诊断血清进行凝集试验,同时用生理盐水作对照。

(6) 结果报告。检验结束后,综合以上生化试验和 A-F 多价诊断血清凝集的结果,报告 25 g(mL)样品中检出或未检出沙门氏菌。

5. 沙门氏菌的检验结果记录(检验依据:GB 4789.4)

(1) 将所选用的设备和培养基填写于表 9—8。

表 9—8　　　　　　　　　　　　选用的设备和培养基

选用的设备和培养基	设备编号及计量状态

(2) 填写实验原始记录。检验沙门氏菌的实验原始记录见表9—9。

表9—9　　　　　　　　　检验沙门氏菌的实验原始记录

样品名称		检验方法依据	
样品数量		样品状态	
检样数量		样品编号	
培养条件	温度：	时间：	
选择性平板可疑菌落形态			
BS琼脂			
HE琼脂			
XLD琼脂			
沙门氏菌显色培养基			
生化试验			
革兰氏染色			
三糖铁			
赖氨酸脱羧酶			
靛基质			
pH7.2尿素			
氰化钾			
ONPG			
甘露醇			
山梨酸			
结果：			

职业技能鉴定要点

行为领域	鉴定范围	鉴定点	重要程度
理论准备	沙门氏菌的生物学特性	形态与培养特性	★
		生化特性	★
		抗原构造与分类	★
		变异性和抵抗力	★
	沙门氏菌的检验	检验原理	★★
		培养基与试剂	★★
		前增菌和选择性增菌	★★
		增菌、分离和菌落特征	★★★

沙门氏菌检验

续表

行为领域	鉴定范围	鉴定点	重要程度
理论准备	沙门氏菌的检验	生化试验	★★★
		A-F 多价诊断血清凝集试验	★★
		检验结果	★★
技能训练	沙门氏菌的检验	选用设备和培养基	★★★
		前增菌和选择性增菌	★★
		增菌、分离和菌落特征鉴别	★★★
		生化试验和形态鉴别	★★★
		血清鉴定	★★
		结果判定与检验报告	★★★

测 试 题

一、判断题（下列判断正确的请打"√"，错误的请打"×"）

1. 沙门氏菌属肠道致病菌。（   ）
2. 沙门氏菌的突变型有芽孢和荚膜。（   ）
3. 沙门氏菌的菌体抗原实际有 67 种。（   ）
4. 食品只要经高温加工，就能杀死沙门氏菌。（   ）
5. 鲜肉、鸡蛋、鲜乳可以用直接增菌法增菌。（   ）
6. 沙门氏菌检验时，前增菌和选择性增菌的目的是提高检出率。（   ）
7. 三糖铁琼脂上不产硫化氢的菌株可以认为不是沙门氏菌。（   ）
8. 尿素反应是阳性的菌株，一定不是沙门氏菌。（   ）
9. 缓冲蛋白胨水和氯化镁孔雀绿增菌液均为前增菌培养基。（   ）
10. 沙门氏菌的抗原成分都含蛋白质。（   ）

二、简答题

1. 简述沙门氏菌的培养特性。
2. 沙门氏菌有哪几种主要抗原？其分别存在于哪个部位？其化学成分是什么？
3. 简述沙门氏菌的变异性。
4. 简述沙门氏菌对外界环境的抵抗力。
5. 简述沙门氏菌的检验原理。
6. 沙门氏菌检验分哪五个基本步骤？

7. 沙门氏菌在检验中会使用到哪些选择性增菌培养基？

8. 分别写出 BPW、SC、BS、XLD 培养基的全称。

9. 简述沙门氏菌分离培养的过程。

10. 非沙门氏菌在三糖铁琼脂上呈什么反应？

三、思考题

沙门氏菌的检验为什么要经过两次增菌？

测试题答案

一、判断题

1. √ 2. × 3. × 4. × 5. √ 6. √ 7. × 8. × 9. × 10. ×

二、简答题

1. 沙门氏菌需氧或兼性厌氧，最适生长温度为35～37℃，最适 pH 值为6.8～7.8，营养要求不高。在营养琼脂（牛肉膏蛋白胨固体培养基）上就能生长，培养24 h 形成的菌落为中等大小，直径为2～3 mm，圆形，表面光滑湿润，无色半透明，边缘整齐；粗糙型菌落，边缘不整齐，表面干燥。在液体培养基中呈均匀混浊生长。

2. 沙门氏菌的抗原主要有：菌体抗原（O 抗原）、鞭毛抗原（H 抗原）、表面抗原（Vi 抗原）等。菌体抗原存在于细胞壁最外层，其化学成分主要是多糖－类脂－蛋白质复合物；H 抗原存在于鞭毛上，化学成分为蛋白质；表面抗原中的 Vi 抗原位于菌体表面，化学成分主要是糖脂。

3. 沙门氏菌的变异性主要有：

（1）S-R 变异。自标本中初次分离的菌株，一般都是光滑型，经长期人工传代培养，逐渐变成粗糙型。此时，菌体表面的特异多糖抗原丧失，在盐水中自凝。

（2）H-O 变异。H－O 变异是指有鞭毛的细菌失去鞭毛的变异。

（3）位相变异。具有双相 H 抗原的沙门氏菌变成只有其中某一相 H 抗原的单相菌，称为位相变异。在沙门氏菌血清学分型时，如遇到单相菌，特别是只有第二相抗原时，需反复分离和诱导出第一相抗原方可作出鉴定。

（4）V-W 变异。V－W 变异是指沙门氏菌失去 Vi 抗原的变异。

4. 沙门氏菌在60℃经20～30 min 即被杀死；在普通水中虽不易繁殖，但可存活2～3周；在自然环境的粪便中可生存1～2个月；在冰箱中可生存3～4个月；在－5℃可存活10个月左右；在干燥的垫草中可存活8～20周。沙门氏菌对化学药品的抵抗力较弱，如以5%苯酚处理，5 min 可杀死；沙门氏菌属细菌对氯霉素敏感。

5. 沙门氏菌属细菌不发酵侧金盏花醇、乳糖及蔗糖，不液化明胶，不产生靛基质，不分解尿素，能有规律地发酵葡萄糖并产生气体。由于不发酵乳糖，其能在各种选择性培养基上生成特殊形态的菌落。大肠杆菌由于发酵乳糖产酸而出现与沙门氏菌形态特征不同的菌落，如在XLD琼脂平板上大肠杆菌产酸使酚红指示剂变黄，菌落呈黄色，借此可把沙门氏菌同大肠杆菌相区别。由于沙门氏菌属的生化特征，主要借助于三糖铁、靛基质、尿素、KCN、赖氨酸脱羧酶等试验可与肠道其他菌属相鉴别。

6. 沙门氏菌检验的五个步骤为：前增菌、选择性增菌、平板分离、生化试验和血清学分型试验。

7. 沙门氏菌在检验中会用到以下选择性增菌培养基：缓冲蛋白胨水（BPW）、四硫黄酸钠煌绿（TTB）增菌液、亚硒酸盐胱氨酸（SC）增菌液。

8. BPW：缓冲蛋白胨水；SC：亚硒酸盐胱氨酸；BS：亚硫酸铋琼脂；XLD：木糖赖氨酸脱氧胆盐琼脂。

9. 取增菌液1环，划线接种于一个亚硫酸铋琼脂（BS）平板和一个XLD琼脂平板（或HE琼脂平板、沙门氏菌显色平板）。两种增菌液可同时划线接种在同一个平板上，于36℃±1℃培养18～24 h（XLD琼脂平板，HE琼脂平板，沙门氏菌显色平板）或40～48 h（BS琼脂平板）。

10. 非沙门氏菌在三糖铁琼脂上可能的反应有：斜面及底层产酸，同时硫化氢（H_2S）阴性。

三、思考题

答案略。

第 10 章

志贺氏菌检验

第 1 节　生物学特性　　　　　　/193
第 2 节　检验原理和实验材料　/194
第 3 节　操作步骤　　　　　　　/195

引 导 语

志贺氏菌属的细菌通称为痢疾杆菌，可分为4个血清群：A群为痢疾志贺氏菌，B群为福氏志贺氏菌，C群为鲍氏志贺氏菌，D群为宋内氏志贺氏菌。志贺氏菌属是引起人类细菌性痢疾的致病菌，通过食品和饮水传播，因此在食品卫生检验时常以是否检出志贺氏菌作为致病菌标准之一。

本章介绍了志贺氏菌的主要生物学特性和检验原理，同时以国标检验方法（GB 4789.5）为依据，详细描述了食品中志贺氏菌检验的有关内容，包括实验材料、操作步骤及检验结果的判定，力求做到理论知识与检验技术相互渗透融合、总体检测方法与国际接轨，在检验关键点加入了具体操作要求，使检验方法更具可操作性和实用性。

学习要点

● **熟悉**
志贺氏菌的生物学特性

● **掌握**
志贺氏菌检验所需的实验材料、检验结果的出具和检验注意事项

● **熟练掌握**
志贺氏菌的检验原理和操作步骤

第1节 生物学特性

一、形态与染色

志贺氏菌是革兰氏阴性短杆菌,长为 2~3 μm,宽为 0.5~0.7 μm,无芽孢、无荚膜、无鞭毛,不运动,没有鞭毛是志贺氏菌与沙门氏菌的显著不同点。

二、培养特性

志贺氏菌兼性厌氧,营养要求不高,在营养琼脂上生长良好,培养 18~24 h 形成圆形、微凸、光滑、湿润、无色半透明、边缘整齐、直径约 2 mm 的菌落(宋内氏志贺氏菌常出现扁平、粗糙的菌落),10~40℃可生长,最适生长温度为 37℃,在肉汤培养基中呈均匀混浊生长,一般不形成沉淀。

三、主要生化特性

志贺氏菌属不发酵乳糖(宋内氏志贺氏菌迟缓发酵乳糖),发酵葡萄糖一般不产气(福氏志贺氏菌 6 型可微量产气),不产生硫化氢。与肠杆菌科各属细菌相比较,志贺氏菌属的主要鉴别特征为不运动,对各种糖的利用能力较差,并且在含糖的培养基内一般不形成可见气体。

四、抗原构造与分型

志贺氏菌属具有 O 抗原和 K 抗原,无 H 抗原。O 抗原是分类的依据,有群特异性和型特异性两种。根据生化反应和 O 抗原的不同,将志贺氏菌分为 4 个血清群和 40 余个血清型。O 抗原是一种多糖复合物,耐热,加热至 100℃,保持 60 min 不受破坏。

K 抗原在分类上无意义,K 抗原存在时能阻断 O 抗原与相应抗血清的凝集作用。加热至 100℃,保持 60 min 可消除 K 抗原的阻断作用。

五、抵抗力

志贺氏菌属对理化因素的抵抗力较其他肠杆菌细菌为弱,对酸较敏感,必须使用含有缓冲剂的培养基。在外界环境中的生存力以宋内氏志贺氏菌最强,福氏志贺氏菌次之,而痢疾志贺氏菌最弱。志贺氏菌在一般潮湿的土壤中能生存34天，在37℃的水中能存活20天，而在冰块中能存活3个月，粪便中的志贺氏菌在室温情况下（20℃左右）可存活11天。含有高浓度胆汁的培养基能抑制某些志贺氏菌株的生长，日光直射30 min可杀死志贺氏菌，56~60℃下只需19 min即可杀死，1%石炭酸中浸泡15~30 min可杀死。志贺氏菌对磺胺、链霉素和氯霉素敏感，但很容易产生耐药性。

第2节 检验原理和实验材料

一、检验原理

检测样品在志贺氏菌增菌肉汤中厌氧增菌16~20 h后，用选择性琼脂平板（XLD琼脂、麦康凯琼脂或志贺氏菌显色培养基）进行分离，利用三糖铁培养基做初步生化试验，用半固体培养基做动力试验。如三糖铁培养基上的反应为：斜面产碱（红色）、底层产酸（黄色）、不产气（福氏志贺氏菌6型可产生少量气体）、不产硫化氢，半固体管中无动力的菌株则可疑为志贺氏菌。

二、培养基和试剂

培养基和试剂包括：志贺氏菌增菌肉汤-新生霉素、麦康凯（MAC）琼脂、木糖赖氨酸脱氧胆酸盐（XLD）琼脂、志贺氏菌显色培养基、三糖铁（TSI）琼脂、营养琼脂斜面、半固体琼脂、葡萄糖铵培养基、尿素琼脂、β-半乳糖苷酶培养基、氨基酸脱羧酶试验培养基、糖发酵管、西蒙氏柠檬酸盐培养基、黏液酸盐培养基、蛋白胨水、靛基质试剂、志贺氏菌属诊断血清、生化鉴定试剂盒。

三、设备和材料

除微生物实验室常规灭菌及培养设备外，其他设备和材料包括：恒温培养箱（36℃±1℃）、冰箱（0~4℃）、膜过滤系统、厌氧培养装置（41.5℃±1℃）、电子天平（精确度0.01 g）、显微镜（10×~100×）、均质器、振荡器、无菌吸管1 mL（具0.01 mL刻度）、10 mL（具0.1 mL刻度）或微量移液器及吸头、无菌均质杯或无菌均质袋（500 mL）、无菌培养皿（直径90 mm）、pH计、pH比色管或精密pH试纸、全自动微生物生化鉴定系统。

第3节 操作步骤

志贺氏菌检验的操作步骤如图10—1所示。

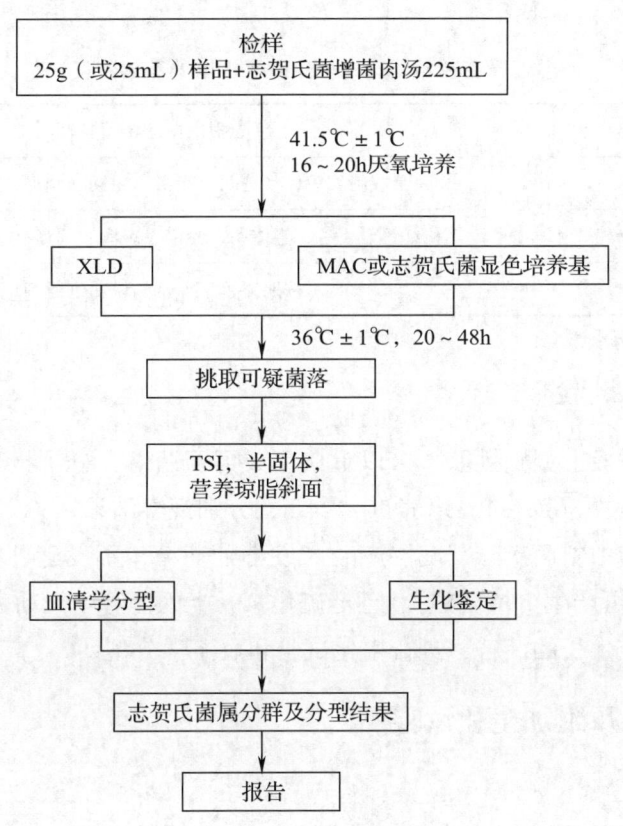

图10—1 志贺氏菌检验的操作步骤

一、增菌

以无菌操作取检样25 g（mL），加入装有灭菌225 mL志贺氏菌增菌肉汤的均质杯。固体样品用旋转刀片式均质器以8 000~10 000 r/min均质，或加入装有225 mL志贺氏菌增菌肉汤的均质袋中，用拍击式均质器连续均质1~2 min。液体样品振荡混匀即可。41.5℃±1℃厌氧培养16~20 h。

二、分离

取增菌后的志贺氏增菌液分别划线接种于 XLD 琼脂平板和 MAC 琼脂平板或志贺氏菌显色培养基平板上，于 36℃±1℃培养 20~24 h，观察各个平板上生长的菌落形态。宋内氏志贺氏菌的单个菌落直径大于其他志贺氏菌。若出现的菌落不典型或菌落较小不易观察，则继续培养至 48 h 再进行观察。志贺氏菌在不同选择性琼脂平板上的菌落特征见表 10—1。

表 10—1　　　　　　志贺氏菌在不同选择性琼脂平板上的菌落特征

选择性琼脂平板	志贺氏菌的菌落特征
MAC 琼脂	无色至浅粉红色，半透明、光滑、湿润、圆形、边缘整齐或不齐
XLD 琼脂	粉红色至无色，半透明、光滑、湿润、圆形、边缘整齐或不齐
志贺氏菌显色培养基	按照显色培养基的说明进行判定

三、初步生化试验

自选择性琼脂平板上分别挑取 2 个以上典型或可疑菌落，分别接种 TSI、半固体和营养琼脂斜面各一管，置 36℃±1℃培养 20~24 h，分别观察结果。

凡是三糖铁琼脂中斜面产碱、底层产酸（发酵葡萄糖，不发酵乳糖、蔗糖）、不产气（福氏志贺氏菌 6 型可产生少量气体）、不产硫化氢、半固体管中无动力的菌株，挑取已培养的营养琼脂斜面上生长的菌苔，进行生化试验和血清学分型。

四、生化试验及附加生化试验

1. 生化试验

用已培养的营养琼脂斜面上生长的菌苔，进行生化试验，即 β-半乳糖苷酶、尿素、赖氨酸脱羧酶、鸟氨酸脱羧酶、水杨苷、七叶苷的分解试验。除宋内氏志贺氏菌、鲍氏志贺氏菌 13 型的鸟氨酸阳性；宋内氏菌和痢疾志贺氏菌 1 型，鲍氏志贺氏菌 13 型的 β-半乳糖苷酶为阳性以外，其余生化试验志贺氏菌属的培养物均为阴性结果。另外，由于福氏志贺氏菌 6 型的生化特性和痢疾志贺氏菌或鲍氏志贺氏菌相似，必要时还需加做靛基质、甘露醇、棉籽糖、甘油试验，也可做革兰氏染色检查和氧化酶试验，应为氧化酶阴性的革兰氏阴性杆菌。

生化反应不符合的菌株，即使能与某种志贺氏菌分型血清发生凝集，仍不得判定为志贺氏菌属。志贺氏菌属生化特性见表 10—2。

表 10—2　　　　　　　　　志贺氏菌属四个群的生化特征

生化反应	A 群：痢疾志贺氏菌	B 群：福氏志贺氏菌	C 群：鲍氏志贺氏菌	D 群：宋内氏志贺氏菌
β-半乳糖苷酶	-ᵃ	-	-ᵃ	+
尿素	-	-	-	-
赖氨酸脱羧酶	-	-	-	-
鸟氨酸脱羧酶	-	-	-ᵇ	+
水杨苷	-	-	-	-
七叶苷	-	-	-	-
靛基质	-/+	(+)	-/+	-
甘露醇	-	+ᶜ	+	+
棉籽糖	-	+	-	+
甘油	(+)	-	(+)	d

注：+ 表示阳性；- 表示阴性；-/+ 表示多数阴性；+/- 表示多数阳性；(+) 表示迟缓阳性；d 表示有不同生化型

ᵃ 痢疾志贺 1 型和鲍氏 13 型为阳性

ᵇ 鲍氏 13 型为鸟氨酸阳性

ᶜ 福氏 4 型和 6 型常见甘露醇阴性变种

2. 附加生化试验

由于某些不活泼大肠埃希氏菌（*anaerogenic E. coli*）、A – D（Alkalescens – Disparbiotypes 碱性 – 异型）菌的部分生化特征与志贺氏菌相似，并能与某种志贺氏菌分型血清发生凝集；因此前面生化实验符合志贺氏菌属生化特性的培养物还需另加葡萄糖铵、西蒙氏柠檬酸盐、黏液酸盐试验（36℃培养 24～48 h）。志贺氏菌属和不活泼大肠埃希氏菌、A – D 菌的生化特性区别见表 10—3。

表 10—3　　　志贺氏菌属和不活泼大肠埃希氏菌、A – D 菌的生化特性区别

生化反应	A 群：痢疾志贺氏菌	B 群：福氏志贺氏菌	C 群：鲍氏志贺氏菌	D 群：宋内氏志贺氏菌	大肠埃希氏菌	A – D 菌
葡萄糖铵	-	-	-	-	+	+
西蒙氏柠檬酸盐	-	-	-	-	d	d
黏液酸盐	-	-	-	d	+	d

注：1. + 表示阳性；- 表示阴性；d 表示有不同生化型

2. 在葡萄糖铵、西蒙氏柠檬酸盐、黏液酸盐试验三项反应中志贺氏菌一般为阴性，而不活泼的大肠埃希氏菌、A – D（碱性 – 异型）菌至少有一项反应为阳性

3. 系统自动鉴定方法

如选择生化鉴定试剂盒或全自动微生物生化鉴定系统，可根据初步生化试验判断结果，用初步生化试验中已培养的营养琼脂斜面上生长的菌苔，使用生化鉴定试剂盒或全自动微生物生化鉴定系统进行鉴定。

五、血清学鉴定

志贺氏菌属没有动力，所以没有鞭毛抗原。志贺氏菌属主要有菌体（O）抗原。菌体（O）抗原又可分为型和群的特异性抗原。一般采用 1.2%～1.5% 琼脂培养物作为玻片凝集试验用的抗原。

注1：一些志贺氏菌如果因为 K 抗原的存在而不出现凝集反应时，可挑取菌苔于 1 mL 生理盐水做成浓菌液，100℃煮沸 15～60 min 去除 K 抗原后再检查。

注2：D 群志贺氏菌既可能是光滑型菌株也可能是粗糙型菌株，与其他志贺氏菌群抗原不存在交叉反应。与肠杆菌科不同，宋内氏志贺氏菌粗糙型菌株不一定会自凝。宋内氏志贺氏菌没有 K 抗原。

在玻片上划出 2 个约 1 cm × 2 cm 的区域，挑取一环待测菌，各放 1/2 环于玻片上的每一个区域上部，在其中一个区域下部加 1 滴抗血清，在另一区域下部加入 1 滴生理盐水，作为对照。再用无菌的接种环或针分别将两个区域内的菌落研成乳状液。将玻片倾斜摇动混合 1 min，并对着黑色背景进行观察，如果抗血清中出现凝结成块的颗粒，而且生理盐水中没有发生自凝现象，那么凝集反应为阳性。如果生理盐水中出现凝集，视作为自凝。这时，应挑取同一培养基上的其他菌落继续进行试验。

如果待测菌的生化特征符合志贺氏菌属生化特征（见表 10—4），而其血清学试验为阴性的话，则按注 1 进行试验。

表 10—4　　　福氏志贺氏菌各型和亚型的型抗原和群抗原的鉴别表

型和亚型	型抗原	群抗原	在群因子血清中的凝集		
			3, 4	6	7, 8
1a	I	4	+	−	−
1b	I	(4), 6	(+)	+	−
2a	II	3, 4	+	−	−
2b	II	7, 8	−	−	+
3a	III	(3, 4), 6, 7, 8	(+)	+	+
3b	III	(3, 4), 6	(+)	+	−

续表

型和亚型	型抗原	群抗原	在群因子血清中的凝集		
			3,4	6	7,8
4a	Ⅳ	3,4	+	-	-
4b	Ⅳ	6	-	+	-
4c	Ⅳ	7,8	-	-	+
5a	Ⅴ	(3,4)	(+)	-	-
5b	Ⅴ	7,8	-	-	-
6	Ⅵ	4	+	-	-
X	-	7,8	-	-	+
Y	-	3,4	+	-	-

注：+表示凝集；-表示不凝集；( )表示有或无

六、结果报告

综合以上生化试验和血清学鉴定的结果，报告25 g（mL）样品中检出或未检出志贺氏菌。

七、注意事项

志贺氏菌在常温存活期较短，因此，当样品采集后，应尽快进行检验。如果在24 h内检验，样品可保存在冰箱内，如要保存更长时间，必须放在低温冰箱内。宋内氏志贺氏菌和福氏志贺氏菌2a型在牛乳和麦粉中于-25℃可存活100天，在鸡蛋和水产品中于-20℃可存活30天。

GN增菌液（革兰氏阴性杆菌增菌液）抑菌效果较差，所以增菌时间以6~8 h为宜，时间过长容易使杂菌繁殖。

增加鉴别培养基的数目，可以增加志贺氏菌的阳性检出率。用于分离的鉴别培养基一般不少于两个。

【实训】 检验生鸭肉中的志贺氏菌

1. 目的

熟悉和掌握志贺氏菌的检验方法。

2. 设备和材料

检验志贺氏菌所需的设备和材料见表10—5。

表10—5　　　　　　　　　检验志贺氏菌所需的设备和材料

设备和材料	规格与要求	数量
电炉	1 000~2 000 W	1台
高压灭菌锅	121℃	1台
均质器或乳钵	—	1台
恒温培养箱	36℃±1℃	1台
冰箱	0~4℃	1台
天平	精确度0.01 g（最大称量500 g）	1台
显微镜	光学显微镜	1台
灭菌剪	—	若干
灭菌广口瓶	容量为500 mL	1个
酒精灯	—	1个
三角烧瓶	容量为500 mL	4个
广口瓶	250 mL	2个
灭菌试管	15 mm×150 mm	20支
无菌培养皿	直径为90 mm	10套
试管架	用于15 mm×150 mm的试管	2个
玻璃烧杯	500 mL或1 000 mL	1个
接种针、接种环	—	各1支
载玻片	—	4片
无菌吸管	1 mL（具0.01 mL刻度）、10 mL（具0.1 mL刻度）	若干
无菌均质杯或无菌均质袋	500 mL	若干
生化鉴定试剂盒或全自动微生物生化鉴定系统	—	—

3. 培养基和试剂

培养基和试剂包括：志贺氏菌增菌肉汤-新生霉素、麦康凯（MAC）琼脂、木糖赖氨酸脱氧胆酸盐（XLD）琼脂、志贺氏菌显色培养基、三糖铁（TSI）琼脂、营养琼脂斜面、半固体琼脂、葡萄糖铵培养基、尿素琼脂、β-半乳糖苷酶培养基、氨基酸脱羧酶试验培养基、糖发酵管、西蒙氏柠檬酸盐培养基、黏液酸盐培养基、蛋白胨水、靛基质试剂、志贺氏菌属诊断血清、生化鉴定试剂盒。以上培养基按成品培养基使用方法正确配制，灭菌。另外还需准备：靛基质试剂、志贺氏菌属诊断血清、0.85%生理盐水（按所需量配制分装后放入高压灭菌锅121℃、15 min灭菌)。

4. 操作步骤

基本操作步骤是：样品处理→增菌→分离培养→初步生化试验→生化试验及附加生化试验→血清学鉴定→结果报告。

(1) 样品处理。先将鸭肉进行表面消毒，用灭菌剪剪去表皮，剪取肌肉25 g。

(2) 增菌。

(3) 分离培养。

(4) 初步生化试验。

(5) 生化试验及附加生化试验。

(6) 血清学鉴定。

(7) 结果报告。

综合以上生化试验和血清学鉴定的结果，报告25 g样品中检出或未检出志贺氏菌。

5. 志贺氏菌的检验结果记录（检验依据：GB 4789.5）

(1) 将所选用的设备和培养基填写于表10—6。

表10—6　　　　　　　　选用的设备和培养基

选用的设备和培养基	设备编号及计量状态

(2) 填写实验原始记录。检验志贺氏菌的实验原始记录见表10—7。

表10—7　　　　　　检验志贺氏菌的实验原始记录

样品名称		检验方法依据	
样品数量		样品状态	
检样数量		样品编号	
培养条件	温度：	时间：	
选择性平板可疑菌落形态			
XLD平板			
麦康凯琼脂			

续表

生化试验	
革兰氏染色	
三糖铁	
半固体	
赖氨酸脱羧酶	
鸟氨酸脱羧酶	
pH7.2 尿素	
β-半乳糖苷酶	
水杨苷	
七叶苷	
葡萄糖胺	
西蒙氏柠檬酸盐	
黏液酸盐	

结果：

职业技能鉴定要点

行为领域	鉴定范围	鉴定点	重要程度
理论准备	志贺氏菌的生物学特性	形态与培养特性	★
		生化特性	★
		抗原构造与分类	★
		变异性和抵抗力	★
	志贺氏菌的检验	检验原理	★★
		培养基与试剂	★★
		检样处理与增菌	★★
		分离培养和菌落特征	★★★
		生化试验	★★★
		血清凝集试验	★★
		检验结果	★★
技能训练	志贺氏菌的检验	选用设备和培养基	★★★
		检样处理与增菌培养	★★
		分离培养和菌落特征鉴别	★★★
		生化试验和形态鉴别	★★★
		血清鉴定	★★
		结果判定与检验报告	★★★

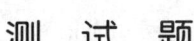

测 试 题

● 一、判断题（下列判断正确的请打"√"，错误的请打"×"）
1. 志贺氏菌属通称为痢疾杆菌。（   ）
2. 志贺氏菌能通过食品和饮水传播。（   ）
3. 志贺氏菌在营养琼脂上生长为边缘粗糙的菌落。（   ）
4. 志贺氏菌具有的 O 抗原经 100℃高温可被破坏。（   ）
5. 志贺氏菌属为革兰氏阴性芽孢杆菌。（   ）
6. 志贺氏菌株都能产外毒素。（   ）
7. 志贺氏菌可以引起败血症。（   ）
8. 志贺氏菌在志贺氏菌增菌肉汤中需培养 6~8 h。（   ）
9. 分离培养志贺氏菌应至少划线两个鉴别培养基平板。（   ）
10. 用进一步生化试验鉴定志贺氏菌时，只需做氧化酶试验。（   ）

● 二、简答题
1. 简述志贺氏菌的形态。
2. 志贺氏菌的培养特性如何？
3. 简述志贺氏菌的生化特性。
4. 简述志贺氏菌的抗原构造和原型。
5. 志贺氏菌的抵抗力如何？
6. 志贺氏菌的致病作用是哪三个方面？
7. 志贺氏菌的检验原理是什么？
8. 志贺氏菌的鉴别培养基主要有哪四种？
9. 志贺氏菌初步生化试验后，哪些培养物可以弃去？
10. 志贺氏菌被分为哪四个血清群？

● 三、思考题
检验志贺氏菌时应注意哪些问题？

测试题答案

一、判断题
1. √　2. √　3. ×　4. ×　5. ×　6. ×　7. √　8. ×　9. √　10. ×

二、简答题

1. 志贺氏菌是革兰氏阴性无芽孢杆菌,无鞭毛、无动力。

2. 志贺氏菌兼性厌氧,营养要求不高,在营养琼脂上生长良好,培养 18~24 h 形成圆形、微凸、光滑、湿润、无色半透明,边缘整齐,直径约 2 mm 的菌落(宋内氏志贺氏菌常出现扁平、粗糙的菌落)。志贺氏菌 10~40℃可生长,最适生长温度为 37℃,在肉汤培养基中呈均匀混浊生长,一般不形成沉淀。

3. 志贺氏菌不发酵乳糖(宋内氏志贺氏菌迟缓发酵乳糖),发酵葡萄糖一般不产气(福氏志贺氏菌 6 型可微量产气),不产生硫化氢。与肠杆菌科各属细菌相比较,志贺氏菌属的主要鉴别特征为不运动,对各种糖的利用能力较差,并且在含糖的培养基内一般不形成可见气体。

4. 志贺氏菌属具有 O 抗原和 K 抗原,无 H 抗原。O 抗原是分类的依据,有群特异性和型特异性两种抗原。根据生化反应和 O 抗原的不同,将志贺氏菌分为 4 个血清群和 40 余个血清型。O 抗原是一种多糖复合物,耐热,加热 100℃,60 min 不破坏。K 抗原在分类上无意义,K 抗原存在时能阻断 O 抗原与相应抗血清的凝集作用。加热 100℃,60 min 可消除 K 抗原的阻断作用。

5. 志贺氏菌属对理化因素的抵抗力较其他肠杆菌细菌为低,对酸较敏感,必须使用含有缓冲剂的培养基。其在外界环境中的生存力以宋内氏志贺氏菌最强,福氏志贺氏菌次之,而痢疾志贺氏菌最弱。志贺氏菌在一般潮湿的土壤中能生存 34 天,37℃的水中存活 20 天,而在冰块中可存活 3 个月,粪便中的志贺氏菌在室温情况下(20℃左右)可存活 11 天。含有高浓度胆汁的培养基能抑制某些志贺氏菌株的生长,日光直射 30 min 可杀死,56~60℃只需 19 min 可杀死,1% 石炭酸中 15~30 min 可杀死,对磺胺、链霉素和氯霉素敏感,但很容易产生耐药性。

6. 志贺氏菌的致病作用主要是侵袭力和内毒素,个别菌株能产生外毒素,常使人得痢疾及食物中毒。

(1)侵袭力。志贺氏菌进入大肠后,由于菌毛的作用,黏附在大肠和回肠末端肠黏膜的上皮细胞上,继而在上皮层繁殖,扩散至邻近细胞及上皮下层。由于毒素的作用,上皮细胞死亡,黏膜下发炎,并有毛细血管血栓形成,以致坏死、脱落、形成溃疡,志贺氏菌一般不侵犯其他组织,偶尔可引起败血症。

(2)内毒素。志贺氏菌属中各菌株都有较强的内毒素,一方面破坏肠黏膜,形成炎症、溃疡,呈现典型的痢疾脓血便;另一方面也可引起一系列的毒血症状,如发热、神志障碍,甚至中毒性休克。

(3)外毒素。A 群志贺氏菌 I 型和 II 型产生的志贺氏毒素(ST),对 Vero(非洲绿猴肾）细胞有毒性作用，也称为 Vero 毒素（VT），VT 对小鼠有强烈的致死毒性。ST 至少有 3 种生物活性：细胞毒、肠毒素、神经毒。

7. 志贺氏菌在志贺氏菌增菌肉汤中厌氧增菌 16~20 h 后，用选择性琼脂平板（XLD、MAC 或志贺氏菌显色培养基）进行分离，利用三糖铁培养基做初步生化试验，用半固体培养基做动力试验。三糖铁培养基上的反应如下：斜面产碱（红色）、底层产酸（黄色）、不产气（福氏志贺氏菌 6 型可产生少量气体）、不产硫化氢。半固体管中无动力的菌株则可疑为志贺氏菌。

8. 志贺氏菌的鉴别培养基主要有：XLD、MAC、志贺氏菌显色培养基。

9. 可以舍去的培养物是：在 18~24 h 内发酵乳糖、蔗糖的培养物；不分解葡萄糖培养物；产气的培养物；半固体管中有动力的培养物；产生硫化氢的培养物。

10. A 群：痢疾志贺氏菌；B 群：福氏志贺氏菌；C 群：鲍氏志贺氏菌；D 群：宋内氏志贺氏菌。

三、思考题

答案略。

第 11 章

金黄色葡萄球菌检验

第 1 节　生物学特性　　　　　　　　　　　　　　/209
第 2 节　检验原理和实验材料　　　　　　　　　　/211
第 3 节　金黄色葡萄球菌检验步骤　　　　　　　　/212
第 4 节　金黄色葡萄球菌 Baird-Parker 平板计数　　/214
第 5 节　金黄色葡萄球菌 MPN 计数　　　　　　　/217

引 导 语

葡萄球菌属于微球菌科的葡萄球菌属，种类繁多，以往的分类方法是以菌落色素将葡萄球菌分为金黄色葡萄球菌、白色葡萄球菌和柠檬色葡萄球菌三种。但是这种色素指标很不稳定，因此《伯杰氏系统细菌学手册（第8版）》按葡萄球菌的生理化学组成，将葡萄球菌分为金黄色葡萄球菌、表皮葡萄球菌、腐生葡萄球菌三种，其中表皮葡萄球菌偶尔致病，腐生葡萄球菌一般为非致病菌，而引起人类疾病的葡萄球菌主要是金黄色葡萄球菌。

金黄色葡萄球菌除了可引起皮肤组织炎症外，还可以产生肠毒素。如果该菌在食品中大量生长繁殖产生毒素，人误食后就会发生食物中毒。因此，由该菌引起的中毒为毒素型食物中毒。食品中存在金黄色葡萄球菌对人的健康是一种潜在危险，所以检查食品中的金黄色葡萄球菌及数量具有重要的实际意义。

本章介绍了金黄色葡萄球菌的主要生物学特性和检验原理，同时以国标检验方法（GB 4789.10）为依据，详细描述了食品中金黄色葡萄球菌定性和定量检验的有关内容，包括实验材料、操作步骤及检验结果的判定，力求做到理论知识与检验技术相互渗透融合、总体检测方法与国际接轨。在检验关键点加入了具体操作要求，使检验方法更具可操作性和实用性。

学 习 要 点

● **熟悉**
金黄色葡萄球菌的生物学特性

● **掌握**
金黄色葡萄球菌检验所需的实验材料、检验结果的出具和检验注意事项

● **熟练掌握**
金黄色葡萄球菌的检验原理和操作步骤

第1节 生物学特性

一、形态与染色

典型的葡萄球菌呈球形,直径为 0.4~1.2 μm,致病性葡萄球菌一般较非致病性菌小,且各个菌体的大小及排列也较整齐。本属细菌繁殖时呈多个平面不规则分裂,堆积成为葡萄串状排列,在液体培养基中生长,常呈双球或短链状排列,易误认为链球菌。葡萄球菌无鞭毛及芽孢,一般不形成荚膜,易被碱性染料着色,革兰氏染色阳性,当衰老、死亡或被白细胞吞噬后常转为革兰氏阴性,对青霉素有抗药性的菌株也为革兰氏阴性。

二、培养特性

1. 普通培养基

葡萄球菌营养要求不高,在普通培养基上生长良好,需氧或兼性厌氧,最适生长温度为 37℃,最适 pH 值为 7.4。

2. 氯化钠培养基

葡萄球菌耐盐性强,在 100~150 g/L 的氯化钠培养基中能生长。在含有 20%~30% 二氧化碳的环境中培养,可产生大量的毒素。

3. 肉汤培养基

葡萄球菌在肉汤培养基中生长迅速,37℃下培养 24 h 后,呈均匀混浊生长,延长培养时间,管底出现少量沉淀,摇动时易消散。

4. 普通营养琼脂平板

葡萄球菌在普通营养琼脂平板上培养 24~48 h 后,可形成圆形凸起,边缘整齐,表面光滑、湿润、有光泽,菌落不透明,菌落直径通常为 1~2 mm,但也有大到 4~5 mm 者。可产生不同色素,如金黄色、白色及柠檬色,这些色素为脂溶性,能溶于醇、乙醚、氯仿、苯等有机溶剂中,因不溶于水,故色素只限于培养物,而不外渗至培养基中。色素的形成依培养条件而异。在 22℃或含糖类、牛乳及血清的培养基中,色素形成最好。

5. 血琼脂平板

葡萄球菌在血琼脂平板上形成的菌落较大,多数致病性菌株可产生溶血毒素,使菌落周围产生透明的溶血圈(β 溶血)。

三、生化特性

金黄色葡萄球菌触酶反应阳性,在厌氧条件下能分解甘露醇,甲基红试验阳性。

四、毒素与酶

葡萄球菌的致病力取决于细菌产生的毒素和酶的能力,主要有下列几种:

1. 溶血毒素

多数致病菌株能产生该毒素。根据其对动物细胞的溶血范围、抗原性、溶血时所需温度等的不同可分为 α、β、γ、δ 四种,其中以 α-溶血毒素为主。

2. 杀白细胞素

杀白细胞素是一种可溶性物质,具有抗原性,能破坏白细胞和巨噬细胞。致病性和非致病性葡萄球菌均能被吞噬细胞吞噬,由于致病性葡萄球菌产生杀白细胞素,不仅不被破坏,反而能在吞噬细胞内生长繁殖。

3. 肠毒素

金黄色葡萄球菌的某些菌株能产生引起急性肠胃炎的肠毒素。肠毒素共分 6 型(A,B,C_1,C_2,D,E),各型具有不同的血清学特性,其中以 A 型引起的食物中毒最多,B 型和 C 型次之。该毒素为一种可溶性蛋白质,耐热,经 100℃煮沸 30 min 不被破坏,也不受胰蛋白酶的影响。可使人、猫、猴引起急性肠胃炎症状。

4. 血浆凝固酶

这是一种能使含有枸橼酸钠或肝素抗凝剂的兔或人血浆发生凝固的酶。大多数致病性葡萄球菌产生此酶,而非致病性菌一般不产生。因此,血浆凝固酶是鉴别葡萄球菌有无致病性的重要指标。血浆凝固酶较耐热,加热至 100℃经 30 min 或高压消毒后仍保存部分活性,但易被蛋白分解酶破坏。

5. 溶纤维蛋白酶

溶纤维蛋白酶是一种激酶,可激活血浆蛋白酶原为血浆蛋白酶而使人、犬、豚鼠及家兔的已经凝固的纤维蛋白溶解。血浆凝固酶及溶纤维蛋白酶可在含有血浆的琼脂平板内同时测定。初次培养后,菌落周围若出现一个不透明圈,表示产生凝固酶,继续培养时,不透明圈消失,这是溶纤维蛋白酶作用的结果。

6. 透明质酸酶

透明质酸具有高度的黏稠性,是机体结缔组织中基质的主要成分。它被透明质酸酶水解后,结缔组织细胞间失去黏性,呈疏松状态,有利于细菌和毒素在机体内扩散,因此透明质酸酶又称为扩散因子。

7. 脱氧核糖核酸酶

脱氧核糖核酸能够增加组织渗出物的黏性。当组织细胞及白血球崩解时释放出核酸，使组织渗出液的黏性增加，而脱氧核糖核酸酶能迅速分解之，从而有利于细菌在组织中的扩散。有人认为脱氧核糖核酸酶是鉴定葡萄球菌毒力的又一指标。

此外，葡萄球菌还可产生表皮溶解毒素、蛋白酶、磷酸酶、卵磷脂酶、溶血酶、脂酶等。

五、抵抗力

葡萄球菌抵抗力较强，是不形成芽孢的细菌中的最强者，在干燥的脓汁或血液中可存活数月。加热至80℃经30 min才能杀死，煮沸可迅速使其死亡。在5%石炭酸，1 g/L升汞中10～15 min死亡。对某些染料较敏感，1:100 000～1:200 000稀释的龙胆紫溶液能抑制其生长。对磺胺类药物的敏感较低。对青霉素、红霉素和庆大霉素高度敏感，很多菌株对青霉素有耐药性。

葡萄球菌肠毒素是一种外毒素，具有耐热性，加热至100℃经30 min而不被破坏，要使其完全破坏需煮沸2 h，这是葡萄球菌肠毒素的特点。其他如溶血素、杀白血球素等，加热至100℃经10 min或80℃经20 min就可丧失毒性。

第2节 检验原理和实验材料

一、检验原理

金黄色葡萄球菌耐盐性强，在100～150 g/L的氯化钠培养基中能生长，适宜生长的盐浓度（质量分数）为5%～7.5%，可以利用这个特性对金黄色葡萄球菌选择增菌，抑制杂菌。金黄色葡萄球菌可产生溶血素，在血平板上生长，菌落周围有透明的溶血环。可产生卵磷脂酶，分解卵磷脂，产生甘油酯和可溶性磷酸胆碱，所以在Baird-Parker（贝尔德–帕克）（含卵黄和亚碲酸钾）平板上生长，菌落为黑色，周围有一混浊带，在其外层有一透明圈，利用此特性可分离金黄色葡萄球菌。金黄色葡萄球菌还可以产生血浆凝固酶，它可使血浆中的血浆蛋白酶原变成血浆蛋白酶，使血浆凝固，这是鉴定致病性金黄色葡萄球菌的重要指标。

根据国标GB 4789.10的规定，食品中金黄色葡萄球菌检验有三种方法：第一种方法适用于食品中金黄色葡萄球菌的定性检验;第二种方法适用于金黄色葡萄球菌含量较高的食品中金黄色葡萄球菌的计数;第三种方法适用于金黄色葡萄球菌含量较低而杂菌含量较高的食品中金黄色葡萄球菌的计数。

二、培养基与试剂

培养基和试剂包括:10%氯化钠胰酪胨大豆肉汤、7.5%氯化钠肉汤、血琼脂平板、Baird-Parker琼脂平板、脑心浸出液肉汤(BHI)、兔血浆、稀释液(磷酸盐缓冲液)、营养琼脂小斜面、革兰氏染色液、无菌生理盐水。

三、设备和材料

除微生物实验室常规灭菌及培养设备外,其他设备和材料包括:恒温培养箱(36℃±1℃),冰箱(2~5℃),恒温水浴箱(37~65℃),天平(精确度0.01 g),均质器,振荡器,无菌吸管1 mL(具0.01 mL刻度)、10 mL(具0.1 mL刻度)或微量移液器及吸头,无菌锥形瓶(容量100 mL,500 mL),无菌培养皿(直径90 mm),pH计或pH比色管或精密pH试纸。

第3节 金黄色葡萄球菌检验步骤

第一法金黄色葡萄球菌检验的操作步骤如图11—1所示。

一、样品的处理

称取25 g样品至盛有225 mL 7.5%氯化钠肉汤或10%氯化钠胰酪胨大豆肉汤的无菌均质杯内,8 000~10 000 r/min均质1~2 min,或放入盛有225 mL 7.5%氯化钠肉汤或10%氯化钠胰酪胨大豆肉汤的无菌均质袋中,用拍击式均质器拍打1~2 min。若样品为液态,吸取25 mL样品至盛有225 mL 7.5%氯化钠肉汤或10%氯化钠胰酪胨大豆肉汤的无菌锥形瓶(瓶内可预置适当数量的无菌玻璃珠)中,振荡混匀。

二、增菌和分离培养

将上述样品匀液于36℃±1℃培养18~24 h。金黄色葡萄球菌在7.5%氯化钠肉汤中呈混浊生长,污染严重时在10%氯化钠胰酪胨大豆肉汤内呈混浊生长。

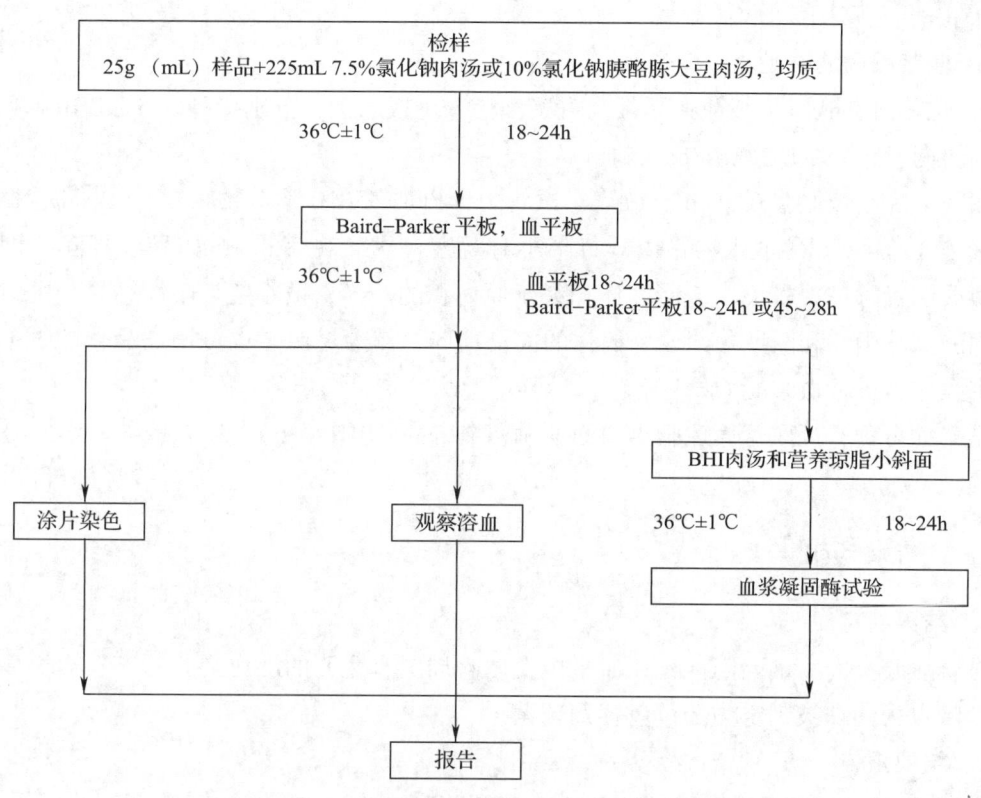

图 11—1 金黄色葡萄球菌检验的操作步骤

将上述培养物，分别划线接种到 Baird-Parker 平板和血平板，血平板 36℃±1℃ 培养 18～24 h。Baird-Parker 平板 36℃±1℃ 培养 18～24 h 或 45～48 h。

金黄色葡萄球菌在 Baird-Parker 平板上，菌落直径为 2～3 mm，颜色呈灰色到黑色，边缘为淡色，周围为一混浊带，在其外层有一透明圈。用接种针接触菌落有似奶油至树胶样的硬度，偶然会遇到非脂肪溶解的类似菌落，但无混浊带及透明圈。长期保存的冷冻或干燥食品中所分离的菌落比典型菌落所产生的黑色较浅些，外观可能粗糙并干燥。在血平板上，形成菌落较大，圆形、光滑凸起、湿润、金黄色（有时为白色），菌落周围可见完全透明溶血圈。挑取上述菌落进行革兰氏染色镜检及血浆凝固酶试验。金黄色葡萄球菌在血平板上的生长情况见彩图4。

三、鉴定

1. 染色镜检

金黄色葡萄球菌为革兰氏阳性球菌，排列呈葡萄球状，无芽孢，无荚膜，直径为

0.5~1 μm，见彩图 5。

2. 血浆凝固酶试验

挑取 Baird-Parker 平板或血平板上可疑菌落 1 个或以上，分别接种到 5 mL BHI 和营养琼脂小斜面，36℃±1℃培养 18~24 h。

取新鲜配制兔血浆 0.5 mL，放入小试管中，再加入 BHI 培养物 0.2~0.3 mL，振荡摇匀，置 36℃±1℃温箱或水浴箱内，每半小时观察一次，观察 6 h，如呈现凝固（即将试管倾斜或倒置时呈现凝块）或凝固体积大于原体积的一半，被判定为阳性结果。同时以血浆凝固酶试验阳性和阴性葡萄球菌菌株的肉汤培养物作为对照。也可用商品化的试剂，按说明书操作，进行血浆凝固酶试验。

结果如可疑，挑取营养琼脂小斜面的菌落到 5 mL BHI，36℃±1℃培养 18~48 h，重复试验。

四、结果与报告

1. 结果判定

符合血浆凝固酶试验阳性，在血平板上菌落周围有透明的溶血环，形态符合金黄色葡萄球菌特点的菌株被判定为金黄色葡萄球菌。

2. 结果报告

在 25 g（mL）样品中检出或未检出金黄色葡萄球菌。

第 4 节　金黄色葡萄球菌 Baird-Parker 平板计数

金黄色葡萄球菌 Baird-Parker 平板计数法的操作步骤如图 11—2 所示。

一、样品的稀释

固体和半固体样品：称取 25 g 样品置盛有 225 mL 磷酸盐缓冲液或生理盐水的无菌均质杯内，8 000~10 000 r/min 均质 1~2 min，或置盛有 225 mL 稀释液的无菌均质袋中，用拍击式均质器拍打 1~2 min，制成 1:10 的样品匀液。

液体样品：以无菌吸管吸取 25 mL 样品置盛有 225 mL 磷酸盐缓冲液或生理盐水的无菌锥形瓶（瓶内预置适当数量的无菌玻璃珠）中，充分混匀，制成 1:10 的样品匀液。

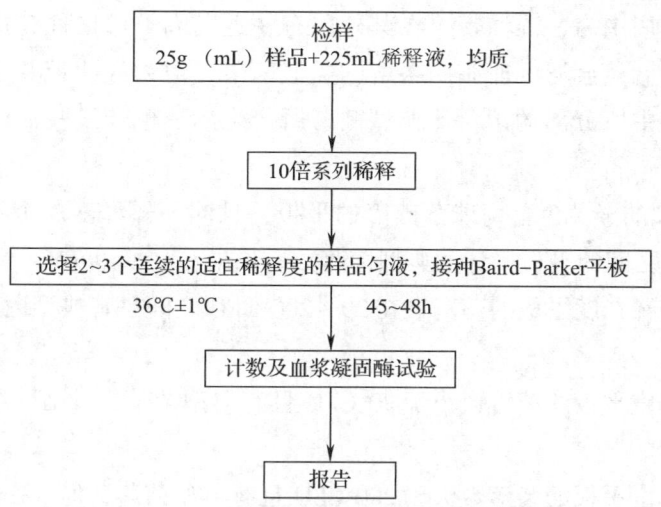

图 11—2　金黄色葡萄球菌平板计数法的操作步骤

用 1 mL 无菌吸管或微量移液器吸取 1:10 样品匀液 1 mL，沿管壁缓慢注于盛有 9 mL 稀释液的无菌试管中（注意吸管或吸头尖端不要触及稀释液面），振摇试管或换用 1 支 1 mL 无菌吸管反复吹打使其混合均匀，制成 1:100 的样品匀液。

按上述操作程序，制备 10 倍系列稀释样品匀液。每递增稀释一次，换用 1 次 1 mL 无菌吸管或吸头。

二、样品的接种

根据对样品污染状况的估计，选择 2~3 个适宜稀释度的样品匀液（液体样品可包括原液），在进行 10 倍递增稀释时，每个稀释度分别吸取 1 mL 样品匀液以 0.3 mL，0.3 mL，0.4 mL 接种量分别加入三块 Baird-Parker 平板，然后用无菌 L 棒涂布整个平板，注意不要触及平板边缘。使用前，如 Baird-Parker 平板表面有水珠，可放在 25~50℃ 的培养箱里干燥，直到平板表面的水珠消失。

三、培养

在通常情况下，涂布后，将平板静置 10 min，如样液不易吸收，可将平板放在培养箱 36℃±1℃ 培养 1 h；等样品匀液吸收后翻转平皿，倒置于培养箱，36℃±1℃ 培养，45~48 h。

四、典型菌落计数和确认

1. 金黄色葡萄球菌在 Baird-Parker 平板上，菌落直径为 2~3 mm，颜色呈灰色到黑色，边缘为淡色，周围为一混浊带，在其外层有一透明圈。用接种针接触菌落有似奶油至树胶样的硬度，偶然会遇到非脂肪溶解的类似菌落；但无混浊带及透明圈。长期保存的冷冻或干燥食品中所分离的菌落比典型菌落所产生的黑色较浅些，外观可能粗糙并干燥。

2. 选择有典型的金黄色葡萄球菌菌落的平板，且同一稀释度3个平板所有菌落数合计在20~200 CFU之间的平板，计数典型菌落数。如果：

（1）只有一个稀释度平板的菌落数在20~200 CFU之间且有典型菌落，计数该稀释度平板上的典型菌落。

（2）最低稀释度平板的菌落数小于20 CFU且有典型菌落，计数该稀释度平板上的典型菌落。

（3）某一稀释度平板的菌落数大于200 CFU且有典型菌落，但下一稀释度平板上没有典型菌落，应计数该稀释度平板上的典型菌落。

（4）某一稀释度平板的菌落数大于200 CFU且有典型菌落，且下一稀释度平板上有典型菌落，但其平板上的菌落数不在20~200 CFU之间，应计数该稀释度平板上的典型菌落，并按以下公式计算：

$$T = \frac{AB}{Cd}$$

式中　T——样品中金黄色葡萄球菌菌落数；

　　　A——某一稀释度典型菌落的总数；

　　　B——某一稀释度血浆凝固酶阳性的菌落数；

　　　C——某一稀释度用于血浆凝固酶试验的菌落数；

　　　d——稀释因子。

（5）2个连续稀释度的平板菌落数均在20~200 CFU之间，按以下公式计算。

$$T = \frac{A_1 B_1 / C_1 + A_2 B_2 / C_2}{1.1d}$$

式中　T——样品中金黄色葡萄球菌菌落数；

　　　A_1——第一稀释度（低稀释倍数）典型菌落的总数；

　　　A_2——第二稀释度（高稀释倍数）典型菌落的总数；

　　　B_1——第一稀释度（低稀释倍数）血浆凝固酶阳性的菌落数；

　　　B_2——第二稀释度（高稀释倍数）血浆凝固酶阳性的菌落数；

　　　C_1——第一稀释度（低稀释倍数）用于血浆凝固酶试验的菌落数；

　　　C_2——第二稀释度（高稀释倍数）用于血浆凝固酶试验的菌落数；

1——计算系数；
d——稀释因子（第一稀释度）。

3. 从典型菌落中任选 5 个菌落（小于 5 个全选），分别做血浆凝固酶试验。

五、结果与报告

根据 Baird-Parker 平板上金黄色葡萄球菌的典型菌落数，按公式计算，报告每克（毫升）样品中金黄色葡萄球菌数，以 CFU/g（mL）表示；如 T 值为 0，则以小于 1 乘以最低稀释倍数报告。

第 5 节　金黄色葡萄球菌 MPN 计数

金黄色葡萄球菌 MPN（最可能数）计数的操作步骤如图 11—3 所示。

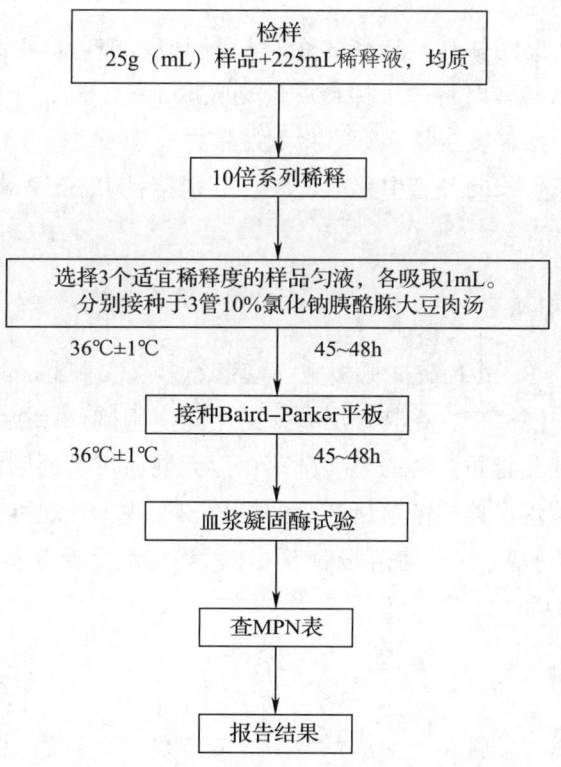

图 11—3　金黄色葡萄球菌 MPN 计数的操作步骤

一、样品的稀释

固体和半固体样品：称取 25 g 样品置盛有 225 mL 磷酸盐缓冲液或生理盐水的无菌均质杯内，8 000 ~ 10 000 r/min 均质 1 ~ 2 min，或置盛有 225 mL 稀释液的无菌均质袋中，用拍击式均质器拍打 1 ~ 2 min，制成 1∶10 的样品匀液。

液体样品：以无菌吸管吸取 25 mL 样品置盛有 225 mL 磷酸盐缓冲液或生理盐水的无菌锥形瓶（瓶内预置适当数量的无菌玻璃珠）中，充分混匀，制成 1∶10 的样品匀液。

用 1 mL 无菌吸管或微量移液器吸取 1∶10 样品匀液 1 mL，沿管壁缓慢注于盛有 9 mL 稀释液的无菌试管中（注意吸管或吸头尖端不要触及稀释液面），振摇试管或换用 1 支 1 mL 无菌吸管反复吹打使其混合均匀，制成 1∶100 的样品匀液。

按上述操作程序，制备 10 倍系列稀释样品匀液。每递增稀释 1 次，换用 1 次 1 mL 无菌吸管或吸头。

二、接种和培养

根据对样品污染状况的估计，选择 3 个适宜稀释度的样品匀液（液体样品可包括原液），在进行 10 倍递增稀释时，每个稀释度分别吸取 1 mL 样品匀液接种到 10% 氯化钠胰酪胨大豆肉汤管，每个稀释度接种 3 管，将上述接种物于 36℃ ±1℃ 培养 45 ~ 48 h。

用接种环从有细菌生长的各管中移取 1 环，分别接种 Baird-Parker 平板，36℃ ±1℃ 培养 45 ~ 48 h。

三、典型菌落确认

金黄色葡萄球菌在 Baird-Parker 平板上，菌落直径为 2 ~ 3 mm，颜色呈灰色到黑色，边缘为淡色，周围为一混浊带，在其外层有一透明圈。用接种针接触菌落有似奶油至树胶样的硬度，偶然会遇到非脂肪溶解的类似菌落；但无混浊带及透明圈。长期保存的冷冻或干燥食品中所分离的菌落比典型菌落所产生的黑色较淡些，外观可能粗糙并干燥。

从典型菌落中至少挑取 1 个菌落接种到 BHI 肉汤和营养琼脂斜面，36℃ ±1℃ 培养 18 ~ 24 h。进行血浆凝固酶试验。

四、结果与报告

计算血浆凝固酶试验阳性菌落对应的管数，查 MPN 检索表（见表 11—1），报告每克（毫升）样品中金黄色葡萄球菌的最可能数，以 MPN/g（mL）表示。

表 11—1　　　金黄色葡萄球菌最可能数（MPN）检索表

阳性管数			MPN	95% 置信区间		阳性管数			MPN	95% 置信区间	
0.10	0.01	0.001		下限	上限	0.10	0.01	0.001		下限	上限
0	0	0	<3.0	–	9.5	2	2	0	21	4.5	42
0	0	1	3.0	0.15	9.6	2	2	1	28	8.7	94
0	1	0	3.0	0.15	11	2	2	2	35	8.7	94
0	1	1	6.1	1.2	18	2	3	0	29	8.7	94
0	2	0	6.2	1.2	18	2	3	1	36	8.7	94
0	3	0	9.4	3.6	38	3	0	0	23	4.6	94
1	0	0	3.6	0.17	18	3	0	1	38	8.7	110
1	0	1	7.2	1.3	18	3	0	2	64	17	180
1	0	2	11	3.6	38	3	1	0	43	9	180
1	1	0	7.4	1.3	20	3	1	1	75	17	200
1	1	1	11	3.6	38	3	1	2	120	37	420
1	2	0	11	3.6	42	3	1	3	160	40	420
1	2	1	15	4.5	42	3	2	0	93	18	420
1	3	0	16	4.5	42	3	2	1	150	37	420
2	0	0	9.2	1.4	38	3	2	2	210	40	430
2	0	1	14	3.6	42	3	2	3	290	90	1 000
2	0	2	20	4.5	42	3	3	0	240	42	1 000
2	1	0	15	3.7	42	3	3	1	460	90	2 000
2	1	1	20	4.5	42	3	3	2	1 100	180	4 100
2	1	2	27	8.7	94	3	3	3	>1 100	420	–

注：1. 本表采用 3 个稀释度 [0.1 g（mL），0.01 g（mL），0.001 g（mL）]，每个稀释度接种 3 管
2. 表内所列检样量如改用 1 g（mL），0.1 g（mL），0.01 g（mL）时，表内数字应相应降低 10 倍；如改用 0.01 g（mL），0.001 g（mL），0.000 1 g（mL）时，则表内数字应相应增高 10 倍，其余类推

【实训】　检验牛乳中的金黄色葡萄球菌

1. 目的

熟悉和掌握金黄色葡萄球菌的检验方法。

2. 设备和材料

检验金黄色葡萄球菌所需的设备和材料见表 11—2。

表 11—2　　　　　　　检验金黄色葡萄球菌所需的设备和材料

设备和材料	规格与要求	数量
电炉	1 000～2 000 W	1 台
高压灭菌锅	121℃	1 台
均质器或乳钵	—	1 台
恒温培养箱	36℃±1℃	1 台
冰箱	0～4℃	1 台
天平	精确度 0.01 g（最大称量 500 g）	1 台
显微镜	光学显微镜	1 台
灭菌剪和勺子	—	若干
灭菌广口瓶	500 mL	1 个
酒精灯	—	1 个
三角烧瓶	500 mL	2 个
广口瓶	250 mL	2 个
灭菌试管	10 mm×100 mm	6 支
平皿	直径为 90 mm	10 套
试管架	用于 10 mm×100 mm 的试管	1 个
灭菌玻璃棒	直径约 1 cm，长约 30 cm	1 根
玻璃烧杯	500 mL 或 1 000 mL	1 个
接种针、接种环	—	各 1 支
载玻片	—	4 片
灭菌吸管	10 mL，1 mL	各 5 支
吸耳球	10 mL	1 个
橡皮乳头	1 mL	1 个
毛细吸管	—	2 支

3. 培养基和试剂

培养基和试剂包括：10%氯化钠胰酪胨大豆肉汤、7.5%氯化钠肉汤、血琼脂平板、Baird - Parker 琼脂、脑心浸出液肉汤（BHI）、兔血浆、营养琼脂小斜面、革兰氏染色液、无菌生理盐水。

4. 操作步骤

基本操作步骤是：样品处理→增菌→分离培养→血浆凝固酶试验及革兰氏染色镜检→结果报告。

（1）样品处理。先用75%酒精棉球清洁样品外包装，然后用灭菌剪刀剪开外包装，以无菌操作吸取25 mL样品加入225 mL7.5%氯化钠肉汤，用灭菌玻璃棒搅拌均匀。

（2）增菌。将上述样品匀液于36℃±1℃恒温箱培养24 h。

（3）分离培养。取增菌液1环，转种血平板和Baird-Parker平板，36℃±1℃培养24 h。金黄色葡萄球菌菌落在血平板上生长呈金黄色，有时也为白色，大而凸起、圆形、不透明、表面光滑，周围有透明的溶血圈。在Baird-Parker平板上生长的菌落为黑色或灰色，圆形、光滑凸起、湿润，周围有一混浊带，在其外层有一透明圈。

（4）血浆凝固酶试验。

（5）革兰氏染色镜检。金黄色葡萄球菌为革兰氏阳性球菌，镜检呈紫色，葡萄球状排列，无芽孢，无荚膜。

（6）结果报告。检验结束后，报告25 g（mL）样品中检出或未检出金黄色葡萄球菌。

5. 金黄色葡萄球菌的检验结果记录（检验依据：GB 4789.10）

（1）将所选用的设备和培养基填写于表11—3。

表11—3　　　　　　　　　　选用的设备和培养基

选用的设备和培养基	设备编号及计量状态

（2）填写实验原始记录。检验金黄色葡萄球菌的实验原始记录见表11—4。

表11—4　　　　　检验金黄色葡萄球菌的实验原始记录

样品名称		检验方法依据	
样品数量		样品状态	
检样数量		样品编号	

金黄色葡萄球菌检验结果记录			
血平板和 Baird-Parker 平板上菌落生长情况	血浆凝固酶试验结果	革兰氏染色镜检结果	实测结果
标准要求			
检验结论			

检验人：　　　　　检验日期：

职业技能鉴定要点

行为领域	鉴定范围	鉴定点	重要程度
理论准备	金黄色葡萄球菌的生物学特性	形态与培养特性	★
		生化特性	★
		毒素与酶	★
		抵抗力	★
	金黄色葡萄球菌的检验	检验原理	★★
		培养基与试剂	★★
		检样处理与增菌	★★
		分离培养和菌落特征	★★★
		血浆凝固酶试验	★★★
		检验结果	★★
技能训练	金黄色葡萄球菌的检验	选用设备和培养基	★★
		检样处理与增菌培养	★★★
		分离培养和菌落特征	★★★
		血浆凝固酶试验和形态鉴别	★★★
		结果判定与检验报告	★★★

测 试 题

● 一、判断题（下列判断正确的请打"√"，错误的请打"×"）
1. 金黄色葡萄球菌可以产生肠毒素。（   ）
2. 金黄色葡萄球菌引起的食物中毒是毒素型食物中毒。（   ）
3. 葡萄球菌一般无芽孢和荚膜。（   ）
4. 噬菌体能裂解所有的金黄色葡萄球菌。（   ）
5. 葡萄球菌根据菌落色素不同可分为三种。（   ）
6. 金黄色葡萄球菌适宜生长的盐浓度为5%~10%。（   ）
7. 葡萄球菌的毒素是一种外毒素，具有耐寒性。（   ）
8. 大多数葡萄球菌对青霉素有耐药性。（   ）
9. 金黄色葡萄球菌的直接计数法采用血琼脂平板。（   ）
10. 血浆凝固酶试验应每隔0.5 h观察一次，连续观察6 h。（   ）

● 二、简答题
1. 简述葡萄球菌的形态。
2. 简述葡萄球菌的分类。
3. 金黄色葡萄球菌的生化特性如何？
4. 葡萄球菌有哪几种主要毒素和酶？
5. 简述葡萄球菌的抵抗力。
6. 葡萄球菌能引起哪些疾病？
7. 增菌培养法的检验原理是什么？
8. 简述直接计数法的检验原理。
9. 增菌培养法的检验结果如何？
10. 简述血浆凝固酶的培养特性。

● 三、思考题
金黄色葡萄球菌的培养特性有哪些？

测试题答案

一、判断题
1. √ 2. √ 3. √ 4. × 5. √ 6. × 7. × 8. √ 9. × 10. √

二、简答题

1. 典型的葡萄球菌呈球形，直径为 0.4~1.2 μm，致病性葡萄球菌一般较非致病性菌小，且各个菌体的大小及排列也较整齐。本属细菌繁殖时呈多个平面的不规则分裂，堆积成为葡萄串状排列，葡萄球菌无鞭毛及芽孢，一般不形成荚膜。

2. 葡萄球菌属于微球菌科的葡萄球菌属，葡萄球菌种类繁多，以往的分类方法是以菌落色素将葡萄球菌分为金黄色葡萄球菌、白色葡萄球菌和柠檬色葡萄球菌三种。但是这种色素指标很不稳定，因此按葡萄球菌的生理化学组成将葡萄球菌分为金黄色葡萄球菌、表皮葡萄球菌、腐生葡萄球菌三种。

3. 金黄色葡萄球菌触酶反应阳性，在厌氧条件下能分解甘露醇，甲基红试验阳性。

4. 葡萄球菌主要含有：溶血毒素、杀白细胞素、肠毒素、血浆凝固酶、溶纤维蛋白酶、透明质酸酶、脱氧核糖核酸酶。

5. 葡萄球菌抵抗力较强，是不形成芽孢的细菌中的最强者，在干燥的脓汁或血液中可存活数月；加热80℃经30 min才能杀死，煮沸可迅速使其死亡；在5%石炭酸，1 g/L升汞中10~15 min死亡；对某些染料较敏感，1:100 000~1:200 000稀释的龙胆紫溶液能抑制其生长，对磺胺类药物的敏感较低，对青霉素、红霉素和庆大霉素高度敏感，很多菌株对青霉素有耐药性。

6. 葡萄球菌能引起的疾病主要有化脓性感染（如毛囊炎、疖、痈、伤口化脓、气管炎、肺炎、中耳炎、脑膜炎、心包炎等）、全身感染（如败血症、脓毒血症等）和食物中毒等。

7. 金黄色葡萄球菌耐盐性强，在100~150 g/L的氯化钠培养基中能生长，适宜生长的盐浓度（质量分数）为5%~7.5%，可以利用这个特性对金黄色葡萄球菌选择增菌，抑制杂菌。

金黄色葡萄球菌可产生溶血素，在血平板上生长，菌落周围有透明的溶血环，可产生卵磷脂酶，分解卵磷脂，产生甘油酯和可溶性磷酸胆碱，所以在Baird-Parker（含卵黄和亚碲酸钾）平板上生长，菌落为黑色，周围有一混浊带，在其外层有一透明圈，利用此特性可分离金黄色葡萄球菌。金黄色葡萄球菌还可以产生凝固酶，凝固酶可使血浆中的血浆蛋白酶原变成血浆蛋白酶，使血浆凝固，这是鉴定致病性金黄色葡萄球菌的重要指标。

8. 直接计数法的测定采用稀释平板法中的涂布法，采用Baird-Parker培养基，1 mL样品稀释液分成0.3 mL，0.3 mL，0.4 mL，分别接入三个平板中，然后用L形棒涂匀，待吸收后倒置培养。注意不能像混菌法那样一个平板接种1 mL，因为琼脂吸收不了1 mL样品稀释液，倒置培养后，样品稀释液会流出来。在平板上，随机挑取五个可疑为金黄色葡萄球菌的菌落，做证实试验，计算出平板上金黄色葡萄球菌的比例数，最后计算出每克（毫升）样品中的金黄色葡萄球菌数。

9. 血浆凝固酶试验阳性，在血平板上菌落周围有透明的溶血环，革兰氏染色后呈紫色、葡萄球状排列。

10. 对于血浆凝固酶试验，在 6 h 内必须呈现凝固（试管倒置或倾斜呈完全而坚固的凝块），为凝固酶阳性。进行该试验时，应半小时观察一次，有的菌株有时很快呈现凝固，若未及时观察结果，会在凝块周围出现少许液体，试管倾斜时凝块移动。为了准确判断结果，应重新做试验。

三、思考题

答案略。

第 12 章

β型溶血性链球菌检验

第 1 节　生物学特性　　　　　　　　/229
第 2 节　检验原理和实验材料　　　　/231
第 3 节　操作步骤　　　　　　　　　/232

引 导 语

溶血性链球菌在自然界分布较广，可存在于水、空气、尘埃、牛奶、粪便及人的鼻咽腔和肠道中，按其在血平板上的溶血能力分类，可分为 α 型溶血性链球菌、β 型溶血性链球菌、γ 型链球菌。与人类疾病有关的大多属于 β 型溶血性链球菌，常可引起皮肤和皮下组织的化脓性炎症及呼吸道感染，还可通过食品引起猩红热、流行性咽炎的爆发。因此，检查食品是否有 β 型溶血性链球菌具有实际意义。

本章介绍了 β 型溶血性链球菌的主要生物学特性和检验原理，同时以国标检验方法（GB 4789.11）为依据，详细描述了食品中 β 型溶血性链球菌检验的有关内容，包括实验材料、操作步骤及检验结果的判定，力求做到理论知识与检验技术相互渗透融合、总体检测方法与国际接轨。在检验关键点加入了具体操作要求，使检验方法更具可操作性和实用性。

学 习 要 点

● **熟悉**
β 型溶血性链球菌的生物学特性

● **掌握**
β 型溶血性链球菌检验所需的实验材料、检验结果的出具和检验注意事项

● **熟练掌握**
β 型溶血性链球菌的检验原理和操作步骤

第1节 生物学特性

一、分类

目前溶血性链球菌以抗原结构，根据 Lancefield（兰斯菲尔德）抗原血清分型，可将链球菌分成从 A 至 V 共 20 个群（其中缺 I、J 群），每个群结合生化和培养特性又分为若干型或亚型。根据溶血能力分类，可分为 α 型溶血性链球菌、β 型溶血性链球菌、γ 型链球菌。血清群与溶血特性没有相关性，与人类疾病有关的 β 型溶血性链球菌，其血清型 90% 属于 A 群链球菌。

根据 GB 4789.11，β 型溶血性链球菌是指能够产生 β 型溶血的化脓（或 A 群）链球菌（*Streptococcus pyogenes*）和无乳（或 B 群）链球菌（*Streptococcus agalactiae*）。

二、形态与染色

溶血性链球菌呈球形或卵圆形，直径为 $0.5 \sim 1~\mu m$，链状排列，长短不一，短者由 $4 \sim 8$ 个菌体组成，长者达 $20 \sim 30$ 个菌体，链的长短与细菌的种类及生长环境有关。溶血性链球菌在液体培养基中易成长链，在固体培养基中常呈短链，易与葡萄球菌相混淆。也有些链球菌的变种，可以形成很长的交织在一起的长链。由于链球菌能产生脱链酶，所以正常情况下，链球菌的链不能无限制地延长。溶血性链球菌在血清肉汤中培养 $2 \sim 3~h$，易发现有透明质酸形成的荚膜，继续培养后逐渐消失。本菌不形成芽孢，也无鞭毛，不能运动，易被碱性苯胺染料着色，革兰氏染色阳性，老龄培养物或吞噬细胞吞噬后可转为阴性。

三、培养特性

溶血性链球菌需氧或兼性厌氧，亦有专性厌氧及微需氧者，营养要求较高，普通培养基上生长不良，在加有血清、血液、腹水等的培养基中生长良好，大多数菌株需苏氨酸、核黄素、维生素 B_6、烟酸等生长因子。溶血性链球菌最适合温度为 $36℃$，在 $20 \sim 42℃$ 能生长，最适 pH 值为 $7.4 \sim 7.6$。

在血清肉汤中溶血性菌株易成长链，管底呈絮状或颗粒状沉淀；不溶血性菌株的菌链较短，液体均匀混浊；半溶血性菌株的链有长有短，在液体培养基中生长情况介于两者之间。在血平板上形成灰白色、半透明、表面光滑、直径为 0.5~0.75 mm 的圆形凸起的细小菌落，不同菌型菌落周围的溶血现象不同。α 型溶血性链球菌在菌落周围有 1~2 mm 的草绿色溶血环，放冰箱一夜呈透明溶血环，且溶血环扩大；β 型溶血性链球菌在菌落周围有 2~3 mm 的透明溶血环；γ 型链球菌菌落周围不具有溶血环。α 型溶血性链球菌的溶血环狭小，不具有明显的环状，镜检可见部分残留血球，放冰箱一夜后溶血环增大，当培养基所含血液不同时，溶血情况有改变，在含马血的培养基上有小溶血环，而在兔血培养基中不溶血。

四、生化特性

本菌触酶反应阴性，能分解葡萄糖产酸，对乳糖、甘露醇、水杨苷、山梨醇、棉籽糖、七叶苷的分解能力因菌株而异，一般不分解菊糖。β 型溶血性链球菌山梨醇阴性，不被胆汁溶解。约有 97% 的 A 群链球菌被杆菌肽抑制。肠球菌（D 群）绝大多数能分解甘露醇，也能分解七叶苷。

五、毒素和酶

致病性链球菌可产生多种毒素和酶。

1. 溶血素

溶血素有 O 和 S 两种。O 为含有—SH 基的蛋白质，对氧不稳定具有很强抗原性；S 为小分子多肽，对氧稳定，但对酸及热敏感，无抗原性或抗原性很低。

2. 致热外毒素

致热外毒素曾称红疹毒素，是猩红热的主要致病物质。主要由 A 群链球菌产生，C 群和 G 群的某些菌株也可产生。将此毒素注入易感者皮内，小剂量可使局部产生红疹，大剂量引起全身性红疹，并伴有发热、头痛、恶心、呕吐、周身不适等。

3. 透明质酸酶

透明质酸酶又称为扩散因子，是可溶解组织间质的透明质酸，故能增加细菌的侵袭力，致使链球菌在机体内较易扩散。

4. 链激酶

链激酶又称溶纤维蛋白酶，能增强细菌在组织中的扩散。人经溶血性链球菌感染后，70%~80% 出现链激酶抗体，此抗体可抑制链激酶活性。

5. 杀白细胞素

溶血性链球菌在肉汤培养基中可产生杀白细胞素。用 10% 血清肉汤培养溶血性链球菌 10~18 h 后，此毒素可达到极高浓度。将该菌液或过滤液与新鲜白细胞混合后，置于显微镜下直接观察,如有杀白细胞素存在,可见白细胞失去动力,变为球形,最后膨胀破裂。

另外,溶血性链球菌还可产生链道酶(又称脱氧核糖核酸酶)、蛋白核糖核酸酶、二磷酸吡啶核苷酸酶和致病毒素等。

六、抵抗力

溶血性链球菌抵抗力一般不强,在60℃经30 min即被杀死,但其中D群链球菌(如粪链球菌)对青霉素、红霉素、氯霉素、四环素和磺胺都很敏感。青霉素是治疗溶血性链球菌感染的首选药物。

第2节 检验原理和实验材料

一、检验原理

改良胰蛋白胨大豆肉汤(mTSB)和哥伦比亚CNA血琼脂用于β型溶血性链球菌增菌和分离,其中加入多粘菌素和萘啶酸,可以抑制杂菌。根据其在血平板上菌落周围的溶血环、革兰氏染色镜检、触酶试验以及用生化鉴定试剂盒或生化鉴定卡可进行鉴定β型溶血性链球菌。

二、培养基和试剂

培养基和试剂包括:改良胰蛋白胨大豆肉汤(mTSB)、哥伦比亚CNA血琼脂、哥伦比亚血琼脂、革兰氏染色液、3%过氧化氢(H_2O_2)溶液、生化鉴定试剂盒或生化鉴定卡。

三、设备和材料

除微生物实验室常规灭菌及培养设备外,其他设备和材料包括:恒温培养箱(36℃±1℃)、冰箱(2~5℃)、厌氧培养装置、天平(精确度0.01 g)、均质器与配套均质袋、显微镜(10~100倍)、无菌吸管1 mL(具0.01 mL刻度)、10 mL(具0.1 mL刻度)或微量移液器及吸头、无菌锥形瓶(容量100 mL,200 mL,2 000 mL)、无菌培养皿(直径90 mm)、pH计、pH比色管或精密pH试纸、微生物生化鉴定系统。

第3节 操作步骤

β型溶血性链球菌检验的操作步骤如图12—1所示。

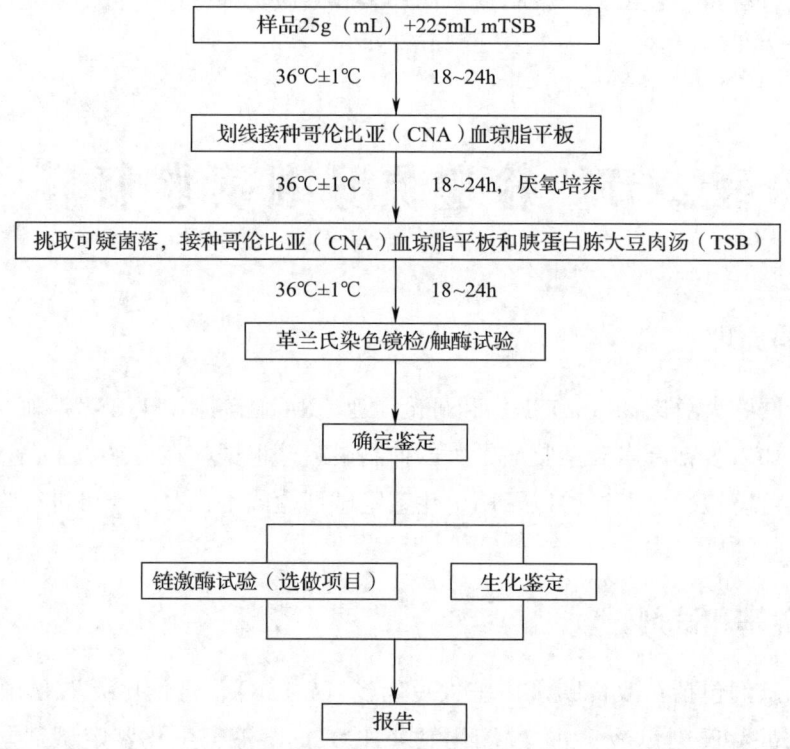

图12—1 β型溶血性链球菌检验的操作步骤

一、样品处理及增菌

按无菌操作称取检样25 g（mL），加入盛有225 mL 的 mTSB 均质袋中，用拍击式均质器均质1~2 min；或加入盛有225 mL 的 mTSB 均质杯中，以8 000~10 000 r/min 均质1~2 min。若样品为液态，振荡均匀即可。将上述样品匀液放于36℃±1℃培养18~24 h。

二、分离

将增菌液划线接种于哥伦比亚 CNA 血琼脂平板，36℃±1℃厌氧培养18~24 h，观察菌落形态。溶血性链球菌在哥伦比亚 CNA 血琼脂平板上的典型菌落形态为直径 2~3 mm，灰白色、半透明、光滑、表面突起、圆形、边缘整齐，并产生 β 型溶血（见彩图 6）。

三、鉴定

1. 分纯培养

挑取 5 个（如小于 5 个则全选）可疑菌落分别接种哥伦比亚血琼脂平板和 TSB 增菌液，置于 36℃±1℃培养 18~24 h。

2. 革兰氏染色镜检

挑取可疑菌落染色镜检。β 型溶血性链球菌为革兰氏染色阳性，球形或卵圆形，常排列成短链状。

3. 触酶试验

挑取可疑菌落于洁净的载玻片上，滴加适量 3% 过氧化氢溶液，立即产生气泡者为阳性。β 型溶血性链球菌触酶为阴性。

四、生化试验

使用生化鉴定试剂盒或生化鉴定卡对可疑菌落进行鉴定。

五、结果与报告

综合以上试验结果，报告每 25 g（mL）检样中检出或未检出 β 型溶血性链球菌。

六、注意事项

在血平板上生长有细小菌落，溶血环呈完全溶血，如不易与 α 型溶血性链球菌分辨时，可在低倍显微镜下，观察菌落周围溶血环，如有残存红细胞即为 α 型溶血链球菌，如呈完全透明的溶血圈即为 β 型溶血链球菌。进行革兰氏染色镜检，为阳性球菌链状排列。当在含有血清的肉浸液肉汤中培养后吸取管底沉淀物染色时，其链会更长。

触酶试验注意：第一，3% H_2O_2 溶液要新鲜配制；第二，不宜用血琼脂平板上生长的菌落，因红细胞含有触酶，可致假阳性反应；第三，取对数生长期的细菌。

【实训】 检验鸡精调味料中 β 型溶血性链球菌

1. 目的

熟悉和掌握 β 型溶血性链球菌的检验方法。

2. 设备和材料

检验 β 型溶血性链球菌所需的设备和材料见表 12—1。

表 12—1　　检验 β 型溶血性链球菌所需的设备和材料

设备和材料	规格与要求	数量
电炉	1 000～2 000 W	1 台
高压灭菌锅	121℃	1 台
均质器或乳钵	—	1 台
恒温培养箱	36℃±1℃	1 台
冰箱	0～4℃	1 台
天平	精确度 0.01 g（最大称量 500 g）	1 台
显微镜	光学显微镜	1 台
灭菌剪和勺子	—	若干
灭菌广口瓶	容量为 500 mL	1 个
酒精灯	—	1 个
三角烧瓶	容量为 500 mL	1 个
广口瓶	250 mL	2 个
灭菌试管	10 mm×100 mm	6 支
平皿	直径为 90mm	10 套
试管架	用于 10 mm×100 mm 的试管	1 个
灭菌玻璃棒	直径约 1 cm，长约 30 cm	1 根
玻璃烧杯	500 mL 或 1 000 mL	1 个
接种针、接种环	—	各 1 支
载玻片	—	4 片
灭菌吸管	10 mL，1 mL	各 5 支
吸耳球	10 mL	1 个
橡皮乳头	1 mL	1 个
pH 计、pH 比色管或精密 pH 试纸	—	若干
微生物生化鉴定系统	—	1 套
厌氧培养装置	—	1 套

3. 培养基和试剂

培养基和试剂包括：改良胰蛋白胨大豆肉汤（mTSB）、哥伦比亚 CNA 血琼脂、哥伦比亚血琼脂、革兰氏染色液、3% 过氧化氢（H_2O_2）溶液、生化鉴定试剂盒或生化鉴定卡、0.85% 无菌生理盐水（按所需量配制分装后放入高压灭菌锅 121℃ 15 min 灭菌）、75% 酒精棉球。

4. 操作步骤

基本操作步骤是：样品处理→增菌→分离→鉴定→生化试验→结果报告。

（1）样品处理。先用75%酒精棉球清洁样品外包装，然后用灭菌的剪子剪开外包装，以无菌操作称取25 g样品加入225 mL的mTSB中，用灭菌玻璃棒搅拌均匀。

（2）增菌。

（3）分离。

（4）鉴定。

（5）生化试验。

（6）结果报告。检验结束后，报告每25 g（mL）检样中检出或未检出溶血性链球菌。

5. β型溶血性链球菌的检验结果记录（检验依据：GB/T 4789.11）

（1）将所选用的设备和培养基填入表12—2。

表12—2　　　　　　　　选用的设备和培养基

选用的设备和培养基	设备编号及计量状态

（2）填写实验原始记录。检验β型溶血性链球菌的实验原始记录见表12—3。

表12—3　　　检验β型溶血性链球菌的实验原始记录

样品名称		检验方法依据	
样品数量		样品状态	
检样数量		样品编号	
β型溶血性链球菌检验结果记录			
血平板上菌落生长情况	触酶试验结果	革兰氏染色镜检结果	实测结果
标准要求			
检验结论			

检验人：　　　　　检验日期：

职业技能鉴定要点

行为领域	鉴定范围	鉴定点	重要程度
理论准备	溶血性链球菌的生物学特性	形态与培养特性	★
		生化特性	★
		毒素与酶	★
		抵抗力	★
	β型溶血性链球菌的检验	检验原理	★★
		培养基与试剂	★★
		检样处理和增菌	★★
		分离培养和菌落特征	★★★
		生化试验	★★★
		检验结果	★★
技能训练	β型溶血性链球菌的检验	选用设备和培养基	★★
		检样处理与增菌培养	★★★
		分离培养和菌落特征	★★★
		形态鉴别和杆菌肽敏感试验	★★★
		结果判定与检验报告	★★★

测 试 题

一、判断题（下列判断正确的请打"√"，错误的请打"×"）

1. 溶血性链球菌按溶血能力可分为三种。（   ）
2. β型溶血性链球菌共有 18 个族。（   ）
3. 溶血性链球菌可引发猩红热和流行性脑炎。（   ）
4. 溶血性链球菌在液体培养基中易形成短链。（   ）
5. 溶血性链球菌是厌氧菌。（   ）
6. 大多数β型溶血性链球菌在 60℃下经过 30 min，即被杀死。（   ）
7. 溶血性链球菌的增菌培养是在 44℃下培养 24 h。（   ）
8. 溶血性链球菌可通过直接接触、飞沫吸入和黏膜伤口侵入机体致病。（   ）
9. 青霉素是受β型溶血性链球菌感染者的首选药物。（   ）
10. 肠球菌大多数能分解七叶苷，不能分解甘露醇。（   ）

二、简答题

1. 简述溶血性链球菌的形态。

2. 简述溶血性链球菌的培养特性。
3. 溶血性链球菌的生化特性有哪些？
4. 溶血性链球菌可产生哪些毒素和酶？
5. 简述溶血性链球菌的抵抗力。
6. 溶血性链球菌能引起哪些疾病？
7. 简述β型溶血性链球菌增菌培养的原理。
8. β型溶血性链球菌在血平板上的形态是怎样的？
9. 简述触酶试验的过程和注意事项。
10. 简述链激酶试验的原理。

三、思考题

在β型溶血性链球菌的检验过程中需注意哪些事项？

测试题答案

一、判断题

1. √　2. ×　3. ×　4. ×　5. ×　6. ×　7. ×　8. √　9. √　10. ×

二、简答题

1. 溶血性链球菌呈球形或卵圆形，直径为0.5~1 μm，链状排列，长短不一，短者由4~8个菌体组成，长者达20~30个菌，链的长短与细菌的种类及生长环境有关。溶血性链球菌在液体培养基中易成长链，固体培养基中常呈短链，易与葡萄球菌相混淆；也有些链球菌的变种，可以形成很长的交织在一起的长链。由于链球菌能产生脱链酶，所以正常情况下，链球菌的链不能无限制地延长。溶血性链球菌在血清肉汤中培养2~3 h，易发现有透明质酸形成的荚膜，继续培养后逐渐消失。本菌不形成芽孢，也无鞭毛，不能运动。

2. 溶血性链球菌需氧或兼性厌氧，亦有专性厌氧及微需氧者，营养要求较高，普通培养基上生长不良，在加有血清、血液、腹水等的培养基中生长良好，大多数菌株需苏氨酸、核黄素、维生素 B_6、烟酸等生长因子。溶血性链球菌最适合温度为36℃，在20~42℃能生长，最适 pH 值为7.4~7.6。

3. 溶血性链球菌触酶反应阴性，能分解葡萄糖产酸，对乳糖、甘露醇、水杨苷、山梨醇、棉籽糖、七叶苷的分解能力因菌株而异，一般不分解菊糖。β型溶血链球菌山梨醇阴性，不被胆汁溶解。约有97%的A群链球菌被杆菌肽抑制。肠球菌（D群）绝大多数能分解甘露醇，也能分解七叶苷。

4. 溶血性链球菌可产生的毒素和酶有：溶血素、致热外毒素、透明质酸酶、链激酶、杀白细胞素。

5. 溶血性链球菌抵抗力一般不强，在60℃经30 min即被杀死，但其中D群链球菌（如粪链球菌）抵抗力特别强，在60℃经30 min仍不死。溶血性链球菌产生的红疹毒素耐热力很强，煮沸1 h才破坏。β型溶血性链球菌对青霉素、红霉素、氯霉素、四环素和磺胺都很敏感。青霉素是溶血性链球菌感染的首选药物。

6. 溶血性链球菌引起的疾病主要有：

（1）皮肤和皮下组织感染，出现化脓性炎症、淋巴管炎、淋巴结炎、蜂窝组织炎等。溶血性链球菌侵袭力较强，比葡萄球菌更易扩散和蔓延，往往沿淋巴和血液扩散而引起败血症。对其他系统也可能引起感染，如扁桃体炎、咽炎、鼻窦炎、中耳炎、乳突炎、肾盂肾炎、肾小球炎、产褥热等。

（2）猩红热。这是由能产生红疹毒素的溶血性链球菌引起的小儿急性传染病，多以飞沫传播并通过咽喉黏膜侵入机体，产生红疹毒素，引起全身红疹和全身中毒症状。

7. β型溶血性链球菌的增菌培养用加入多黏菌素和萘啶酸改良胰蛋白胨大豆肉汤（mTSB）。其中蛋白胨提供氮源、维生素和生长因子，NaCl维持渗透压。多粘菌素和萘啶酮酸联合加入主要使抑制革兰氏阴性杆菌的作用加强，同时不抑制革兰氏阳性球菌的生长。接种后在36℃厌氧培养24 h。

8. β型溶血性链球菌在血平板上的形态是灰白色、溶血半透明或不透明、表面光滑的小菌落。

9. 挑取可疑菌落于洁净的载玻片上，滴加适量3%过氧化氢溶液，立即产生气泡者为阳性。β型溶血性链球菌触酶为阴性。

触酶试验注意：第一，3% H_2O_2 溶液要新鲜配制；第二，不宜用血琼脂平板上生长的菌落，因红细胞含有触酶，可致假阳性反应；第三，取对数生长期的细菌。

10. 致病性β型溶血性链球菌能产生链激酶（即溶纤维蛋白酶），此酶能激活正常人体血液中的血浆蛋白酶原，使其转化为血浆蛋白酶，而后溶解纤维蛋白。

三、思考题

答案略。

13

第 13 章

副溶血性弧菌检验

第 1 节　生物学特性　　　　　/241
第 2 节　检验原理和实验材料　/242
第 3 节　操作步骤　　　　　　/243

引 导 语

　　副溶血性弧菌主要生活在海水中，是一种嗜盐性细菌，其营养要求不高，故在外界可长期生存。它是广泛分布于海水、海底泥沙、浮游生物、鱼类和贝类中的海洋性细菌。菌株具有致病性，是海产食品引起急性胃肠炎的重要病原菌之一。所以检查水产品中的副溶血性弧菌及其数量具有实际意义。

　　本章介绍了副溶血性弧菌的主要生物学特性和检验原理，同时以国标检验方法（GB 4789.7）为依据，详细描述了食品中副溶血性弧菌检验的有关内容，包括实验材料、操作步骤及检验结果的判定，力求做到理论知识与检验技术相互渗透融合、总体检测方法与国际接轨。在检验关键点加入了具体操作要求，使检验方法更具可操作性和实用性。

学习要点

● **熟悉**
  副溶血性弧菌的生物学特性

● **掌握**
  副溶血性弧菌检验所需的实验材料、检验结果的出具和检验注意事项

● **熟练掌握**
  副溶血性弧菌的检验原理和操作步骤

第1节 生物学特性

副溶血性弧菌是一种嗜盐性弧菌，是沿海国家或地区的主要食物中毒病原菌，尤其是在夏秋季节的沿海地区，经常由于食用带有大量副溶血性弧菌的海产食品，引起爆发性食物中毒。在非沿海地区，因食用此菌污染的食品而引起中毒者亦时有发生。

一、形态与染色

副溶血性弧菌革兰氏染色阴性，随使用的培养基不同，生长的菌体形态差异很大，有卵圆形、球杆形、杆形、弧形、丝状等多种形态。两端有浓染现象，见彩图7。无芽孢和荚膜，菌体一端有鞭毛，活动非常活跃。除此之外，菌体周围尚有菌毛。

二、培养特性

1. 具有嗜盐性和需氧性

副溶血性弧菌对营养要求不高，具嗜盐性，在普通培养基中加入适量的氯化钠即能生长，氯化钠的适合浓度（质量分数）为3.5%，在无盐培养基中则停止繁殖。适合pH值为7.7~8.0，适合温度为30~37℃。本菌需氧性较为明显，在液体培养基中生长呈均匀混浊，表面因生长茂盛而形成菌膜，在厌氧环境中生长较差。

2. 不同平板上的菌落形态

（1）嗜盐菌选择性平板。37℃培养24 h，多呈蔓延状生长，形成的菌落边缘不整齐，常为隆起，圆形，稍混浊，不透明，表面光滑、较湿润，不产生色素。

（2）SS平板。37℃培养24 h，形成的菌落较小，直径为1.5~2 mm，圆形扁平，无色透明，有时出现黏性菌落，不易为接种环挑起。

（3）血琼脂平板。37℃培养24 h，形成的菌落较大，直径约为3 mm，圆形隆起，湿润并略带灰色或黄色，有的菌株还出现α型或β型溶血环。

（4）TCBS（硫代硫酸盐、柠檬酸盐、胆盐、蔗糖）琼脂平板。菌落呈蓝绿色，圆形，边缘整齐，湿润，稍混浊半透明，多具尖心、斗笠状，直径为2~4 mm，见彩图8。

（5）氯化钠蔗糖琼脂平板。菌落呈淡蓝或蓝绿色，多呈蔓延状生长。形成的菌落边缘不整齐，常为隆起，圆形，稍混浊，不透明，表面光滑、较湿润，不产生色素，见彩图9。

（6）弧菌显色培养基。菌落呈粉紫色，圆形，半透明，表面光滑，直径为2~3 mm。

三、生化特性

本菌对葡萄糖产酸不产气,能分解甘露醇,不发酵乳糖和蔗糖;不产生 H_2S,V-P 阴性,ONPG 阴性,赖氨酸阳性,精氨酸阴性,鸟氨酸多数为阳性少数呈阴性;多数溶血性阳性,有少数不溶血。氧化酶试验阳性。在我妻氏培养基上呈 β 溶血,表示该菌株能产生耐热溶血毒素(TDH)。

四、抵抗力

副溶血性弧菌在自来水中能存活 1 天,在自然界淡水中能存活不超过 2 天,在海水中能存活近 50 天。生长的 pH 值范围是 7.0~9.5,最适 pH 值为 7.7~8.0,耐碱不耐酸,用 1% 食醋处理 5 min 即死亡,在 1% 盐酸中 5 min 死亡。副溶血性弧菌不耐热,56℃加热 5~10 min,90℃加热 1 min 即可灭活。副溶血性弧菌对氯、石炭酸、来苏水抵抗力较弱,如在 $0.5×10^{-6}$(体积分数)的氯中,1 min 死亡。副溶血性弧菌对青霉素和磺胺嘧啶等药物具有耐药性,对氯霉素、合霉素等均甚敏感。

第2节 检验原理和实验材料

一、检验原理

检样用 3% 氯化钠碱性蛋白胨水增菌液增菌后,在 TCBS 琼脂平板或弧菌显色培养基琼脂平板上对副溶血性弧菌进行选择性分离培养,将出现的可疑菌落进一步做氧化酶试验、生化反应、嗜盐性试验和革兰氏染色镜检,综合上述结果得出结论。

二、培养基与试剂

培养基和试剂包括:3% 氯化钠碱性蛋白胨水、TCBS 琼脂、弧菌显色培养基、3% 氯化钠胰蛋白胨大豆(TSA)琼脂、3% 氯化钠三糖铁(TSI)琼脂、嗜盐性试验培养基、3% 氯化钠甘露醇试验培养基、3% 氯化钠赖氨酸脱羧酶试验培养基、3% 氯化钠胰蛋白胨水、3% 氯化钠溶液、MR-VP 甲基红-伏普试验培养基、邻硝基苯-β-D 半乳糖苷(ONPG)培养基、我妻氏血琼脂平板、氧化酶试剂、靛基质试剂、甲基红试剂、V-P 试剂、ONPG 试剂、革兰氏染色液、生化鉴定试剂盒。

三、器具及其他用品

除微生物实验室常规灭菌及培养设备外,其他设备和材料如下:恒温培养箱(36℃±1℃),冰箱(2~5℃,7~10℃),恒温水浴箱(36℃±1℃),均质器或无菌乳钵,天平(精确度0.1 g),无菌试管(18 mm×180 mm,15 mm×100 mm),无菌吸管1 mL(具0.01 mL刻度)、10 mL(具0.1 mL刻度)或微量移液器及吸头,无菌锥形瓶(容量250 mL,500 mL,1 000 mL),无菌培养皿(直径90 mm),全自动微生物生化鉴定系统,无菌剪刀、镊子。

第3节 操作步骤

副溶血性弧菌检验的操作步骤如图13—1所示。

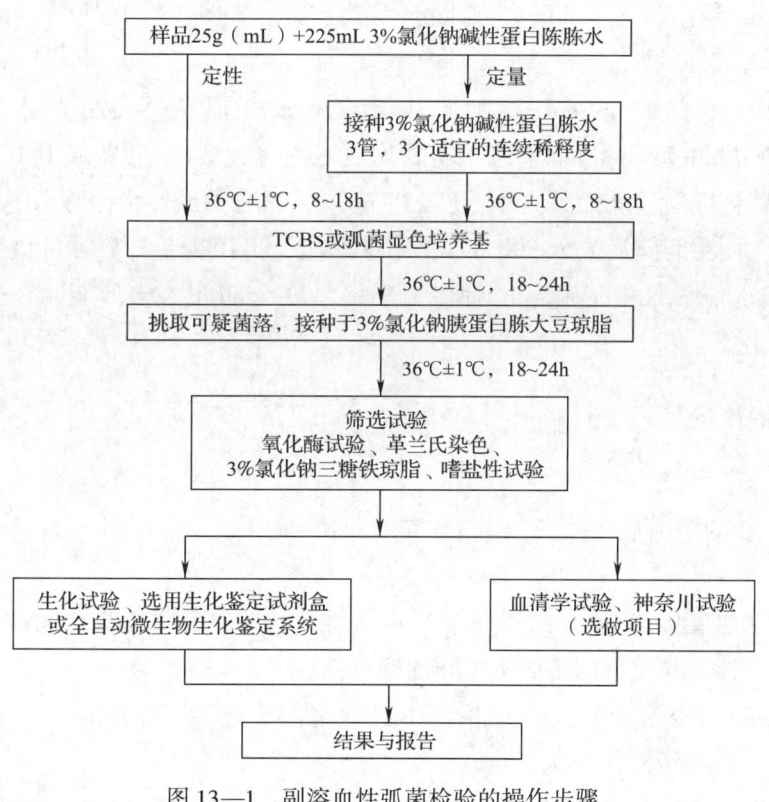

图13—1 副溶血性弧菌检验的操作步骤

一、样品处理

1. 样品要求

采样时应注意准备好灭菌用具及容器,以无菌操作称取有代表性的样品。样品必须尽快送检,不宜存放时间过长。副溶血性弧菌在适宜温度下繁殖较快,但不适于低温生存,在寒冷的情况下容易死亡。应防止待检材料冷冻,以免影响检验结果。

有时因受所采取的样品存放条件的影响(如低温冷冻或干燥时间过长等原因),使菌体处于受伤状态。因此需对此类可疑食品或可疑中毒材料进行增菌培养,但应注意为了有利于细菌恢复,不宜选用抑制性较强的培养基,否则会影响细菌生长。

2. 样品制备

非冷冻样品采集后应立即放于7~10℃冰箱中保存,尽可能早检验;冷冻样品应在45℃以下不超过15 min或在2~5℃不超过18 h解冻。

鱼类和头足类动物取表面组织、肠或鳃。贝类取全部内容物,包括贝肉和体液;甲壳类取整个动物,或者动物的中心部分,包括肠和鳃。如为带壳贝类或甲壳类,则应先在自来水中洗刷外壳并甩干表面水分,然后以无菌操作打开外壳,按上述要求取相应部分。

以无菌操作取样品25 g(mL),加入3%氯化钠碱性蛋白胨水225 mL,用旋转刀片式均质器以8 000 r/min均质1 min,或拍击式均质器拍击2 min,制备成1:10的样品匀液。如无均质器,则将样品放入无菌乳钵,自225 mL 3%氯化钠碱性蛋白胨水中取少量稀释液加入无菌乳钵,样品磨碎后放入500 mL无菌锥形瓶,再用少量稀释液冲洗乳钵中的残留样品1~2次,洗液放入锥形瓶,最后将剩余稀释液全部放入锥形瓶,充分振荡,制备1:10的样品匀液。

二、增菌培养

1. 定性检测

将上述1:10的增菌混悬液于36℃±1℃培养8~18 h。

2. 定量检测

(1)用灭菌吸管吸取1:10的稀释液1 mL,注入含有9 mL 3%氯化钠碱性蛋白胨水的试管内,振摇试管,混匀,制备成1:100的稀释液。

(2)另取1 mL灭菌吸管,按上述操作依次制备10倍递增稀释液,每递增稀释一次,换用一支1 mL灭菌吸管。

(3)根据对检样污染情况的估计,选择3个连续的适宜稀释度,每个稀释度接种3支含有 9 mL 3% 氯化钠碱性蛋白胨水的试管，每管接种 1 mL，置于 36℃ ±1℃ 培养 8~18 h。

三、分离培养

在所有显示生长的试管或增菌液中用接种环蘸取一环，于 TCBS 平板或弧菌显色培养基平板上划线分离，一支试管划线一个平板，置于 36℃ 培养 18~24 h。

观察菌落特征，在 TCBS 琼脂平板上的菌落呈圆形、绿色或蓝色，用接种环轻触有类似口香糖的质感，直径为 2~3 mm。典型的副溶血性弧菌在弧菌显色培养基上的特征按照产品说明进行判定。

四、初步生化试验

挑取三个或以上的可疑菌落，划线 3% 氯化钠胰蛋白胨大豆（TSA）琼脂平板，置于 36℃ 培养 18~24 h，然后做以下生化试验：

1. 氧化酶试验。挑选纯培养的单个菌落进行氧化酶试验，副溶血性弧菌为氧化酶阳性。

2. 涂片镜检。将可疑菌落涂片，进行革兰氏染色，镜检观察形态。副溶血性弧菌为革兰氏阴性，呈棒状、弧状、卵圆状等多种形态，无芽孢，有鞭毛。

3. TSI（3% 氯化钠三糖铁）。挑取纯培养的单个可疑菌落，转种 3% 氯化钠三糖铁琼脂斜面并穿刺底层，置于 36℃ ±1℃ 培养 24 h 后观察结果。副溶血性弧菌在 3% 氯化钠三糖铁琼脂中的反应为底层变黄不变黑，无气泡，斜面颜色不变或红色加深，有动力。

4. 嗜盐性试验。挑取纯培养的单个可疑菌落，分别接种 0%、6%、8% 和 10% 不同氯化钠浓度（质量分数）的胰胨水，36℃ ±1℃ 培养 24 h，观察液体混浊情况。副溶血性弧菌在无氯化钠和 10% 氯化钠的胰胨水中不生长或微弱生长，在 6% 氯化钠和 8% 氯化钠的胰胨水中生长旺盛。

五、确证鉴定

取纯培养物分别接种含 3% 氯化钠的甘露醇试验培养基、赖氨酸脱羧酶试验培养基、MR-VP 培养基，36℃ ±1℃ 培养 24~48 h 后观察结果；3% 氯化钠三糖铁琼脂隔夜培养物进行 ONPG 试验。可选择生化鉴定试剂盒或全自动微生物生化鉴定系统。

六、结果与报告

根据检出的可疑菌落生化性状，报告 25 g（mL）样品中检出副溶血性弧菌。如果进行定量检测,根据证实为副溶血性弧菌阳性的试管管数,查最可能数(MPN)检索表,报告每克(毫升)副溶血性弧菌的 MPN 值。副溶血性弧菌菌落生化性状与其他弧菌的鉴别情况分别见表 13—1 和表 13—2。

表 13—1　　　　　　　　　　副溶血性弧菌的生化性状

试验项目	结果
革兰氏染色镜检	阴性,无芽孢
氧化酶	+
动力	+
蔗糖	−
葡萄糖	+
甘露醇	+
分解葡萄糖产气	−
乳糖	−
硫化氢	−
赖氨酸脱羧酶	+
V – P	−
ONPG	−

注: + 表示阳性; − 表示阴性

表 13—2　　　　　　　副溶血性弧菌主要性状与其他弧菌的鉴别

名称	氧化酶	赖氨酸	精氨酸	鸟氨酸	明胶	脲酶	V–P	42℃生长	蔗糖	D–纤维二糖	乳糖	阿拉伯糖	D–甘露糖	D–甘露醇	ONPG	嗜盐性试验 氯化钠含量（质量分数）				
																0%	3%	6%	8%	10%
副溶血性弧菌 V. parahaemolyticus	+	+	−	+	+	V	−	+	−	V	−	−	+	+	−	−	+	+	+	−
创伤弧菌 V. vulnificus	+	+	−	+	+	−	−	−	−	+	+	+	−	V	+	−	+	+	−	−

246

副溶血性弧菌检验

续表

名称	氧化酶	赖氨酸	精氨酸	鸟氨酸	明胶	脲酶	V-P	42℃生长	蔗糖	D-纤维二糖	乳糖	阿拉伯糖	D-甘露糖	D-甘露醇	ONPG	嗜盐性试验 氯化钠含量（质量分数）				
																0%	3%	6%	8%	10%
溶藻弧菌 V. alginolyticus	+	+	-	+	+	-	+	+	+	-	-	-	+	+	-	-	+	+	+	+
霍乱弧菌 V. cholerae	+	+	-	+	+	-	V	+	+	-	+	-	+	+	+	+	+	+	-	-
拟态弧菌 V. mimicus	+	+	-	+	+	-	-	+	-	-	+	-	+	+	+	+	+	+	-	-
河弧菌 V. fluvialis	+	-	+	-	+	-	V	+	+	+	-	+	+	+	+	-	+	+	+	-
弗氏弧菌 V. furnissii	+	-	+	-	+	-	-	+	+	+	-	+	+	+	-	-	+	+	+	-
梅氏弧菌 V. metschnikovii	-	+	-	-	+	+	+	V	+	-	-	+	+	+	+	+	+	+	V	-
霍利斯弧菌 V. hollisae	+	-	-	-	-	-	-	nd	-	-	-	-	+	-	-	-	-	+	-	-

注：+表示阳性；-表示阴性；nd 表示未试验；V 表示可变

七、注意事项

样品经增菌 8～18 h 后，转种平板进行分离，挑选可疑菌落转种 3% 氯化钠三糖铁，此时挑选数目不应少于 5 个，以防漏检。尤其是夏季，海产食品混放，相互交叉污染严重，有不同类型细菌存在。

【实训】 检验虾仁中的副溶血性弧菌

1. 目的

熟悉和掌握副溶血性弧菌的检验方法。

2. 设备和材料

检验副溶血性弧菌所需的设备和材料见表13—3。

表13—3 检验副溶血性弧菌所需的设备和材料

设备和材料	规格与要求	数量
电炉	1 000 ~ 2 000 W	1台
高压灭菌锅	121℃	1台
均质器或乳钵	—	1台
恒温培养箱	36℃±1℃	1台
恒温水浴锅	46℃±1℃	1台
冰箱	0 ~ 4℃	1台
天平	精确度0.1 g	1台
光学显微镜	—	1台
灭菌剪子、镊子、勺子	—	各1把
酒精灯	—	1个
试管	15 mm×150 mm	若干
稀释瓶	250 mL	2个
灭菌吸管	1 mL, 10 mL	各3支
载玻片	—	若干
平皿	直径为90 mm	若干
试管架	用于15 mm×150 mm的试管	1个
接种环	—	1只
接种针	—	1只

3. 培养基和试剂

（1）3%氯化钠碱性蛋白胨水。按成品培养基使用方法正确配制，每瓶分装225 mL，灭菌。

（2）硫代硫酸盐 – 柠檬酸盐 – 胆盐 – 蔗糖（TCBS）琼脂、弧菌显色培养基、3%氯化钠三糖铁琼脂。按成品培养基使用方法正确配制，灭菌倾注平板后凝固待用。

（3）氧化酶试剂、ONPG培养基。

（4）嗜盐性试验培养基。成品蛋白胨水培养基按使用方法正确配制，每瓶分装100 mL后依次加入不同量的氯化钠：0 g，6 g，8 g，10 g，放入高压灭菌锅灭菌（121℃下15 min）。

（5）靛基质试剂、甲基红试剂、V-P试剂。按成品培养基使用方法正确配制。

（6）3%氯化钠精氨酸、3%氯化钠鸟氨酸、3%氯化钠赖氨酸。若采用成品灭菌液体，可直接分装 1 mL 至具盖无菌试管，再滴加一层无菌液状石蜡后备用。

（7）3%氯化钠甘露醇。若采用成品灭菌液体，可直接分装 5 mL 至具盖无菌试管。

（8）革兰氏染色液。

4. 操作步骤

（1）样品处理。称取 25 g 虾仁放入灭菌乳钵内，用灭菌剪子剪碎，加灭菌海砂或玻璃砂研磨（有条件时可用均质器），检样磨碎后加入 225 mL 3%氯化钠碱性蛋白胨水，混匀成稀释液。

（2）增菌培养（定性检测）。将上述 1:10 增菌混悬液于 36℃±1℃培养 8~18 h。

（3）分离培养。将增菌后的液体划线分离（TCBS）琼脂、弧菌显色培养基各一个置于 36℃培养 18~24 h，观察可疑菌落。

（4）挑取上述可疑菌落，转种 3%氯化钠三糖铁斜面，36℃培养 24 h 后观察结果。

（5）涂片镜检。将三糖铁培养基反应可疑者（底层变黄、葡萄糖产酸不产气、斜面产碱变红色、不分解乳糖蔗糖、有动力、不产生硫化氢）进行涂片革兰氏染色镜检形态。

（6）嗜盐性试验。将上述可疑培养物分别接种于不同浓度的盐胨水中，36℃培养 24 h 后观察生长情况，在无氯化钠和 10%氯化钠的胰胨水中不生长或生长微弱，在 6%氯化钠和 8%氯化钠的胰胨水中生长旺盛。

（7）氧化酶试验。

（8）生化试验。分别接种各类生化培养基，置于 36℃培养，除 V-P、靛基质、甲基红试验培养 48 h 后加试剂观察外，其他均可在 24 h 观察。

5. 副溶血性弧菌检验结果记录（检验依据：GB 4789.7）

（1）将选用的设备和培养基、试剂填入表 13—4。

表 13—4　　　　　　　　选用的设备、培养基和试剂

选用的设备、培养基和试剂名称	设备编号及计量状态

（2）填写实验原始记录。检验副溶血性弧菌的实验原始记录见表13—5。

表13—5　　　　　　检验副溶血性弧菌的实验原始记录

样品名称		检验方法依据	
样品数量		样品状态	
检样数量		样品编号	
培养条件	温度：	时间：	

选择性平板可疑菌落形态	
TCBS琼脂	
弧菌显色培养基	

生化试验	
革兰氏染色	
氧化酶试验	
3%氯化钠三糖铁	
嗜盐性试验：无盐	
6%	
8%	
10%	
3%氯化钠赖氨酸脱羧酶	
3%氯化钠精氨酸脱羧酶	
3%氯化钠鸟氨酸脱羧酶	
V-P	
ONPG	
甘露醇	
蔗糖	
乳糖	
葡萄糖	
动力	
结果：	

注：阳性结果用"＋"表示，阴性结果用"－"表示

检验人：　　　　　　检验日期：

副溶血性弧菌检验

职业技能鉴定要点

行为领域	鉴定范围	鉴定点	重要程度
理论准备	副溶血性弧菌的生物学特性	形态与染色	★
		培养特性	★
		生化特性	★
		抵抗力	★
	副溶血性弧菌的检验	检验原理	★★
		培养基及试剂	★★
		样品处理和增菌	★★
		分离培养和菌落特征	★★
		生化试验	★★★
		检验结果	★★★
技能训练	副溶血性弧菌的检验	选用设备和培养基	★★
		检样处理与增菌培养	★★★
		分离培养和菌落特征	★★★
		生化试验和形态鉴别	★★★
		结果判定与检验报告	★★★

测 试 题

一、判断题（下列判断正确的请打"√"，错误的请打"×"）

1. 副溶血性弧菌在12%氯化钠胰蛋白胨水中生长良好。　　　　　　　　（　　）
2. 副溶血性弧菌革兰氏染色阴性，为弯曲的球杆菌，或呈弧状。　　　　（　　）
3. 检查副溶血性弧菌致病力的试验是神奈川试验。　　　　　　　　　　（　　）
4. 副溶血性弧菌主要生活在海水中，是一种嗜盐性细菌，其营养要求较高，在外界不易长期生存。　　　　　　　　　　　　　　　　　　　　　　　　　　　　（　　）
5. 副溶血性弧菌在TCBS琼脂平板上菌落呈蓝绿色、圆形、边缘整齐、湿润、稍混浊、半透明、多具尖心、斗笠状，直径为2~3 mm。　　　　　　　　　　　　（　　）

6. 副溶血性弧菌在3%氯化钠三糖铁中的典型反应为斜面呈红色，底层呈黄色。
（　　）

7. 不能及时进行副溶血性弧菌项目检验的样品应冷冻保存，以免影响检验结果。
（　　）

8. 做副溶血性弧菌检验的样品应先用0.85%的生理盐水稀释样品。　（　　）

9. 做副溶血性弧菌检验的样品进行增菌后，应在TCBS琼脂平板和弧菌显色培养基平板上进行选择性分离培养。　（　　）

10. 副溶血性弧菌的最适生长温度为30~37℃，最适pH值为7.7~8.0。　（　　）

二、简答题

1. 简述副溶血性弧菌的检验原理。
2. 简述鉴别副溶血性弧菌的生化反应。
3. 简述副溶血性弧菌在各选择性培养基上的菌落特点。
4. 简述副溶血性弧菌的革兰氏染色鉴别步骤。
5. 简述副溶血性弧菌革兰氏染色镜检的形态。
6. 简述副溶血性弧菌对外界的抵抗力。
7. 简述副溶血性弧菌的检验步骤及生化试验。
8. 简述副溶血性弧菌的嗜盐性试验。
9. 简述副溶血性弧菌检验时应注意的几点事项。
10. 简述副溶血性弧菌检验可选用的选择性培养基。

三、思考题

副溶血性弧菌的检验步骤和主要生化反应有哪些？

测试题答案

一、判断题

1. ×　2. √　3. ×　4. ×　5. √　6. √　7. ×　8. ×　9. √　10. √

二、简答题

1. 检样用3%氯化钠碱性蛋白胨水增菌液增菌后，在TCBS琼脂平板或弧菌显色培养基琼脂平板上对副溶血性弧菌进行选择性分离培养，将出现的可疑菌落进一步做氧化酶试验、生化反应、嗜盐性试验和革兰氏染色镜检，综合上述结果得出结论。

2. 副溶血性弧菌分解葡萄糖产酸不产气，能分解甘露醇，不发酵乳糖和蔗糖；不产生H_2S，V-P阴性，ONPG阴性，赖氨酸阳性，精氨酸阴性，鸟氨酸多数为阳性少数呈阴性；溶血性多数阳性，有少数不溶血；氧化酶试验阳性。

3. 副溶血性弧菌在各选择性培养基上的菌落特点是：

（1）血琼脂。菌落较大，直径约为 3 mm，圆形隆起，湿润并略带灰色或黄色，有的菌株还出现 α 型或 β 型溶血环。

（2）TCBS 琼脂平板。菌落呈蓝绿色，圆形、边缘整齐、湿润、稍混浊、半透明，多具尖心、斗笠状，直径为 2～3 mm。

（3）弧菌显色培养基。菌落呈粉紫色，圆形、半透明、表面光滑，直径为 2～3 mm。

4. 副溶血性弧菌的革兰氏染色鉴别步骤是：

（1）滴加 1 滴生理盐水于载玻片上，用经酒精灯灼烧、冷却后的接种环挑取单个可疑菌落，在生理盐水中均匀涂布，自然干燥。

（2）将涂片在火焰上方过三次，固定涂片。滴加结晶紫染色液，染 1 min，水洗。滴加卢戈氏碘液，染 1 min，水洗。

（3）滴加 95% 乙醇脱色，约 30 s；或将 95% 乙醇滴满整个涂片，立即倾去，再用 95% 乙醇滴满整个涂片，脱色 10 s。

（4）水洗，滴加复染液沙黄，复染 1 min。水洗，待干，镜检。

（5）选用适宜的放大倍数观察涂片。用油镜观察前应先在涂片上滴加 1 滴香柏油，使用后应用二甲苯仔细擦拭显微镜镜头和涂片，清洗载玻片前应先高压灭菌。

（6）结果。革兰氏阴性菌呈红色。该菌为革兰氏阴性球杆状或弧状。

5. 副溶血性弧菌革兰氏染色阴性，随使用的培养基不同，生长的菌体形态差异很大，有卵圆形、球杆形、杆形、弧形、丝状等多种形态，两端有浓染现象，无芽孢和荚膜。

6. 副溶血性弧菌在自来水中能存活 1 天，在自然界淡水中能存活不超过 2 天，在海水中能存活近 50 天。生长的 pH 值范围是 7.0～9.5，最适 pH 值为 7.7～8.0，耐碱不耐酸，用 1% 食醋处理 5 min 即死亡，在 1% 盐酸中 5 min 死亡。副溶血性弧菌不耐热，56℃加热 5～10 min，90℃加热 1 min 即可灭活。副溶血性弧菌对氯、石炭酸、来苏水抵抗力较弱，如在 0.5×10^{-6}（体积分数）的氯中，1 min 死亡。副溶血性弧菌对青霉素和磺胺嘧啶等药物具有耐药性，对氯霉素、合霉素等均甚敏感。

7. 检验步骤是：增菌培养→分离培养→筛选试验→生化试验。主要生化试验有：3% 氯化钠三糖铁琼脂、嗜盐性试验、靛基质试验、V-P 试验、甲基红试验、赖氨酸脱羧酶试验、精氨酸双水解酶试验、革兰氏染色、氧化酶试验。

8. 将可疑培养物分别接种于不同浓度的氯化钠胨水中，36℃培养 24 h 后观察生长情况，在无盐和 10% 以上盐胨水中不生长，在 7% 盐胨水中生长良好。

9. 副溶血性弧菌检验的注意事项有：

（1）取样必须在无菌操作下进行，应选择具有代表性的样品，样品应及时检验，不宜存放时间过长。

（2）对因存放条件受影响而使菌体受到伤害的样品，应先进行增菌培养，不宜选用抑制性较强的培养基，否则会影响细菌生长。

（3）样品经增菌 8~18 h 后，转种平板进行分离，挑选可疑菌落转种 3% 氯化钠三糖铁，此时挑选数目不应少于 5 个，以防漏检。尤其是夏季，海产食品混放，相互污染严重，经常有不同类型的细菌存在。

10. 可选用的选择性培养基有：TCBS 琼脂平板、弧菌显色培养基、嗜盐性选择性平板、氯化钠蔗糖琼脂平板、SS 琼脂平板。

三、思考题

答案略。

第 14 章

致泻大肠埃希氏菌检验

第 1 节　生物学特性　　　　　　　　　　　　　　　　　　　　/257
第 2 节　检验原理和实验材料　　　　　　　　　　　　　　　　/260
第 3 节　操作步骤　　　　　　　　　　　　　　　　　　　　　/260
第 4 节　大肠埃希氏菌 O157:H7/NM 检验（常规培养法）　　　/264

引 导 语

　　大肠埃希氏菌俗称大肠杆菌,是人类和动物的肠道正常寄生菌,随粪便排出后广泛分布于自然界,是食品和水源卫生学评价的指示菌。大肠埃希氏菌中某些血清型的菌株具有致病性,能引起腹泻,尤其以 O157:H7 引起的病情更为凶险,可以引起溶血性尿毒综合征,严重者可导致死亡,因此将这类大肠埃希氏菌统称为致泻大肠埃希氏菌。大肠埃希氏菌传染的食品种类广泛,可通过人与人、人与动物密切接触传播。因此,快速、准确地检测食品中的致泻大肠埃希氏菌对防止该菌引起食物中毒具有特别重要的意义。

　　本章介绍了致泻大肠埃希氏菌的主要生物学特性和检验原理,同时以国标检验方法(GB/T 4789.6 及 GB/T 4789.36)为依据,详细描述了食品中致泻大肠埃希氏菌检验的有关内容,包括实验材料、操作步骤及检验结果的判定,力求做到理论知识与检验技术相互渗透融合、总体检测方法与国际接轨。在检验关键点加入了具体操作要求,使检验方法更具可操作性和实用性。

学 习 要 点

● **熟悉**
致泻大肠埃希氏菌的生物学特性

● **掌握**
致泻大肠埃希氏菌检验所需的实验材料、检验结果的出具和检验注意事项

● **熟练掌握**
致泻大肠埃希氏菌的检验原理和操作步骤

第1节 生物学特性

一、分类

根据致泻大肠埃希氏菌（diarrheogenic E. coli）的毒力基因、致病性、致病机制和临床症状、流行病学特征，国际上目前比较权威性的意见是将其分为5类，即产肠毒素大肠埃希氏菌（ETEC）、肠道侵袭性大肠埃希氏菌（EIEC）、肠道致病性大肠埃希氏菌（EPEC）、肠道出血性大肠埃希氏菌（EHEC）和肠道集聚性大肠埃希氏菌（EAEC）。其中肠道出血性大肠埃希氏菌（EHEC）是能引起人的出血性腹泻和肠炎的一个最常见、最重要的血清型，以O157∶H7血清型为代表菌株。

二、形态与染色

致泻大肠埃希氏菌大小为（0.4~0.7）μm×（1~3）μm，为革兰氏染色阴性杆状细菌，有时近似球菌，菌体短，两端钝圆，无芽孢，有些菌株有荚膜，见彩图10。大多数菌株有周身鞭毛（多数菌株有5~8条鞭毛），有普通菌毛和性菌毛，有些菌株有多糖包膜。

三、培养特性

致泻大肠埃希氏菌是需氧或兼性厌氧菌，最适生长温度为37℃，15~45℃下均可发育。最适生长pH值为6.8~8.0，实验室常用培养基的pH值为7.0~7.5，若pH值低于6.0或高于8.0则生长非常缓慢。

在普通培养基上生长良好，表现为3种菌落形态：

（1）光滑型。菌落边缘整齐，表面有光泽、湿润、光滑、呈灰色，在生理盐水中容易分散，见彩图11。

（2）粗糙型。菌落扁平、干涩、边缘不整齐，易在生理盐水中自凝，见彩图12。

（3）黏液型。菌落形态常为含有荚膜的菌株，见彩图13。

致泻大肠埃希氏菌在其他常见培养基上形成的菌落形态见表14—1。

O157∶H7大肠埃希氏菌与其他大肠埃希氏菌明显不同之处在于不发酵或迟缓发酵山梨醇。在CT-SMAC（改良山梨醇麦康凯）平板上，不发酵山梨醇的典型菌落为圆形、光滑、较小的无色菌落，中心呈现较暗的灰褐色；发酵山梨醇的菌落为红色；在改良 CHROMagar（科玛嘉）O157 显色平板上为圆形、较小的菌落，中心呈淡紫色或紫红色，边缘呈无色或浅灰色。

表 14—1　致泻大肠埃希氏菌在常见培养基上形成的菌落形态

培养基	菌落形态	备注
液体培养基	均匀混浊，经 24 h 培养后，形成菌膜，而管底有黏液状沉淀。培养物常有粪臭味	—
普通琼脂平板	中等大小，直径为 2～3 mm，凸起，表面光滑、湿润、混浊、灰白色、边缘整齐	—
血琼脂平板	35℃培养 18～24 h 后呈圆形、直径为 2～3 mm、稍凸、边缘整齐、灰白色、不透明的菌落，少数菌株产生 β-溶血环	—
鉴别培养基（如 SS 琼脂平板）	因为分解乳糖产酸，使中性红指示剂变为红色，因而出现红色菌落	见彩图 14
伊红美蓝（EMB）琼脂平板	紫黑色，并有金属光泽	见彩图 15
中国蓝琼脂平板	蓝绿色，中心为深蓝色	—
远藤氏琼脂平板	深红色，并有金属光泽	—
HE 琼脂平板	黄色	—
麦康凯培养基	不透明、粉红色，部分不发酵乳糖的菌株呈无色	见彩图 16 和彩图 17

四、生化特性

生化反应是鉴定大肠埃希氏菌的主要方法之一。菌株间生化反应的差异很常见，这种差异的存在，并不说明它们在遗传上有明显不同。一些所谓的生化反应非典型菌株，与生化反应典型菌株的 DNA（脱氧二核糖核酸）相关性在 85%～100%。

大肠埃希氏菌能迅速分解多种糖类，如葡萄糖、乳糖、麦芽糖、甘露醇、阿拉伯糖、木糖、葡萄糖铵盐等，产酸产气。大肠埃希氏菌对蔗糖有的分解，有的不分解，约各占 50%。大部分菌株迅速发酵乳糖，不分解尿素，靛基质试验（I）阳性或阴性、甲基红试验（M）阳性、V-P 试验（Vi）阴性、不能利用枸橼酸盐（C）。动力试验阳性，O157:H7 鞭毛抗原丢失时，动力试验为阴性，硫化氢阴性，苯丙氨酸脱氨酶阴性，赖氨酸、鸟氨酸脱羧酶阳性或阴性，氧化酶阴性，氰化钾阴性，明胶液化阴性。

凡能发酵乳糖，产酸产气，并且 IMViC 试验（靛基质试验、甲基红试验、乙二酰试验、枸橼酸盐利用试验）为"＋、＋、－、－"者是典型的大肠埃希氏菌，"－、＋、－、－"者是非典型的大肠埃希氏菌。

O157∶H7 大肠埃希氏菌与其他大肠埃希氏菌相比有其特异性，即 MUG（4-甲基伞形内酯-β-葡萄糖醛酸苷）阴性。大多数大肠埃希氏菌具有葡萄糖醛酸酶，可水解 MUG 产生荧光，但 O157∶H7 中大多数菌株不水解 MUG，不能产生荧光。

五、毒素

1. 肠毒素

由产毒性大肠埃希氏菌产生的外毒素有下列两种：

（1）不耐热肠毒素（LT）是蛋白质，对热不稳定，65℃时 30 min 即被破坏。

（2）耐热肠毒素（ST）对热稳定，100℃时 20 min 不被破坏。ST 分为 STa 和 STb，Sta 对人和动物有致泻作用，通常将 STa 通称为 ST。

2. Vero 毒素（VT）

EHEC O157∶H7 可产生大量的 Vero 毒素（VT），也称作类志贺氏毒素（SLT），是 EHEC 的主要致病因子。

六、抵抗力

大肠埃希氏菌在自然界中生存力较强。大肠埃希氏菌耐低温，能在冰箱内长期生存；在自然界的土壤、水中可生活数周至数月，在温度较低的粪便中存活更久；不耐热，75℃下 1 min 即被灭活；具有较强的耐酸性，37℃、pH 值 2.5~3.0 的环境下可耐受 5 h；对漂白粉和氯气较敏感，饮水消毒只要含体积分数为 0.2×10^{-6} 的余氯，即将该菌杀死。大肠埃希氏菌胆盐、亚硒酸盐和煌绿等有抑制作用。大肠埃希氏菌对磺胺药物、链霉素、土霉素、氯霉素、金霉素等均较敏感，但易耐药；对青霉素不敏感。耐药菌株往往对新霉素、庆大霉素和卡那霉素仍较敏感。大肠埃希氏菌对中草药中的三黄、双花、连翘、马齿苋等敏感。将细菌细胞快速冷冻，可导致细菌死亡。冻融法可杀死该菌细胞。在含有葡萄糖的培养基中培养，细菌对快速冷冻不敏感。快速冷冻的关键是速度要快，在 30 min 内将温度从 37℃降至 4℃，对细菌有致死作用。

第2节　检验原理和实验材料

一、检验原理

对检样进行大肠菌群MPN值测定，同时用肠道菌增菌液增菌；将乳糖发酵阳性的乳糖胆盐发酵管和肠道增菌液分别接种麦康凯或伊红美蓝琼脂平板上对致泻大肠埃希氏菌进行纯化分离；对可疑菌落进行三糖铁（TSI）试验、靛基质试验、动力试验、pH7.2尿素试验、赖氨酸脱羧酶试验、氧化酶试验等生化试验，同时将可疑菌落做革兰氏染色涂片镜检，生化反应和镜检后，对符合条件的可疑菌落做血清学试验和肠毒素试验，综合以上试验结果得出结论。

二、培养基与试剂

培养基与试剂包括：0.85%生理盐水，乳糖胆盐发酵管，营养肉汤，肠道菌增菌肉汤，麦康凯琼脂，伊红美蓝（EMB）琼脂，三糖铁（TSI）琼脂，克氏双糖铁（KI）琼脂，糖发酵管（乳糖、鼠李糖、木糖、甘露醇），赖氨酸脱羧酶，尿素琼脂（pH7.2），蛋白胨水，靛基质试剂，半固体琼脂，氧化酶试剂，革兰氏染色液。

三、器具及其他用品

除微生物实验室常规灭菌及培养设备外，其他设备和材料包括：恒温培养箱（36℃±1℃），冰箱（0~4℃），膜过滤系统，厌氧培养装置（41.5℃±1℃），电子天平（精确度0.1 g），显微镜（10×~100×），匀质器，振荡器，无菌吸管1 mL（具0.01 mL刻度）、10 mL（具0.1 mL刻度）或微量移液器及吸头，无菌均质杯或无菌均质袋（500 mL），无菌培养皿（直径90 mm），pH计、pH比色管或精密pH试纸，全自动微生物生化鉴定系统。

第3节　操 作 步 骤

致泻大肠埃希氏菌检验的操作步骤如图14—1所示。

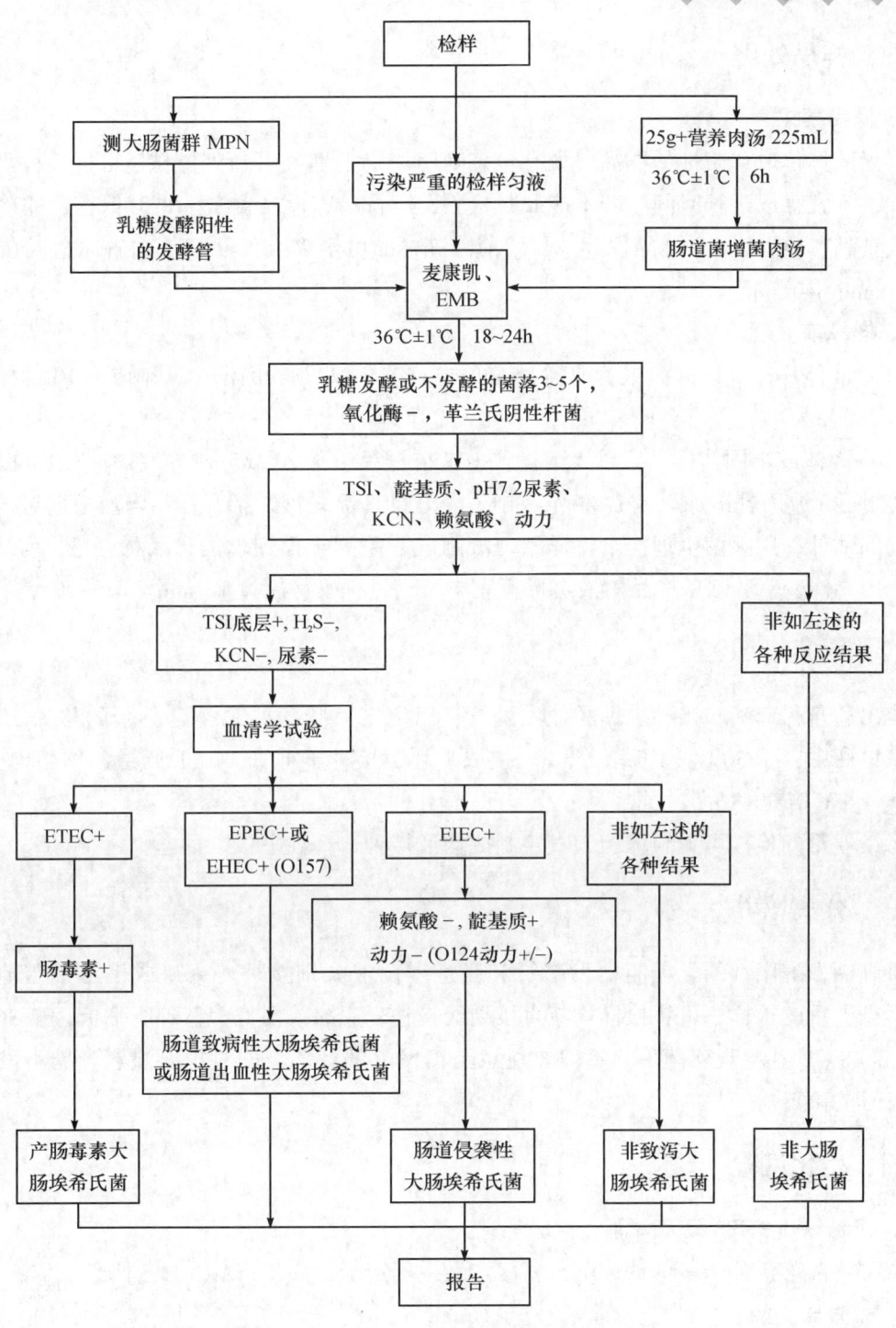

图 14—1 致泻大肠埃希氏菌检验的操作步骤

一、样品处理

1. 样品要求

以无菌操作取代表性的样品,如有包装则用75%乙醇在开口处擦拭后取样。样品应及时检验,不宜存放过长时间。若不能及时检验,应将冷冻样品置于-15℃保存;非冷冻而易腐的食品,应置于4℃冰箱保存。检验前冷冻样品可于2~5℃、18 h内解冻,或在45℃以下15 min内解冻。

2. 样品前处理

(1) 液体样品。以灭菌吸管取样25 mL放入225 mL营养肉汤中,制成1:10的样品匀液。

(2) 固体或半固体样品。以无菌操作取25g样品,放入225 mL营养肉汤中,以均质器打碎1 min或用乳钵加灭菌砂磨碎,制成1:10的样品匀液。稀释样品匀液根据对样品污染情况的估计,用灭菌生理盐水将样品匀液制成一系列十倍递增的样品稀释液,如10^{-2},10^{-3},10^{-4},……从制备样品匀液至稀释完毕,全过程不得超过15 min。

二、增菌

取出适量稀释液,接种乳糖胆盐发酵管,以测定大肠菌群MPN,其余的移入500 mL灭菌广口瓶中,于36℃±1℃培养6 h。挑取1环,接种于1管30 mL肠道菌增菌肉汤中,于42℃±1℃培养18 h。

污染严重的检样可无须增菌,直接制成均液接种选择性平板。

三、分离培养

将乳糖发酵阳性的乳糖胆盐发酵管和肠道增菌液分别接种麦康凯或伊红美蓝琼脂平板;污染严重的检样,可将检样均液直接划线接种麦康凯或伊红美蓝琼脂平板,于36℃±1℃培养18~24 h,观察菌落。不但要注意乳糖发酵的菌落,同时也要注意乳糖不发酵和迟缓发酵的菌落。

四、生化试验

1. 三糖铁(TSI)琼脂试验

取可疑菌落接种于三糖铁琼脂,斜面产酸或不产酸,底层产酸,H_2S阴性。

2. 靛基质试验

取可疑菌落接种于蛋白胨水,36℃±1℃培养48 h后,取出加入柯凡克试剂0.5 mL,

轻摇。试剂层呈现深红色为阳性反应,试剂层未呈现深红色为阴性反应。典型大肠埃希氏菌靛基质试验结果为阳性;非典型大肠埃希氏菌为阴性。

3. 动力试验

挑取可疑菌落穿刺接种于半固体琼脂,36℃培养过夜。大肠埃希氏菌为动力试验阳性。

4. pH7.2 尿素琼脂试验

挑取可疑菌落接种于 pH7.2 尿素琼脂,在 36℃±1℃ 培养 24 h 后观察结果。大肠埃希氏菌结果为阴性。

5. 赖氨酸脱羧酶试验

取可疑菌落接种到赖氨酸试验用培养基中,36℃培养 24 h 后观察结果。大肠埃希氏菌大多为阳性。

6. 氧化酶试验

用氧化酶试纸直接蘸取菌落。阳性者试纸呈现紫红色,阴性者不变色。大肠埃希氏菌氧化酶试验结果为阴性。

五、鉴别要点

1. 与痢疾志贺氏菌的鉴别

无动力而乳糖迟缓发酵的菌株,易与痢疾志贺氏菌相混淆,可通过赖氨酸脱羧酶试验、醋酸盐试验、甘露醇分解试验、乳糖分解试验和血清分型法等来区分。

2. 与肺炎克雷伯氏菌的鉴别

少数黏液样菌落的大肠埃希氏菌在麦康凯琼脂平板上易与肺炎克雷伯氏菌相混淆,肺炎克雷伯氏菌动力阴性,靛基质阴性,由此可与大肠埃希氏菌相区别。

3. 产脲酶的大肠埃希氏菌变种与普通变形杆菌的鉴别

两者 IMViC 试验结果均为"+、+、-、-",但产脲酶的大肠埃希氏菌发酵甘露醇,苯丙氨酸脱氨酶试验阴性,普通变形杆菌则相反。

六、检验结果

致泻大肠埃希氏菌为革兰氏染色阴性杆菌,有时近似球菌,菌体短、两端钝圆、无芽孢。在伊红美蓝(EMB)琼脂平板上,形成的菌落是紫黑色,并有金属光泽;在 SS 琼脂平板上,出现红色菌落。TSI 斜面产酸或不产酸,底层产酸,H_2S 阴性,KCN 阴性和尿素阴性的培养物为大肠埃希氏菌;TSI 底层不产酸,或 H_2S、KCN、尿素中有任一项为阳性的培养物,均非大肠埃希氏菌。

第4节 大肠埃希氏菌 O157:H7/NM 检验（常规培养法）

一、检验原理

O157:H7/NM 的常规培养法是利用 O157 不发酵或迟缓发酵山梨醇的特点，即 O157 在山梨醇麦康凯琼脂平板上，绝大多数菌株因不发酵山梨醇而使菌落呈无色，中心呈现较暗的灰褐色；少数菌株因迟缓发酵山梨醇而使菌落呈现红色。

O157 的生化特征与大肠埃希氏菌属的基本特征相似，但也有某些生化反应不完全一致，具有重要的鉴别意义。O157:H7 虽然有 uidA（β-葡萄糖苷酶）基因，但其编码的 β-葡萄糖醛酸酶无活性，不能分解 4-甲基伞形酮 D-葡萄糖醛酸苷（MUG）产生荧光，即 MUG 阴性。

二、试验材料

1. 培养基与试剂

培养基与试剂包括：改良 EC 肉汤（mEC+n），改良山梨醇麦康凯（CT-SMAC）琼脂，亚碲酸钾（AR），头孢克肟（Cefixime），改良科玛嘉（CHROMagar）O157 显色琼脂或其他同等质量的 O157 显色琼脂，三糖铁（TSI）琼脂，月桂基磺酸盐胰蛋白胨肉汤-MUG（MUG-LST），氧化酶试剂，革兰氏染色液，大肠埃希氏菌 O157 和 H7 诊断血清或 O157 乳胶凝集试剂，商品化生化鉴定试剂盒或 VITEK GN 鉴定卡，半固体琼脂。

2. 器皿及其他用品

除应具有致病性大肠埃希氏菌检验所需的器具以外，还需具有长波紫外光灯：波长为 366 nm，功率小于等于 6 W。

三、操作步骤

O157 常规培养法的基本步骤分为 5 步：增菌、分离培养、初步生化试验、鉴定试验、结果报告。具体操作步骤如图 14—2 所示。

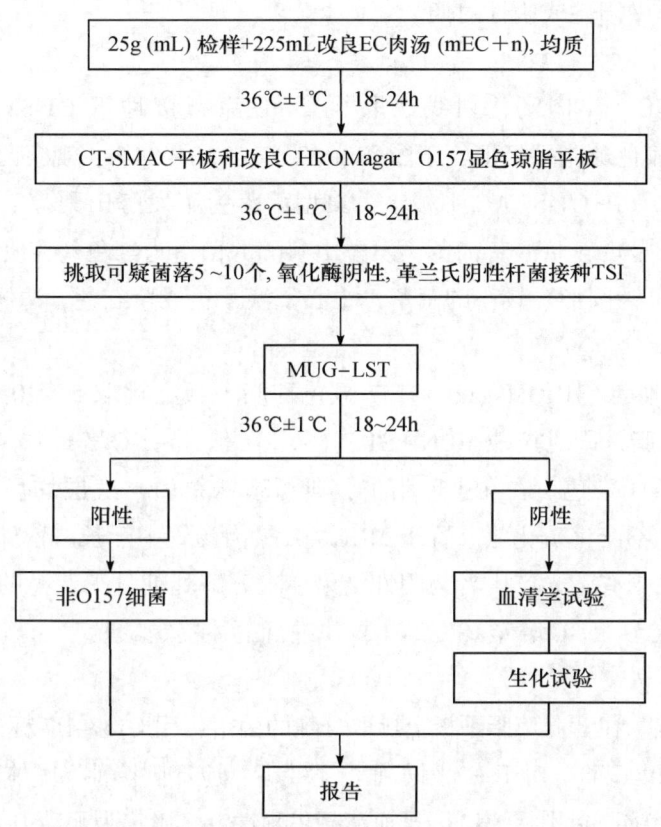

图 14—2　大肠埃希氏菌 O157：H7/NM 常规法检验的操作步骤

1. 增菌

（1）样品要求。样品若不能及时检验，应将冷冻样品置于 -15℃保存；非冷冻而易腐的食品，应置于4℃的冰箱中保存。检验前冷冻样品可于 2~5℃、18 h 内解冻，或在 45℃以下 15 min 内解冻。以无菌操作取代表性的样品。如有包装则用 75% 乙醇在开口处擦拭后取样。

（2）样品处理与增菌

1）液体样品。以灭菌吸管取样 25 mL 放入 225 mL mEC+n 肉汤中，制成 1:10 的样品匀液。

2）固体或半固体样品。以无菌操作取 25 g 样品，放入 225 mL 的 mEC+n 肉汤的均质袋中，在拍击式均质器上连续均质 1~2 min；或放入盛有 225 mL 的 mEC+n 肉汤的均质杯中，以 8 000~10 000 r/min 的速度均质 1~2 min；或用乳钵加灭菌砂磨碎，制成 1:10 的样品匀液。然后于 36℃±1℃培养 18~24 h。从制备样品匀液至稀释完毕，全过程不得超过 15 min。同时应做阳性或阴性对照。

2. 分离培养

取增菌后的 mEC + n 肉汤，划线或取 0.1 mL 涂布接种于 CT-SMAC 平板和改良 CHROMagar O157 显色琼脂平板上，于 36℃ ±1℃ 培养 18～24 h，观察菌落形态。必要时将混合菌落分离纯化。在 CT-SMAC 平板上，典型菌落为不发酵山梨醇的圆形、光滑、较小的无色菌落，中心呈现较暗的灰褐色，发酵山梨醇的菌落为红色；在改良 CHROMagar O157 显色琼脂平板上为圆形、较小的菌落，中心呈淡紫色或紫红色，边缘无色或浅灰色。

3. 初步生化试验

在 CT-SMAC 和改良 CHROMagar O157 显色琼脂平板上挑取 5～10 个典型或可疑菌落，分别接种 TSI 琼脂，同时接种 MUG-LST 肉汤，于 36℃ ±1℃ 培养 18～24 h。必要时进行氧化酶试验和革兰氏染色。在 TSI 琼脂中，典型菌株斜面与底层均呈阳性反应，呈黄色，产气或不产气，不产生硫化氢。置于 MUG – LST 肉汤管中于长波紫外灯下观察，无荧光产生者为阳性结果。有荧光产生者为阴性结果。对分解乳糖且无荧光的菌株，在营养琼脂平板上分纯，于 36℃ ±1℃ 培养 18～24 h，并进行下述鉴定试验。

4. 鉴定试验

（1）血清学试验。在营养琼脂平板上挑取分纯的菌落，用 O157：H7 标准血清或 O157 乳胶凝集试剂作玻片凝集试验。对于 H7 因子血清不凝者，应穿刺接种半固体琼脂，检查动力，经连续传代 3 次，动力试验阴性，H7 因子血清凝集阴性者，确定为无动力菌株。

（2）生化试验。在营养琼脂平板上挑取分纯的菌落，接种各项生化试验培养基，或用 API20E 生化鉴定试剂盒或 VITEK GN 检测卡，按照生产商提供的使用说明进行试验。大肠埃希氏 O157：H7/NM 的生化反应特征见表 14—2。

表 14—2　　　　　大肠埃希氏菌 O157：H7/NM 的生化反应特征

生化试验	特征反应
三糖铁琼脂试验	底层及斜面呈黄色，硫化氢（H_2S）阴性
山梨醇发酵试验	阴性或迟缓发酵
靛基质试验	阳性
MR-VP 试验	MR 阳性，VP 阴性
氧化酶试验	阴性
西蒙氏柠檬酸盐试验	阴性
赖氨酸脱羧酶试验	阳性（紫色）
鸟氨酸脱羧酶试验	阳性（紫色）

续表

生化试验	特征反应
纤维二糖发酵试验	阴性
棉籽糖发酵试验	阳性
MUG 试验	阴性
动力试验	有动力或无动力

1）山梨醇发酵试验。取可疑菌落接种到山梨醇培养基中，置于36℃培养箱内培养，培养基呈黄色则为阳性反应，颜色不变则为阴性反应。O157不发酵或迟缓发酵山梨醇。

2）靛基质试验。取可疑菌落接种于缓冲蛋白胨水，36℃±1℃培养48 h后取出，加入柯凡克试剂0.5 mL，轻摇。试剂层呈现深红色为阳性反应，试剂层未呈现深红色为阴性反应。O157大肠杆菌靛基质试验结果为阳性。

3）MR试验。取可疑菌落接种于缓冲葡萄糖蛋白胨水，36℃培养48~96 h，取出一部分培养液，加甲基红指示剂数滴，观察培养液反应结果。呈现红色者为阳性，呈现黄色者为阴性。O157大肠杆菌为阳性。

4）VP试验。取可疑菌落接种于缓冲葡萄糖蛋白胨水，36℃培养48 h，取出后按每毫升培养物加0.1 mL甲液（6%α-萘酚酒精溶液）和乙液（40%的KOH溶液），50℃水浴2 h，或置于36℃培养箱中4 h，充分摇动，观察培养液反应结果。出现红色者为阳性，不显红色者为阴性。O157大肠杆菌为阴性。

5）氧化酶试验。用氧化酶试纸直接蘸取菌落，阳性者试纸呈现紫红色，阴性者试纸不变色。O157大肠杆菌氧化酶试验结果为阴性。

6）西蒙氏柠檬酸盐试验。将被检细菌的菌悬液接种到枸橼酸盐培养基上，36℃培养24 h后观察结果。培养基上有菌生长，培养基变为深蓝色者为阳性；培养基不变色者则继续培养7天，仍不变色者为阴性。O157大肠杆菌试验结果为阴性。

7）赖氨酸脱羧酶试验。取可疑菌落接种到赖氨酸试验用培养基中，同时接种氨基酸试验对照培养基，36℃培养24 h后观察结果。O157大肠杆菌试验结果为阳性。

8）鸟氨酸脱羧酶试验。取可疑菌落接种到赖氨酸试验用培养基中，同时接种氨基酸试验对照培养基，36℃培养24 h后观察结果。O157大肠杆菌试验结果为阳性。

9）纤维二糖发酵试验。取可疑菌落接种到纤维二糖培养基中，置于36℃培养箱内培养，培养基呈黄色者为阳性反应，培养基不变色者为阴性反应。O157不发酵纤维二糖。

10）棉籽糖发酵试验。取可疑菌落接种到棉籽糖培养基中，置于36℃培养箱内培养，培养基呈黄色者为阳性反应，培养基不变色者为阴性反应。O157发酵棉籽糖。

11）动力试验。挑取可疑菌落穿刺接种于半固体琼脂，于36℃培养过夜。O157大肠埃希氏菌为动力试验阳性，当其鞭毛抗原丢失时，动力试验为阴性。

5. 结果报告

综合生化和血清学试验的结果，报告25 g（mL）样品中检出或未检出大肠埃希氏菌O157:H7/NM。

【实训】 检验牛肉中的致泻大肠埃希氏菌

1. 目的

熟悉和掌握致泻大肠埃希氏菌的检验方法。

2. 设备和材料

检验致泻大肠埃希氏菌所需的设备和材料见表14—3。

表14—3　　　　　　检验致泻大肠埃希氏菌所需的设备和材料

设备和材料	规格与要求	数量
电炉	1 000 ~ 2 000 W	1台
高压灭菌锅	121℃	1台
均质器或乳钵	—	1台
恒温培养箱	36℃±1℃	1台
恒温培养箱	42℃±1℃	1台
恒温水浴锅	46℃±1℃	1台
冰箱	0 ~ 4℃	1台
天平	精确度0.1 g	1台
显微镜	光学显微镜	1台
灭菌剪子、镊子、勺子	—	各1把
酒精灯	—	1个
试管	15 mm×150 mm	若干
稀释瓶	250 mL, 500 mL	2个
灭菌吸管	10 mL, 1 mL	若干
载玻片	—	若干
平皿	直径为90 mm	若干
试管架	用于15 mm×150 mm的试管	1个
接种环	—	1只
接种针	—	1只

3. 培养基和试剂

（1）乳糖胆盐发酵管（双料管、单料管）、营养肉汤、肠道菌增菌肉汤、麦康凯琼脂、伊红美蓝（EMB）琼脂、三糖铁琼脂、克氏双糖铁琼脂、糖发酵管（乳糖、鼠李糖、木糖、甘露醇）、赖氨酸脱羧酶、尿素琼脂（pH值为7.2）、靛基质试剂、半固体琼脂。按成品培养基使用方法正确配制，灭菌。

（2）0.85%生理盐水。称取0.85 g氯化钠，加入100 mL蒸馏水，溶解。分装225 mL于250 mL稀释瓶中，放入高压灭菌锅灭菌：121℃，15 min。

（3）氧化酶试纸、革兰氏染色液。

4. 操作步骤

（1）样品处理。以无菌操作直接称取25 g样品，放入灭菌乳钵内用灭菌剪子剪碎后，加灭菌海砂或玻璃砂研磨，磨碎后加入225 mL营养肉汤，混匀后即为1∶10稀释液。

（2）增菌。

（3）分离。

（4）生化试验。自鉴别平板上直接挑取数个菌落分别接种三糖铁（TSI）琼脂。同时将这些培养物分别接种蛋白胨水、半固体、pH值为7.2的尿素琼脂和赖氨酸脱羧酶试验培养基。以上培养物均在36℃培养过夜。必要时做氧化酶试验和革兰氏染色。

（5）涂片镜检。将三糖铁琼脂上的可疑菌落进行涂片革兰氏染色镜检观察形态。

5. 致泻大肠埃希氏菌检验结果记录（检验依据：GB/T 4789.6）

（1）将选用的设备和培养基、试剂填入表14—4。

表14—4　　　　　　　　选用的设备和培养基、试剂

选用的设备和培养基、试剂名称	设备编号及计量状态

（2）填写实验原始记录。检验致泻大肠埃希氏菌的实验原始记录见表14—5。

表14—5　　　　　　　检验致泻大肠埃希氏菌的实验原始记录

样品名称		检验方法依据	
样品数量		样品状态	
检样数量		样品编号	
培养条件	温度：	时间：	

可疑菌落生长情况	
EMB 平板	
SS 琼脂平板	
麦康凯琼脂	
MPN 值	

生化管结果	
三糖铁（TSI）琼脂	
乳糖	
鼠李糖	
木糖	
甘露醇	
pH 值为 7.2 的尿素琼脂	
靛基质	
氧化酶试验	
赖氨酸脱羧酶	
半固体琼脂	
革兰氏染色	

备注：

结果

注：阳性结果用"＋"表示，阴性结果用"－"表示

检验人：　　　　　　　　检验日期：

致泻大肠埃希氏菌检验

职业技能鉴定要点

行为领域	鉴定范围	鉴定点	重要程度
理论准备	致泻大肠埃希氏菌的生物学特性	形态与染色	★
		培养特性	★
		生化特性	★
		抵抗力	★
	致泻大肠埃希氏菌的检验	检验原理	★★
		培养基与试剂	★★
		样品处理和增菌	★★
		分离培养和菌落特征	★★★
		生化试验	★★★
		检验结果	★★
技能训练	致泻大肠埃希氏菌的检验	选用设备和培养基	★★
		检样处理与增菌培养	★★★
		分离培养和菌落特征	★★★
		生化试验和形态鉴别	★★★
		结果判定与检验报告	★★★

测 试 题

一、判断题（下列判断正确的请打"√"，错误的请打"×"）

1. 大肠埃希氏菌是大小为（0.4~0.7）μm×（1~3）μm 的革兰氏染色阴性杆状细菌，有时近似球菌，菌体短，两端钝圆，有芽孢。　　　　　　　　　　　　（　　）
2. IMViC 试验结果为"+、+、-、-"是大肠埃希氏菌的典型反应。　（　　）
3. 大肠埃希氏菌是需氧或兼性厌氧菌，最适生长温度为 37℃。　　　（　　）
4. 血清型 O157∶H7 是肠出血性大肠杆菌。　　　　　　　　　　　（　　）
5. 大肠埃希氏菌在伊红美蓝（EMB）琼脂平板上，形成的菌落是紫黑色的，并有金属光泽。　　　　　　　　　　　　　　　　　　　　　　　　　　　　（　　）
6. 大肠埃希氏菌的靛基质试验结果为阴性。　　　　　　　　　　　（　　）
7. 在进行选择性平板分离大肠埃希氏菌时，不发酵乳糖的可疑菌落可排除。（　　）
8. 致泻大肠埃希氏菌致病是由于能产生肠毒素。　　　　　　　　　（　　）
9. 大肠埃希氏菌在自然界生存力较强。在土壤、水中可生活数周至数月，在温度较低

的粪便中存活更久。对漂白粉和氯气较敏感。   （ ）

10. 大肠埃希氏菌是人类和动物的肠道正常寄生菌，随粪便排出后广泛分布于自然界，是食品和水源卫生学评价的指示菌。   （ ）

二、简答题

1. 简述大肠埃希氏菌的分型。
2. 简述大肠埃希氏菌的检验原理。
3. 简述鉴别大肠埃希氏菌的生化试验。
4. 简述大肠埃希氏菌在各选择性培养基上的菌落特点。
5. 简述 O157 大肠埃希氏菌的检验原理。
6. 简述大肠埃希氏菌革兰氏染色镜检的形态。
7. 简述大肠埃希氏菌检验应注意的几点事项。
8. 简述大肠埃希氏菌与痢疾志贺氏菌的鉴别要点。
9. 简述 O157 大肠埃希氏菌的毒素类型。
10. 简述大肠埃希氏菌的卫生学意义。

三、思考题

大肠埃希氏菌的检验步骤和主要生化反应有哪些？

测试题答案

一、判断题

1. × 2. √ 3. √ 4. √ 5. √ 6. × 7. × 8. √ 9. √ 10. √

二、简答题

1. 大肠埃希氏菌的分型有：产肠毒素大肠埃希氏菌（ETEC）、肠道侵袭性大肠埃希氏菌（EIEC）、肠道致病性大肠埃希氏菌（EPEC）、肠道出血性大肠埃希氏菌（EHEC）和肠道集聚性大肠杆埃希氏菌（EAEC）。

2. 对检样进行大肠菌群 MPN 值测定，同时用肠道菌增菌液增菌；将乳糖发酵阳性的乳糖胆盐发酵管和肠道增菌液分别接种麦康凯或伊红美蓝琼脂平板进行纯化分离；对可疑菌落进行三糖铁（TSI）试验、靛基质试验、动力试验、pH 值为 7.2 的尿素试验、赖氨酸脱羧酶试验、氧化酶试验等生化试验，同时将可疑菌落做革兰氏染色涂片镜检，生化反应和镜检后，对符合条件的可疑菌落做血清学试验和肠毒素试验，综合以上试验结果即可得出结论。

3. 鉴别大肠埃希氏菌的生化试验有：三糖铁（TSI）琼脂试验，靛基质试验，半固体琼脂试验，pH7.2 尿素琼脂试验，赖氨酸脱羧酶试验培养基试验，氧化酶试验。

4. 在普通琼脂平板上形成的菌落，中等大小，直径为 2~3 mm，凸起，表面光滑、湿润、混浊、灰白色、边缘整齐。在伊红美蓝（EMB）琼脂平板上，形成的菌落是紫黑色的，并有金属光泽。在血琼脂平板上呈圆形、直径为 2~3 mm、稍凸、边缘整齐、灰白色、不透明的菌落，少数菌株产生 β-溶血环。在麦康凯培养基上，形成不透明、粉红色菌落，部分不发酵乳糖的菌株呈无色菌落，少数呈黏稠状菌落。在 HE 琼脂平板上菌落呈黄色。

5. O157 具有不发酵或迟缓发酵山梨醇的特点：在山梨醇麦康凯琼脂平板上，绝大多数菌株因不发酵山梨醇而使菌落呈无色，中心呈现较暗的灰褐色；少数菌株因迟缓发酵山梨醇而使菌落呈红色。

O157 不能分解 4-甲基伞形酮-β-D-葡萄糖醛酸苷（MUG）产生荧光，即 MUG 阴性。

6. 大肠埃希氏菌大小为（0.4~0.7）μm×（1~3）μm，为革兰氏染色阴性杆状细菌，有时近似球菌，菌体短，两端钝圆，无芽孢，有些菌株有荚膜。

7. 大肠埃希氏菌检验的注意事项有：

（1）取样必须在无菌操作下进行，选择具有代表性的样品，样品应及时检验，不宜存放时间过长。有包装的样品用 75% 乙醇在开口处擦拭后取样。

（2）若不能及时检验，应将冷冻样品置于 -15℃ 保存；非冷冻而易腐的食品，应置于 4℃ 冰箱保存。检验前冷冻样品可于 2~5℃、18 h 内解冻，或在 45℃ 以下 15 min 内解冻。

（3）污染严重的检验可无须增菌，直接制成匀液接种选择性平板。

8. 无动力而乳糖迟缓发酵的菌株，易与痢疾志贺氏菌相混淆，可通过赖氨酸脱羧酶试验、醋酸盐试验、甘露醇分解试验、乳糖分解试验等和血清分型法区分。

9. EHEC O157：H7 可产生大量的 Vero 毒素（VT），也称作类志贺氏毒素（SLT），是 EHEC 的主要致病因子。

10. 大肠埃希氏菌俗称大肠杆菌，是人类和动物的肠道正常寄生菌，随粪便排出后广泛分布于自然界，是食品和水源卫生学评价的指示菌。大肠埃希氏菌中某些血清型的菌株具有致病性，会引起腹泻，由此将这类大肠杆菌，统称为致泻大肠埃希氏菌。

三、思考题

答案略。

第 15 章

蜡样芽孢杆菌检验

第 1 节　生物学特性　　　　　/277
第 2 节　检验原理和实验材料　/278
第 3 节　操作步骤　　　　　　/279

引 导 语

食品中的蜡样芽孢杆菌在20℃以上的环境中能迅速繁殖并产生肠毒素。同时，由于本菌不分解蛋白质，食品在感官上无明显变化，大多无异味，无腐败、变质现象，很容易误食。当摄入的食品中蜡样芽孢杆菌数量达10^6个/g以上时常可导致食物中毒。

本章介绍了蜡样芽孢杆菌的主要生物学特性和检验原理，同时以国标检验方法（GB 4789.14）为依据，详细描述了食品中蜡样芽孢杆菌检验的有关内容，包括实验材料、操作步骤及检验结果的判定，力求做到理论知识与检验技术相互渗透融合、总体检测方法与国际接轨。在检验关键点加入了具体操作要求，使检验方法更具可操作性和实用性。

学习要点

● **熟悉**
蜡样芽孢杆菌的生物学特性

● **掌握**
蜡样芽孢杆菌检验所需的实验材料、检验结果的出具和检验注意事项

● **熟练掌握**
蜡样芽孢杆菌的检验原理和操作步骤

第1节 生物学特性

一、蜡样芽孢杆菌简介

蜡样芽孢杆菌属，简称蜡样杆菌，因其在普通琼脂平板上能形成芽孢，且菌落表面粗糙似白蜡状，故得名蜡样芽孢杆菌。蜡样芽孢杆菌广泛分布于自然界，常存在于空气、土壤、尘埃、水及植物中，有时正常人的粪便中也有。特别是剩余熟米饭若保管不当，其中的蜡样芽孢杆菌在短时间内可以大量繁殖。蜡样芽孢杆菌一般不致病，但有的菌株可在人体中引起食物中毒。蜡样芽孢杆菌中毒的发病季节主要以夏、秋季为主，尤以6—10月多见。蜡样杆菌引起的食物中毒可分为呕吐型和腹泻型：呕吐型由耐热的肠毒素引起，于进餐后1~6 h发病，患者有恶心呕吐的症状；腹泻型由不耐热的肠毒素引起，于进餐后10~12 h发生胃肠炎症状。

蜡样杆菌也是外伤后眼部感染的常见病原菌，可引起全眼球炎，在严重免疫抑制患者中还可引起心内膜炎、菌血症、脑膜炎等疾病。

二、形态与染色

蜡样芽孢杆菌为革兰氏阳性杆菌，菌体两端较平整，大小为（1~1.3）μm×（3~5）μm，兼性需氧，有芽孢。芽孢不突出菌体，位于菌体中间或略偏一端，呈椭圆形，多数呈链状排列，与炭疽杆菌相似，见彩图18。蜡样芽孢杆菌无荚膜，有鞭毛，能运动。引起食物中毒的菌株多为周鞭毛，有动力。彩图19为用孔雀绿染色的蜡样芽孢杆菌芽孢。

三、培养特性

蜡样芽孢杆菌为兼性需氧菌，能在厌氧环境下生长，也能在有氧条件下形成芽孢。蜡样芽孢杆菌营养要求不高，在普通培养基上容易生长。蜡样芽孢杆菌在一般室温条件下均可生长繁殖，最适生长温度28~37℃，适宜pH7.0~8.0。经37℃培养24 h后，在普通琼脂平板上的菌落直径可达3~10 mm，呈乳白色，不透明，表面粗糙似毛玻璃状或熔蜡状，边缘不整齐，常呈扩展状（见彩图20），偶有黄绿色色素产生，迎光观察呈白蜡状，各个菌落往往沿划线蔓延，呈长线片状。在血平板上，菌落呈浅灰色，不透明、似毛玻璃状，有草绿色溶血圈，时间稍长呈全溶血圈，见彩图 21。在甘露醇卵黄多黏菌素（MYP）琼脂平板上，菌落呈粉红色，周围有粉红色的晕，见彩图 22。蜡样芽孢杆菌在普通肉汤内生长迅速，肉汤混浊，常微有菌膜或壁环，振摇易乳化，均匀分散。

四、生化特性

蜡样芽孢杆菌能产生卵磷脂和酪蛋白酶；过氧化氢酶试验阳性；溶血；常能液化明胶和使硝酸盐还原；能分解葡萄糖、麦芽糖、蔗糖、水杨苷，不分解乳糖、甘露醇、鼠李糖、木糖、阿拉伯糖、肌醇；IMViC 试验（靛基质试验 I、甲基红试验 M，V-P 试验 Vi，枸橼酸盐利用试验 C）：-、-、+、+；不产生硫化氢；不分解尿素。

五、抵抗力

蜡样芽孢杆菌在自然界中抵抗力较弱，不耐热，含氯化合物、醛类、过氧乙酸、环氧乙烷和碘 5 类杀菌消毒剂即可杀灭需氧芽孢杆菌。本菌属对青霉素、氨苄西林、克林霉素、红霉素、氯霉素、万古霉素和氨基糖苷类敏感。

第 2 节　检验原理和实验材料

一、检验原理

检样用 0.85% 生理盐水做成 10 倍递增的稀释度，如 10^{-1}，10^{-2}，10^{-3}，……将各稀释度检样以 0.3 mL，0.3 mL，0.4 mL 接种量分别移入三块甘露醇卵黄多黏菌素（MYP）琼脂培养基上，用 L 棒涂布棒涂布于整个表面，置于培养箱 30℃±1℃ 培养 24 h±2 h，做菌落计数。另外用营养琼脂对可疑菌落做纯化培养（30℃±1℃，24 h），观察菌落形态，并做革兰氏染色镜检、动力试验、过氧化氢酶试验、溶血试验、甘露醇和木糖试验、明胶液化等生化试验。综合上述结果得出结论。

二、培养基与试剂

培养基和试剂包括：胰酪胨大豆多黏菌素肉汤、营养琼脂、甘露醇卵黄多黏菌素（MYP）琼脂、过氧化氢溶液、动力培养基、硝酸盐肉汤、酪蛋白琼脂、硫酸锰营养琼脂培养基、0.5%碱性复红、糖发酵管、V-P培养基、胰酪胨大豆羊血（TSSB）琼脂、溶菌酶营养肉汤、西蒙氏柠檬酸盐培养基、明胶培养基。

三、器具及其他用品

除微生物实验室常规灭菌及培养设备外，其他设备和材料包括：恒温培养箱（36℃±1℃）、冰箱（0~4℃）、膜过滤系统、厌氧培养装置（41.5℃±1℃）、电子天平（精确度0.1 g）、显微镜（10×~100×）、均质器、振荡器、无菌吸管1 mL（具0.01 mL刻度）、10 mL（具0.1 mL刻度）或微量移液器及吸头、无菌均质杯或无菌均质袋（500 mL）、无菌培养皿（直径90 mm）、pH计、pH比色管或精密pH试纸、全自动微生物生化鉴定系统。

第3节 操作步骤

蜡样芽孢杆菌检验的操作步骤如图15—1所示。

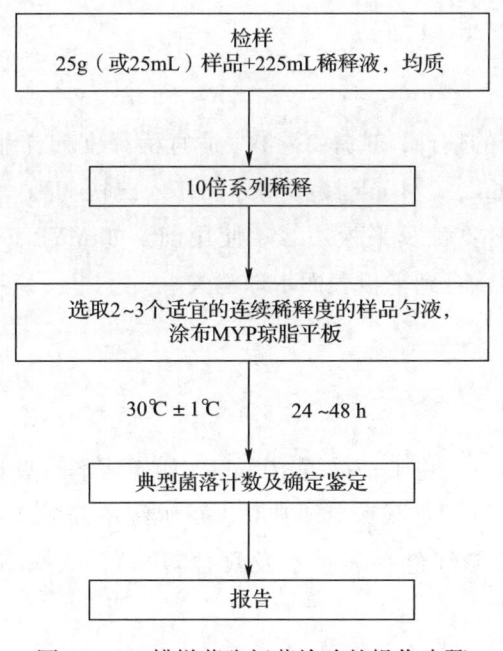

图15—1 蜡样芽孢杆菌检验的操作步骤

一、样品处理

1. 样品要求

样品应及时检验，不宜存放过长时间。取样必须在无菌操作下进行，选择具有代表性的部位。待检样品应保持在6℃以下送检，尽可能不使其冷冻，送达实验室后应保存于4℃并尽快进行检验。若不能及时检验，应放于-20~-10℃保存；非冷冻而易腐的样品应尽可能及时检验，若不能及时检验，应置于2~5℃冰箱保存，24 h内检验。冷冻样品应在45℃以下不超过15 min或在2~5℃不超过18 h解冻。

脱水食品可在常温下送检和储存。

2. 样品前处理

（1）液体样品。以灭菌吸管取样25 mL放入225 mL的0.85%灭菌生理盐水瓶中，制成1:10的样品均液。

（2）固体或半固体样品。以无菌操作取25 g样品，放入225 mL的0.85%灭菌生理盐水瓶中，以均质器打碎1 min或用乳钵加灭菌砂磨碎，制成1:10的样品均液。

3. 稀释样品均液

根据对样品污染情况的估计，用灭菌生理盐水将样品均液制成一系列10倍递增的样品稀释液，如10^{-1}，10^{-2}，10^{-3}，10^{-4}等。

二、样品接种

根据对样品污染状况的估计，选择2~3个适宜稀释度的样品匀液（液体样品可包括原液），以0.3 mL，0.3 mL，0.4 mL接种量分别移入三块MYP琼脂平板，然后用无菌L棒涂布整个平板，注意不要触及平板边缘。使用前，如MYP琼脂平板有水珠，可放在20~50℃的培养箱里干燥，直到平板表面水珠消失。

三、分离培养

1. 分离

在通常情况下，涂布后，将平板静置10 min。如样液不易吸收，可将平板放在培养箱中30℃±1℃培养24 h±2 h。如果菌落不典型，可继续培养24 h±2 h再观察。在MYP琼脂平板上，典型菌落为微粉红色（表示不发酵甘露醇），周围有白色至淡粉红色沉淀环（表示产卵磷脂酶）。

2. 纯培养

从每个平板中挑取至少5个典型菌落（小于5个全选），分别划线接种于营养琼脂平板做纯培养，30℃±1℃培养 24 h±2 h，进行确证实验。在营养琼脂平板上，典型菌落为灰白色，偶有黄绿色，不透明，表面粗糙似毛玻璃状或熔蜡状，边缘常呈扩展状，直径为 4~10 mm。

四、证实试验

1. 染色镜检

挑取纯培养的单个菌落，革兰氏染色镜检。蜡样芽孢杆菌为革兰氏阳性芽孢杆菌，大小为（1~1.3）μm×（3~5）μm，芽孢呈椭圆形位于菌体中央或偏端，不膨大于菌体，菌体两端较平整，多呈短链或长链状排列。

2. 生化鉴定

挑取纯培养的单个菌落，进行过氧化氢酶试验、动力试验、硝酸盐还原试验、酪蛋白分解试验、溶菌酶耐性试验、V-P试验、葡萄糖利用（厌氧）试验、根状生长试验、溶血试验、蛋白质毒素结晶试验。本菌有动力，能产生卵磷脂酶和酪蛋白酶，过氧化氢酶试验阳性，溶血，不发酵甘露醇和木糖，常能液化明胶和使硝酸盐还原，在厌氧条件下能发酵葡萄糖。主要生化试验如下：

（1）动力试验。用接种针挑取培养物穿刺接种于动力培养基中，30℃培养 24 h。有动力的蜡样芽孢杆菌应沿穿刺线呈扩散生长，而蕈状芽孢杆菌常呈"毛绒状"生长。

（2）溶血试验。挑取纯培养的单个可疑菌落接种于胰酪胨大豆羊血（TSSB）琼脂平板上，30℃±1℃培养 24 h±2 h。蜡样芽孢杆菌菌落为浅灰色，不透明，似白色毛玻璃状，有草绿色溶血环或完全溶血环。苏云金芽孢杆菌和蕈状芽孢杆菌呈现弱的溶血现象，而多数炭疽芽孢杆菌为不溶血，巨大芽孢杆菌为不溶血。

（3）根状生长试验。挑取单个可疑菌落按间隔 2~3 cm 距离划平行直线于经室温干燥 1~2 天的营养琼脂平板上，30℃±1℃培养 24~48 h，不能超过 72 h。用蜡样芽孢杆菌和蕈状芽孢杆菌标准菌株做对照进行同步试验。蕈状芽孢杆菌呈根状生长的特征。蜡样芽孢杆菌菌株呈粗糙山谷状生长的特征。

（4）溶菌酶耐性试验。用接种环取纯菌悬液一环，接种于溶菌酶肉汤中，36℃±1℃培养 24 h。蜡样芽孢杆菌在本培养基（含 0.001% 溶菌酶）中能生长。如出现阴性反应，应继续培养 24 h。巨大芽孢杆菌不生长。

（5）蛋白质毒素结晶试验。挑取纯培养的单个可疑菌落接种于硫酸锰营养琼脂平板上，30℃±1℃培养 24 h±2 h，并于室温放置 3~4 天，挑取培养物少许于载玻片上，滴加蒸馏水混匀并涂成薄膜。经自然干燥，微火固定后，加甲醇作用 30 s 后倾去，再通过火焰干燥，于载玻片上滴加 0.5% 碱性复红，放火焰上加热（微见蒸气，勿使染液沸腾）持续

1~2 min，移去火焰，再换染色液再次加温染色 30 s，倾去染液用洁净自来水彻底清洗、晾干后镜检。观察有无游离芽孢（浅红色）和染成深红色的菱形蛋白晶体。如发现游离芽孢形成不丰富，应再将培养物置室温 2~3 天后进行检查。除苏云金芽孢杆菌外，其他芽孢杆菌不产生蛋白晶体。

五、鉴别要点

蜡样芽孢杆菌与其他类似菌的鉴别要点见表 15—1。

表 15—1　　　　　　　　　蜡样芽孢杆菌与其他类似菌的鉴别要点

项目	蜡样芽孢杆菌 *Bacillus cereus*	苏云金芽孢杆菌 *Bacillus thuringiensis*	蕈状芽孢杆菌 *Bacillus mycoides*	炭疽芽孢杆菌 *Bacillus anthracis*	巨大芽孢杆菌 *Bacillus megaterium*
革兰氏染色	+	+	+	+	+
过氧化氢酶	+	+	+	+	+
动力	+/−	+/−	−	−	+/−
硝酸盐还原	+	+/−	+	+	−/+
酪蛋白分解	+	+	+/−	−/+	+/−
溶菌酶耐性	+	+	+	+	−
卵黄反应	+	+	+	+	−
葡萄糖利用（厌氧）	+	+	+	+	−
V−P 试验	+	+	+	+	−
甘露醇产酸	−	−	−	−	+
溶血（羊红细胞）	+	+	+	−/+	−
根状生长	−	−	+	−	−
蛋白质毒素晶体	−	+	−	−	−

注：+ 表示 90%~100% 的菌株阳性；− 表示 90%~100% 的菌株阴性；+/− 表示大多数的菌株阳性；−/+ 表示大多数的菌株阴性

蜡样芽孢杆菌在生化性状上与苏云金芽孢杆菌极为相似，但后者细胞内可产生蛋白质毒素结晶，利用这一点可以加以鉴别。

蜡样芽孢杆菌与蕈状芽孢杆菌可通过根状生长试验来鉴别：用接种环取培养物接种于营养琼脂平板上，30 ℃ 培养 18~24 h，蜡样芽孢杆菌的多数菌株形成粗糙的似毛玻璃或熔蜡状的菌落，蕈状芽孢杆菌则具有根状生长的特征。

六、检验结果

蜡样芽孢杆菌为革兰氏阳性大肠杆菌，菌体两端较平整，有芽孢，芽孢不突出菌体，位于菌体中间或略偏一端，呈椭圆形，多数呈链状排列，无荚膜。在甘露醇卵黄多黏菌素（MYP）琼脂平板上的菌落为粉红色菌落，周围有粉红色的晕。在普通琼脂平板上的菌落呈乳白色，不透明，表面粗糙，似毛玻璃状或熔蜡状，边缘不整齐常呈扩展状。过氧化氢酶试验阳性，溶血，不发酵甘露醇和木糖，常能液化明胶，使硝酸盐还原，在厌氧条件下能发酵葡萄糖。

【实训】检验糕点中的蜡样芽孢杆菌

1. 目的

熟悉和掌握蜡样芽孢杆菌的检验方法。

2. 设备和材料

检验蜡样芽孢杆菌所需的设备和材料见表15—2。

表15—2　　　　　　　检验蜡样芽孢杆菌所需的设备和材料

设备和材料	规格与要求	数量
电炉	1 000~2 000 W	1台
高压灭菌锅	121℃	1台
均质器或乳钵	—	1台
恒温培养箱	30℃±1℃、36℃±1℃	1台
恒温水浴锅	46℃±1℃	1台
冰箱	0~4℃	1台
天平	精确度为0.1 g	1台
光学显微镜	—	1台
灭菌剪子、镊子、勺子	—	各1把
酒精灯	—	1个
试管	15 mm×150 mm	若干
稀释瓶	250 mL	2个
灭菌吸管	1 mL	若干
载玻片	—	若干
平皿	直径为90 mm	若干
试管架	用于15 mm×150 mm的试管	1个
L形涂布棒	—	若干
接种环	—	1只
接种针	—	1只

3. 培养基和试剂

（1）甘露醇卵黄多黏菌素（MYP）琼脂培养基、酪蛋白琼脂培养基、营养肉汤、营养琼脂培养基、半固体琼脂、缓冲葡萄糖蛋白胨水、血琼脂培养基、硝酸盐培养基、木糖-明胶培养基按成品培养基使用方法正确配制，灭菌。

（2）0.85%生理盐水。称取8.5 g氯化钠，加入1 L蒸馏水，溶解。分别分装225 mL于250 mL稀释瓶中、9 mL于试管中，放入高压灭菌锅灭菌（121℃，15 min）。

（3）3%过氧化氢溶液。采用市售30%过氧化氢溶液，临用时配制。

（4）革兰氏染色液。

4. 操作步骤

（1）样品处理。如为原包装，用灭菌镊子夹下包装纸，取外部及中心部位；如为带馅糕点，取外皮及内馅25 g；如为奶花糕点，取奶花及糕点部分各一半。共取样品25 g，加入225 mL灭菌生理盐水中，制成1∶10的样品均液。根据对样品污染情况的估计，用9 mL灭菌生理盐水将样品均液制成一系列10倍递增的样品稀释液，如10^{-1}，10^{-2}，10^{-3}，10^{-4}，……

（2）菌落数测定。取3个适宜稀释度的稀释液1 mL，以0.3 mL、0.3 mL、0.4 mL接种量分别移入三块MYP琼脂培养基上，用L形涂布棒涂布于整个表面，置于培养箱30℃±1℃培养24 h±2 h，选取适当菌落数的平板进行计数。蜡样芽孢杆菌在此培养基上的菌落为粉红色，周围有粉红色的晕，如反应不典型，可继续培养24 h再计数。选取菌落数在20～200CFU的平板进行计数，并计算同一稀释度的两个平板的平均菌落数。计数后，从中挑取5个此种菌落做证实试验，根据证实的蜡样芽孢杆菌的菌落数计算出该平板上的菌落数，然后乘其稀释倍数，即得每克样品中所含蜡样芽孢杆菌数。

（3）分离培养。取甘露醇卵黄多黏菌素（MYP）琼脂培养基上的可疑菌落（粉红色，周围有粉红色的晕）分别划线接种于营养琼脂平板做纯培养，30℃±1℃培养24 h±2 h，进行确证实验。

（4）染色镜检。挑取纯培养的单个菌落，进行革兰氏染色镜检。

（5）生化反应。对营养琼脂上纯培养的可疑菌落分别进行动力试验、硝酸盐还原试验、卵磷脂酶试验、过氧化氢酶试验、溶血试验、甘露醇发酵试验、木糖-明胶试验、葡萄糖发酵试验、V-P试验。必要时可做蛋白质毒素结晶试验和根状生长试验以鉴别蜡样芽孢杆菌与其他芽孢杆菌。

5. 蜡样芽孢杆菌检验结果记录（检验依据：GB 4789.14）

（1）将选用的设备和培养基、试剂填入表15—3。

表 15—3　　　　　　　　　选用的设备和培养基、试剂

选用的设备和培养基、试剂名称	设备编号及计量状态

（2）填写实验原始记录。检验蜡样芽孢杆菌的实验原始记录见表 15—4。

表 15—4　　　　　　检验蜡样芽孢杆菌的实验原始记录

样品名称			检验方法依据		
样品数量			样品状态		
检样数量			样品编号		
检验结果记录					
1 mL（g）内菌落总数（CFU）					
稀释度	10		10	10	空白测定
菌落数					
菌落平均值					
培养条件	温度：			时间：	
验证试验					
	1	2	3	4	5
动力试验					
过氧化氢酶试验					
溶血试验					
甘露醇发酵试验					
葡萄糖发酵试验					
木糖 – 明胶试验					
V – P 试验					
L-酪氨酸分解试验					
硝酸盐还原试验					

备注：
证实为蜡样芽孢杆菌个数：

| 检验结果 | |

注：阳性结果用"＋"表示，阴性结果用"－"表示

检验人：　　　　　检验日期：

职业技能鉴定要点

行为领域	鉴定范围	鉴定点	重要程度
理论准备	蜡样芽孢杆菌的生物学特性	形态与染色	★
		培养特性	★
		生化特性	★
		抵抗力	★
	蜡样芽孢杆菌的检验	检验原理	★
		培养基与试剂	★★
		样品处理和计数培养	★★
		菌落特征和计数	★★★
		生化证实试验	★★★
		检验结果	★★
技能训练	蜡样芽孢杆菌的检验	选用设备和培养基	★★
		检样处理与增菌培养	★★★
		菌落特征和计数	★★★
		生化试验和形态鉴别	★★★
		结果判定与检验报告	★★★

测 试 题

一、判断题（下列判断正确的请打"√"，错误的请打"×"）

1. 蜡样芽孢杆菌为革兰氏阳性杆菌，菌体两端较平整，大小为（1～1.3）μm×（3～5）μm，兼性需氧，有芽孢，芽孢不突出菌体。　　　　　　　　　　　　（　　）

2. 用孔雀绿染色较革兰氏染色更容易观察芽孢形态。　　　　　　　　　（　　）

3. 蜡样芽孢杆菌在一般室温条件下均可生长繁殖，最适生长温度28～37℃，适宜pH7.0～8.0。　　　　　　　　　　　　　　　　　　　　　　　　　　　（　　）

4. 蜡样芽孢杆菌在MYP琼脂平板上发酵甘露醇，不产生卵磷脂酶。　　（　　）

5. 蜡样芽孢杆菌引起的食物中毒主要发生在春夏季。　　　　　　　　　（　　）

6. 蜡样芽孢杆菌污染的食品在感官上有较明显的变化，有异味，多有腐败、变质现象。　　　　　　　　　　　　　　　　　　　　　　　　　　　　　　　（　　）

7. 蜡样芽孢杆菌在普通琼脂平板上的菌落呈乳白色，不透明，表面粗糙，似毛玻璃状或熔蜡状。　　　　　　　　　　　　　　　　　　　　　　　　　　　（　　）

8. 蜡样芽孢杆菌的 IMViC 试验结果为"－－＋＋"。（ ）

9. 蜡样芽孢杆菌在自然界中抵抗力较弱，不耐热。（ ）

10. 蜡样芽孢杆菌为需氧菌，厌氧环境下不能生长，有氧条件下形成芽孢。（ ）

二、简答题

1. 简述蜡样芽孢杆菌的检验原理。

2. 鉴别蜡样芽孢杆菌的生化试验有哪些？

3. 简述蜡样芽孢杆菌在各选择性培养基上的菌落特点。

4. 简述蜡样芽孢杆菌的革兰氏染色鉴别步骤。

5. 简述蜡样芽孢杆菌革兰氏染色镜检的形态。

6. 简述蜡样芽孢杆菌检验应注意的几点事项。

7. 列举蜡样芽孢杆菌检验所需要的实验材料。

8. 简述蜡样芽孢杆菌的菌落计数方法。

9. 简述蜡样芽孢杆菌的蛋白质结晶毒素试验。

10. 简述蜡样芽孢杆菌引起的食物中毒的几种类型及发病机制。

三、思考题

蜡样芽孢杆菌检验的操作步骤和主要生化反应有哪些？

测试题答案

一、判断题

1. √ 2. √ 3. √ 4. × 5. × 6. × 7. √ 8. √ 9. √ 10. ×

二、简答题

1. 检样用 0.85％生理盐水做成 10 倍递增的稀释度，如 10^{-1}，10^{-2}，10^{-3}，……将各稀释度检样以 0.3 mL，0.3 mL，0.4 mL 接种量分别移入三块 MYP 琼脂培养基上，用 L 形涂布棒涂布于整个表面，置于培养箱 30℃±1℃ 培养 24 h±2 h，做菌落计数。另外用营养琼脂对可疑菌落做纯化培养（36℃±1℃，24 h），观察菌落形态，并做革兰氏染色镜检、动力试验、过氧化氢酶试验、溶血试验、甘露醇和木糖试验、明胶液化等生化试验，综合上述结果即可得出结论。

2. 蜡样芽孢杆菌的生化试验有：氧化氢酶试验、动力试验、硝酸盐还原试验、酪蛋白分解试验、溶菌酶耐性试验、V－P 试验、葡萄糖利用（厌氧）试验、根状生长试验、溶血试验、蛋白质毒素结晶试验。

3. 在普通琼脂平板上的菌落直径可达 3～10 mm，呈乳白色，不透明，表面粗糙似毛玻璃状或熔蜡状，边缘不整齐常呈扩展状，偶有黄绿色色素产生，迎光观察呈白蜡状，各个菌落往往沿划线蔓延呈长线片状。在血平板上，菌落呈浅灰色，不透明、似毛玻璃状，有草绿色溶血圈，时间稍长呈全溶血圈。在甘露醇卵黄多黏菌素（MYP）平板上，呈粉红色菌落，周围有粉红色的晕。

4. 蜡样芽孢杆菌的革兰氏染色鉴别步骤是：

（1）滴加一滴生理盐水在载玻片上，用酒精灯烧灼冷却后的接种环挑取单个可疑菌落，在生理盐水中均匀涂布，自然干燥。

（2）将涂片在火焰上方过三次，固定涂片。滴加结晶紫染色液，染 1 min，水洗。

（3）滴加卢戈氏碘液，染 1 min，水洗。

（4）滴加95%乙醇脱色，约30 s；或将乙醇滴满整个涂片，立即倾去，再用乙醇滴满整个涂片，脱色10 s。

（5）水洗，滴加沙黄复染液，复染 1 min。水洗，待干，镜检。

（6）选用适宜的放大倍数观察涂片。用油镜观察前应先在涂片上滴加几滴香柏油，使用后应用二甲苯仔细擦拭显微镜镜头和涂片，载玻片清洗前应先高压灭菌。

5. 蜡样芽孢杆菌为革兰氏阳性杆菌，菌体两端较平整，大小为（1~1.3）μm ×（3~5）μm，兼性需氧，有芽孢，芽孢不突出菌体，位于菌体中间或略偏一端，呈椭圆形，多数呈链状排列，无荚膜。

6. 蜡样芽孢杆菌检验的注意事项有：

（1）取样必须在无菌条件下进行，选择具有代表性的样品，样品应及时检验，不宜存放时间过长。

（2）待检样品应保持在6℃以下，送检尽可能不使其冷冻，送达实验室后应保存于4℃并尽快进行检验。如不能及时进行检验，应将样品储存在 -20℃，检验前于室温下解冻。脱水食品可在常温下送检和储存。

7. 蜡样芽孢杆菌检验所需要的实验材料主要包括培养基与试剂、器具及其他用品。

培养基与试剂有：胰酪胨大豆多黏菌素肉汤、营养琼脂、甘露醇卵黄多黏菌素（MYP）琼脂、过氧化氢溶液、动力培养基、硝酸盐肉汤、酪蛋白琼脂、硫酸锰营养琼脂培养基、0.5%碱性复红、糖发酵管、V-P培养基、胰酪胨大豆羊血（TSSB）琼脂、溶菌酶营养肉汤、西蒙氏柠檬酸盐培养基、明胶培养基。

器具及其他用品有：无菌瓶、无菌吸管、灭菌培养皿、灭菌试管及相应的试管架、灭菌剪刀和镊子、L形涂布棒、恒温培养箱、恒温水浴锅、显微镜、电子天平、酒精灯、接种环和接种针、冰箱、均质器或灭菌乳钵。

8. 蜡样芽孢杆菌的菌落计数方法是：根据对样品污染状况的估计，选择2~3个适宜稀释度的样品匀液（液体样品可包括原液），以0.3 mL、0.3 mL、0.4 mL接种量分别移入3块MYP琼脂平板，然后用无菌L棒涂布整个平板，注意不要触及平板边缘。使用前，如MYP琼脂平板有水珠，可放在20~50℃的培养箱里干燥，直到平板表面水珠消失。在培养箱30℃±1℃培养24 h±2 h。如果菌落不典型，可继续培养24 h±2 h再观察。在MYP琼脂平板上，典型菌落为微粉红色（表示不发酵甘露醇），周围有白色至淡粉红色沉淀环（表示产卵磷脂酶）。选取菌落数在20~200 CFU的平板进行计数，并计算同一稀释度两个平板的平均菌落数。计数后，从中挑取5个此种菌落做证实试验，根据证实的蜡样芽孢杆菌的菌落数计算出该平板上的菌落数，然后乘其稀释倍数，即得每克（毫升）样品中所含蜡样芽孢杆菌数。

9. 蜡样芽孢杆菌的蛋白质毒素结晶试验是：挑取纯培养的单个可疑菌落接种于硫酸锰营养琼脂平板上，30℃±1℃培养24 h±2 h，并于室温放置3~4天，挑取培养物少许于载玻片上，滴加蒸馏水混匀并涂成薄膜。经自然干燥，微火固定后，加甲醇作用30 s后倾去，再通过火焰干燥，于载玻片上滴加0.5%碱性复红，放火焰上加热（微见蒸汽，勿使染液沸腾）持续1~2 min，移去火焰，再换染色液再次加温染色30 s，倾去染液用洁净自来水彻底清洗、晾干后镜检。观察有无游离芽孢（浅红色）和染成深红色的菱形蛋白晶体。如发现游离芽孢形成不丰富，应再将培养物置室温2~3天后进行检查。除苏云金芽孢杆菌外，其他芽孢杆菌不产生蛋白晶体。

10. 蜡样芽孢杆菌引起的食物中毒，是一种常见的食物中毒。引起食物中毒的食品范围很广，包括肉类、菜汤、烧鸡、炒菜、鱼、牛奶、点心食品、剩饭、果汁饮料等，大多为加热、烹调过的熟制品。蜡样芽孢杆菌在米饭中极易繁殖。蜡样杆菌引起的食物中毒，可分为呕吐型食物中毒和腹泻型食物中毒。呕吐型食物中毒由耐热的肠毒素引起，于进餐后1~6 h发病，患者都有恶心呕吐；腹泻型食物中毒由不耐热的肠毒素引起，于进餐后10~12 h发生胃肠炎症状。

三、思考题

答案略。

第 16 章

常见益生菌检验

第 1 节　乳酸菌检验　　/293
第 2 节　双歧杆菌检验　/295

引 导 语

乳酸菌属是人和动物口腔、肠道中的正常菌群，对致病菌的繁殖有抑制作用，也与龋齿形成、发酵性腹泻等有关。双歧杆菌属是人和动物肠道中的正常菌群，在体内起到维持人体微生态平衡的重要作用，能合成多种维生素等营养物质、拮抗多种肠道病原微生物、增强机体免疫力，是维持人体正常生理功能必不可少的有益菌。

本章简要介绍上述两类常见有益菌属的生物学特性和检验步骤。

- **熟悉**
  常见益生菌的概况

- **掌握**
  常见益生菌的生物学特征

- **熟练掌握**
  常见益生菌的生化反应及其鉴别要点

第1节 乳酸菌检验

一、乳酸菌的分类

乳酸菌是能分解葡萄糖或乳糖,产生乳酸的一类无芽孢、革兰氏染色阳性的杆菌和球菌的总称。乳酸菌大多数不运动,少数以周毛运动,菌体常排列成链。在其发酵产物中只有乳酸的称为同型乳酸发酵,而产物中除乳酸外还有较多乙酸、乙醇、二氧化碳等物质的称为异型乳酸发酵。乳酸菌有微好氧菌和专性厌氧菌。乳酸菌根据细胞为球状或杆状,可分为两大类,即乳酸链球菌族和乳酸杆菌族。

1. 乳酸链球菌族

菌体为球状,通常成对或成链,在固体培养基上菌落较小,生长缓慢。多数为同型发酵,如链球菌属,是与人类关系密切的重要菌群。有些菌是人和温血动物的致病菌,有些菌是人体的正常菌群,存在于口腔和肠道,有些菌是乳制品及植物发酵食品中的常用菌,常在食品工业中使用,如乳链球菌。少数为异型发酵,如肠膜状明串珠菌,是制药工业上生产右旋糖酐(即代血浆)的重要菌种,但也是制糖工业的一种控制菌,常使糖汁黏稠而无法加工。

2. 乳酸杆菌族

菌体为杆状,单个或成链,有时成丝状,产生假分枝。根据其利用葡萄糖后的产物不同,分为同型发酵群和异型发酵群。多数种可发酵乳糖,少数不利用乳糖,发酵后可将pH值下降至6.0以下。本族中以乳酸杆菌属(*Lactobacillus*)最为重要,大多是工业上尤其是食品工业上的常用菌种,存在于乳制品、发酵植物食品(如泡菜、酸菜)、青贮饲料及人的肠道,尤其是婴儿肠道中。

工业生产乳酸常用高温发酵菌。例如,德氏乳酸杆菌(*L. delbrueckii*),最适生长温度为45℃,此菌在乳酸制造(如制造陈醋、酸奶等)和乳酸钙制造工业上广泛应用。

乳酸菌检验的依据是 GB 4789.35。

二、生物学特性

1. 形态与染色

革兰氏阳性无芽孢杆菌或球菌,菌体常排列成链状。

2. 培养特性

需氧或兼性厌氧,36℃±1℃培养72 h±3 h。

三、设备与材料

1. 无菌锥形瓶（500 mL，250 mL）。
2. 无菌吸管：1 mL（具0.01 mL刻度）、10 mL（具0.1 mL刻度）或微量移液器及吸头。
3. 无菌培养皿：直径90 mm。
4. 无菌试管：18 mm×180 mm，15 mm×100 mm及相应的试管架。
5. 无菌剪刀和镊子。
6. 天平：感量0.1 g。
7. 冰箱：2~5℃。
8. 恒温培养箱：36℃±1℃。
9. 厌氧培养装置。

四、操作步骤

1. 样品前处理

冷冻样品可先使其在2~5℃条件下解冻，时间不超过18 h，也可在温度不超过45℃的条件下解冻，时间不超过15 min。

2. 样品制备

样品的全部制备过程均应遵循无菌操作程序。对固体和半固体食品，以无菌操作称取25 g样品，加入225 mL无菌生理盐水的无菌瓶内，做成1:10的均匀稀释液；对液体样品，先摇匀样品后以无菌吸管吸取样品25 mL放入225 mL无菌生理盐水的无菌瓶内，充分振摇，做成1:10的均匀稀释液。

3. 检验

（1）用1 mL无菌吸管或微量移液器吸取1:10样品匀液1 mL，沿管壁缓慢注于装有9 mL生理盐水的无菌试管中（注意吸管尖端不要触及稀释液），振摇试管或换1支无菌吸管反复吹打使其混合均匀，制成1:100的样品匀液。

（2）另取1 mL无菌吸管或微量移液器吸头，按上述操作顺序，做10倍递增样品匀液，每递增稀释一次，即换用1次1 mL灭菌吸管或吸头。

（3）根据对待检样品中活菌数的估计，选择2~3个连续的适宜稀释度，每个稀释度吸取0.1 mL样品匀液分别置于2个MRS（de Man、Rogosa、Sharp：德曼、罗戈萨、夏普）琼脂平板，使用L形涂布棒进行表面涂布。36℃±1℃，厌氧培养48±2 h后计数平板上的所有菌落数。从样品稀释到平板涂布要求在15 min 内完成。

4. 菌落计数

乳酸菌菌落计数方法可参照 GB 4789.2《食品安全国家标准　食品微生物学检验　菌落总数检验》。

5. 结果表述

乳酸菌菌落总数的结果表述可参照 GB 4789.2《食品安全国家标准　食品微生物学检验　菌落总数检验》。例如，0.1 mL 检样 10^{-5} 的稀释液在培养基上生成的菌落数为46，则 1 mL（g）检样中乳酸菌总数为：

$$46 \times 10^5 \times 10 = 4.6 \times 10^7 \text{ CFU}$$

第 2 节　双歧杆菌检验

一、双歧杆菌的生理作用

厌氧微生物在自然界分布广泛，种类繁多，其生理作用日益受到人们的重视。双歧杆菌是专性厌氧菌，对氧气非常敏感。因此，双歧杆菌的分离、培养及活菌计数的关键是提供无氧和低氧化还原电势的培养环境。

双歧杆菌是人类肠道正常菌群中一种重要的微生物，它有益于健康。双歧杆菌是一类无芽孢的多型性革兰氏阳性杆菌，不运动、专性厌氧、不产二氧化碳、以生成乙酸为主，同时生成乳酸和少量的甲酸，在肠道中造成低 pH 环境，能抑制肠道中有害菌和致病菌的生长。双歧杆菌不能使硝酸盐还原为亚硝酸盐，其代谢产物可抑制肠道中的硝酸盐还原细菌，可消除或显著减少亚硝酸盐致癌物质对人体的危害，并能合成维生素，促使酪蛋白消化，调节菌群失调，激活吞噬细胞活性，消除自由基、过氧化脂质及腐败菌产生的吲哚、胺、氨、硫化氢等有害物质。所以，双歧杆菌具有维持微生态平衡、生物拮抗、提高免疫水平、营养、防病治病等诸多功能。

双歧杆菌属包括 24 个种，与人体有关的有青春双歧杆菌、短双歧杆菌、长双歧杆菌、双歧双歧杆菌、链状双歧杆菌、齿双歧杆菌、球双歧杆菌、婴儿双歧杆菌等。

二、生物学特性

1. 形态与染色

双歧杆菌为革兰氏阳性杆菌，染色不均匀，其细胞呈现多样形态，菌体呈直、弯、分叉或棒状。双歧杆菌为有短杆较规则形、纤细杆状具有尖细末端形、球形、长杆弯曲形、分枝或分叉形、棍棒状或匙形；单个或链状、V形、栅栏状排列，或聚集成星状。双歧杆菌为不抗酸，不形成芽孢，不运动。

2. 培养特性

双歧杆菌的最适生长温度为37～41℃，最低生长温度为25～28℃，最高生长温度为43～45℃。初始最适pH值为6.5～7.0，在pH值为4.5～5.0或pH值为8.0～8.5时不生长。

双歧杆菌的菌落大小中等，光滑，凸圆，边缘完整，乳脂质白色，闪光并具有柔软的质地，细腻。

双歧杆菌在厌氧血琼脂上35℃培养18～24 h，形成较小、圆形、光滑、不透明的菌落。

三、设备与材料

1. 无菌锥形瓶（500 mL，250 mL）。
2. 无菌吸管：1 mL（具0.01 mL刻度）、10 mL（具0.1 mL刻度）或微量移液器及吸头。
3. 无菌培养皿：直径90 mm。
4. 无菌试管：18 mm×180 mm，15 mm×100 mm 及相应的试管架。
5. 无菌剪刀和镊子。
6. 天平：感量0.1 g。
7. 冰箱：2～5℃。
8. 恒温培养箱：36℃±1℃。
9. 厌氧培养装置。

四、操作步骤

1. 样品前处理

冷冻样品可先使其在2～5℃条件下解冻，时间不超过18 h；也可在温度不超过45℃的条件下解冻，时间不超过15 min。

2. 样品制备

样品的全部制备过程均应遵循无菌操作程序。对固体和半固体食品，以无菌操作称取

25 g 样品，加入 225 mL 无菌生理盐水的无菌瓶内，做成 1∶10 的均匀稀释液；对液体样品，先摇匀样品后以无菌吸管吸取样品 25 mL 放入 225 mL 无菌生理盐水的无菌瓶内，充分振摇，做成 1∶10 的均匀稀释液。

3. 检验

（1）用 1 mL 无菌吸管或微量移液器吸取 1∶10 样品匀液 1 mL，沿管壁缓慢注于装有 9 mL 生理盐水的无菌试管中（注意吸管尖端不要触及稀释液），振摇试管或换 1 支无菌吸管反复吹打使其混合均匀，制成 1∶100 的样品匀液。

（2）另取 1 mL 无菌吸管或微量移液器吸头，按上述操作顺序，做 10 倍递增样品匀液，每递增稀释一次，即换用 1 次 1 mL 灭菌吸管或吸头。

（3）根据对待检样品中活菌数的估计，选择 2~3 个连续的适宜稀释度，每个稀释度吸取 0.1 mL 样品匀液于莫匹罗星锂盐（Li-Mupirocin）改良 MRS 琼脂平板，使用灭菌 L 形涂布棒进行表面涂布，每个稀释度做两个平板。36℃±1℃，厌氧培养 48 h±2 h 后计数平板上的所有菌落数。从样品稀释到平板涂布要求在 15 min 内完成。

4. 菌落计数

双歧杆菌菌落计数方法可参照 GB 4789.2《食品安全国家标准 食品微生物学检验 菌落总数检验》。

5. 结果表述

双歧杆菌菌落总数的结果表述可参照 GB 4789.2《食品安全国家标准 食品微生物学检验 菌落总数检验》。例如，0.1 mL 检样 10^{-5} 的稀释液在培养基上生成的菌落数为 46，则 1 mL（g）检样中双歧杆菌总数为：

$$46 \times 10^5 \times 10 = 4.6 \times 10^7 \text{ CFU}$$

职业技能鉴定要点

行为领域	鉴定范围	鉴定点	重要程度
理论准备	乳酸菌（或双歧杆菌）的生物学特性	形态与染色	★
		培养特性和生化特性	★
		生理功效	★
	乳酸菌（或双歧杆菌）的检验	检验原理	★
		培养基与试剂	★
		样品处理和计数培养	★★
		菌落特征和计数	★★
		生化证实试验	★★
		检验结果	★

续表

行为领域	鉴定范围	鉴定点	重要程度
技能训练	乳酸菌（或双歧杆菌）的检验	选用设备和培养基	★
		检样处理与增菌培养	★★
		菌落特征和计数	★★
		生化试验和形态鉴别	★★
		结果判定与检验报告	★★

测 试 题

● 简答题

1. 什么是乳酸菌？乳酸链球菌族和乳酸杆菌族的主要特点是什么？
2. 简述乳酸菌的形态特征。
3. 简述双歧杆菌的形态特征。
4. 简述双歧杆菌的生长条件。

测试题答案

简答题

1. 乳酸菌是指分解葡萄糖或乳糖，产生乳酸的一类无芽孢、革兰氏染色阳性杆菌和球菌的总称。乳酸菌分为乳酸链球菌族和乳酸杆菌族；根据其利用葡萄糖后的产物不同，分为同型发酵群和异型发酵群。乳酸链球菌族菌体呈球状，通常成对或成链，在固体培养基上菌落较小，生长缓慢；多数为同型发酵，如链球菌属，常在食品工业中使用，如乳链球菌；少数为异型发酵。乳酸杆菌族菌体呈杆状，单个或成链，有时呈丝状、产生假分枝。

2. 乳酸菌的形态特征

（1）形态与染色。革兰氏阳性无芽孢杆菌或球菌，菌体常排列成链状。

（2）培养特性。需氧或兼性厌氧36℃±1℃培养72 h±3 h。杆菌在MC［改良Chalmers（查默斯）］培养基上的菌落特征是平皿底为粉红色，菌落较小，圆形，红色，边缘似星状，直径2 mm±1 mm，可有淡淡的晕；球菌在MC培养基上的菌落特征是平皿底为粉红色，菌落较小，圆形，红色，边缘整齐，可有淡淡的晕。

3. 双歧杆菌的形态特征

(1) 形态与染色。革兰氏阳性杆菌，染色不均匀，其细胞呈现多样形态，菌体呈直、弯、分叉或棒状。

(2) 培养特性。厌氧36℃±1℃培养48 h±2 h后，菌落大小中等，光滑，凸圆，边缘完整，乳脂质白色，闪光并具有柔软的质地，细腻。在血琼脂平板上厌氧36℃培养18～24 h，形成较小、圆形、光滑、不透明的菌落。

4. 双歧杆菌的最适生长温度是37～41℃，最低生长温度是25～28℃，最高生长温度是43～45℃。最适pH值是6.5～7.0，在pH值是4.5～5.0或pH值是8.0～8.5时不生长。需要适宜的营养成分，厌氧培养。

第 17 章

数据处理

第 1 节　分析数据的取舍　　　　　　　　/303

第 2 节　标准误差和相对标准误差　　　　/305

第 3 节　最小二乘法　　　　　　　　　　/307

第 4 节　检出限、灵敏度、噪声　　　　　/311

第 5 节　分析方法的选择　　　　　　　　/312

引 导 语

获取准确、可靠的食品检验结果是食品理化分析的目的,这不仅需要准确的样品采集及检测,而且还要选择合适的数据处理及分析方法。

在本章中,介绍了标准误差、相对标准误差、最小二乘法、检出限、灵敏度、噪声等数据处理的相关概念和 Q 检验法、$4\bar{d}$ 法的应用,以及选择正确的分析方法的基本原则。

学 习 要 点

● **熟悉**
数据处理涉及的相关概念

● **掌握**
最小二乘法及分析方法的选择

● **熟练掌握**
分析数据的取舍

第1节 分析数据的取舍

一、可疑值的处理

在分析工作中，分析人员需要进行多次重复测定，然后求出平均值。但是多次重复测定得到的每个数据并非都可以参加平均值的计算，而要根据实际情况加以判断。在找出并已消除系统误差的前提下，若所得数据差别不大，则都可以参加平均值计算。但如果数据中出现显著差异，有些数据明显偏大或偏小，那么这些数据就值得怀疑，这些明显偏大或偏小的数值称为可疑值。对可疑值应做如下处理：在分析过程中已经知道某个数据是可疑的，计算时应将此数据立即舍去；复查分析结果时，已经找出可疑值的原因，应将这个数据立即舍去；如找不出可疑值出现的原因，不能随便保留或舍去，而应该根据数据统计原则来处理。

可疑值的取舍方法很多，现介绍其中的几种方法。

二、Q 检验法

1. Q 检验法的步骤

当测定次数 $n = 3 \sim 10$ 时，根据所要求的置信度（如取 95%），按照下列步骤检验可疑数据是否可以舍去。

(1) 将各数据按递增的顺序排列：x_1，x_2，……，x_n。

(2) 计算最大与最小数据之差 $x_n - x_1$。

(3) 计算可疑数据与其最邻近数据的差 $x_n - x_{n-1}$ 或 $x_2 - x_1$。

(4) 计算 Q 值

$$Q = \frac{x_n - x_{n-1}}{x_n - x_1} \quad \text{或} \quad Q = \frac{x_2 - x_1}{x_n - x_1}$$

(5) 根据测定次数 n 和要求的置信度（如 95%），查表 17—1，得出 $Q_{0.95}$。

(6) 将 Q 与 $Q_{0.95}$ 相比，若 $Q > Q_{0.95}$，则弃去可疑值，否则应予保留。

2. Q 检验法实例

例如，在一组平行测定中，测得试样中钙的百分含量分别为 22.38，22.39，22.36，22.40 和 22.44。试用 Q 检验法判断 22.44 能否弃去（要求置信度为 95%）。

表 17—1　　　　　　　　　不同置信度下，舍弃可疑数据的 Q 值表

测定次数 n	$Q_{0.90}$	$Q_{0.95}$	$Q_{0.99}$
3	0.94	0.98	0.99
4	0.76	0.85	0.93
5	0.64	0.73	0.82
6	0.56	0.64	0.74
7	0.51	0.59	0.68
8	0.47	0.54	0.63
9	0.44	0.51	0.60
10	0.41	0.48	0.57

判断的步骤是：

（1）按递增顺序排列：22.36，22.38，22.39，22.40，22.44。

（2）计算 $x_n - x_1 = 22.44 - 22.36 = 0.08$。

（3）计算 $x_n - x_{n-1} = 22.44 - 22.40 = 0.04$。

（4）计算 $Q = \dfrac{x_n - x_{n-1}}{x_n - x_1} = \dfrac{0.04}{0.08} = 0.5$。

（5）查 Q 值表，$n = 5$ 时，$Q_{0.95} = 0.73$。$Q < Q_{0.95}$，所以 22.44 应予保留。

3. Q 检验法的原则

（1）如果测定次数比较少，如 $n = 3$，而且 Q 值与查表所得 Q 值相近，这时为了慎重起见，最好是再补加测定一两次，然后确定可疑数据的取舍。

（2）在 3 个以上数据中，需要对 1 个以上的可疑数据用 Q 检验法决定取舍时，首先检验相差较大的值。

例如：测定一牛肉干样品的蛋白质百分含量，进行 7 次平行测定，经校正系统误差后，其数据为 79.58、79.45、79.47、79.50、79.62、79.38 和 79.80。试用 Q 检验法判断 79.80 能否弃去（分别要求置信度为 95% 和 99%）。

首先对 7 个测定数据进行整理，其中 79.80 与其余六个数据相差较大，但又无明显的原因可将它剔除，现根据 Q 检验法决定取舍。

$$Q = \dfrac{79.80 - 79.62}{79.80 - 79.38} = \dfrac{0.18}{0.42} = 0.43$$

查 Q 值表，$n = 7$，置信度为 95% 时，$Q_{0.95} = 0.59$，所以 79.80 应予保留。
同理，置信度为 99% 时，$Q_{0.99} = 0.68$，所以 79.80 也应保留。

三、$4\bar{d}$ 法

1. $4\bar{d}$ 法的概念

$4\bar{d}$ 法也称"4 乘平均偏差法",即先求出除可疑值以外的其余数据的平均值 $\bar{x}$ 及平均偏差 $\bar{d}$,然后将可疑值与平均值之差的绝对值与 $4\bar{d}$ 比较。若其绝对值大于或等于 $4\bar{d}$,则应舍去可疑值,否则应予保留。

2. $4\bar{d}$ 法实例

例如,在一组平行测定中,测得试样中钙的百分含量分别为 30.18、30.56、30.23、30.25、30.32,试用 $4\bar{d}$ 法检验判断 30.56 能否弃去。判断的步骤是:

(1) 求可疑值以外其余数据的平均值

$$\bar{x} = \frac{30.18 + 30.23 + 30.35 + 30.32}{4} = 30.27$$

(2) 求可疑值以外其余数据的平均偏差

$$\bar{d} = \frac{|d_1| + |d_2| + |d_3| + |d_4|}{4} = \frac{0.09 + 0.04 + 0.08 + 0.05}{4} = 0.065$$

(3) 求可疑值和平均值之间的差值

$$30.56 - 30.27 = 0.29$$

(4) 将平均偏差 $\bar{d}$ 乘 4,再和求出的差值比较,若差值 $\geq 4\bar{d}$ 则弃去,若小于 $4\bar{d}$ 则保留。

$$4\bar{d} = 4 \times 0.065 = 0.26 < 0.29$$

所以 30.56 应该弃去。

3. $4\bar{d}$ 法与 Q 检验法的比较

Q 检验法符合数据统计原理,比较严谨、简便,置信度可达 95% 以上,适用于测定 3~10 次之间的数据处理。$4\bar{d}$ 法计算简单,不必查表,但数据统计处理不够严密,常用于处理一些要求不高的分析数据。

第 2 节 标准误差和相对标准误差

一、标准误差

在相同测量条件下进行的测量称为等精度测量。例如,在同样的条件下,用同一个游标卡尺测量铜棒的直径若干次,就是等精度测量。对于等精度测量来说,还有一种更好的表示误差的方法,就是标准误差。

标准误差定义为各测量值误差的平方和的平均值的平方根,故又称为均方误差,记为 σ_x,即:$\sigma_x = \sqrt{\dfrac{1}{n}\sum\limits_{i=1}^{n}(x_i - x_0)^2}$。

需要注意的是,上式是在测量次数很多($n \to \infty$)时,测量值按正态分布时所得到的结果。标准误差不仅是一组测量中各个测量值的函数,而且对一组测量中的较大误差或较小误差比较敏感,故它是表示准确度的较好方法。

实际上,由于真值无法获得,而测量次数也是有限的,因此,标准误差 σ_x 只能通过偏差进行估算。常用的估算方法有:最大偏差法、极差法、贝塞尔(Bessel)法等,它们的估算结果基本一致。应用上,一般使用 Bessel 方法。

由统计理论可推导出,对有限次测量的 Bessel 标准偏差 S_x 的计算公式(Bessel 公式)为:

$$S_x = \sqrt{\dfrac{1}{n-1}\sum_{i=1}^{n}(x_i - \bar{x})^2} \quad \text{或} \quad S_x = \sqrt{\dfrac{1}{n-1}\left\{\sum_{i=1}^{n}x_i^2 - \dfrac{1}{n}\left(\sum_{i=1}^{n}x_i\right)^2\right\}}$$

即最后是用 S_x 代替 σ_x。通常所说的标准误差 σ_x,实际上就是标准偏差 S_x。

需要注意的是,标准误差不是测量值的实际误差,也不是误差范围,它只是对一组测量数据可靠性的估计。标准误差小,测量的可靠性就大一些,反之,测量就不大可靠。进一步的分析表明,根据偶然误差的高斯理论,当一组测量值的标准误差为 σ 时,则其中的任何一个测量值的误差 ε_i 有 68.3% 的可能性是在($-\sigma$, $+\sigma$)区间内。

世界上多数国家的正式科学实验报告都是用标准误差评价数据的,因此了解标准误差是必要的。

二、相对标准误差

相对标准误差是指测量的绝对标准误差与被测量的实际值(或给出示值)之比。它是描述测量准确的程度反映测量结果的综合误差(系统和随机误差)的大小。

例如,在一组平行测定中,已知试样中蛋白质的百分含量(质量分数)为 18.00,测得试样中蛋白质的百分含量(质量分数)分别为 18.03、18.00、17.98、17.94、18.02、18.05,试计算标准误差和相对标准误差。

标准误差为:

$$\sqrt{\dfrac{(18.03-18.00)^2 + (18.00-18.00)^2 + (17.98-18.00)^2 + (17.94-18.00)^2 + (18.02-18.00)^2 + (18.05-18.00)^2}{6}} = 0.036\,06$$

相对标准误差为:

$$\frac{0.03606}{18.00} = 0.0020$$

第3节 最小二乘法

一、最小二乘法理论知识

最小二乘法是处理各种观测数据，进行测量平差的一种基本方法。如果以不同精度多次观测一个或多个未知量，为了求定各未知量的最可靠值，各观测量必须加改正数，使其各改正数的平方乘以观测值的权数的总和为最小（所谓"权"就是表示观测结果质量相对可靠程度的一种权衡值）。因此这种方法称为最小二乘法。

假定实验测得变量之间的 n 个数据 (x_1, y_1)，(x_2, y_2)，……，(x_n, y_n)，则在 xOy 平面上，可以得到 n 个点 $P_i(x_i, y_i)$ $(i=1, 2, ……, n)$，这种图形称为"散点图"，从图中可以粗略看出这些点大致散落在某直线近旁，我们认为 x 与 y 之间近似为一线性函数，考虑函数 $y = ax + b$，其中 a 和 b 是待定常数。如果 P_i $(i=1, 2, ……, n)$ 在一直线上，可以认为变量之间的关系为 $y = ax + b$。但一般来说，这些点不可能在同一直线上。记 $E_i = y_i - (ax_i + b)$，它反映了用直线 $y = ax + b$ 来描述 $x = x_i$，$y = y_i$时，计算值 y 与实际值 y_i 产生的偏差。当然要求偏差越小越好，但由于 E_i 可正可负，因此不能认为总偏差 $\sum_{i=1}^{n} E_i = 0$ 时，函数 $y = ax + b$ 就很好地反映了变量之间的关系，因为此时每个偏差的绝对值可能很大。为了改进这一缺陷，就考虑用 $\sum_{i=1}^{n} |E_i|$ 来代替 $\sum_{i=1}^{n} E_i$。但是由于绝对值不易做解析运算，因此，进一步用 $\sum_{i=1}^{n} \varepsilon_i^2$ 来度量总偏差。因偏差的平方和最小可以保证每个偏差都不会很大。于是问题归结为确定 $y = ax + b$ 中的常数 a 和 b，使 $F(a,b) = \sum_{i=1}^{n} \varepsilon_i^2 = \sum_{i=1}^{n} (y_i - ax_i - b)^2$ 为最小。用这种方法确定系数 a，b 的方法称为最小二乘法。

由极值原理得 $\dfrac{\partial F}{\partial a} = \dfrac{\partial F}{\partial b} = 0$，即

$$\frac{\partial F}{\partial a} = -2 \sum_{i=1}^{n} x_i (y_i - ax_i - b) = 0$$

$$\frac{\partial F}{\partial b} = -2\sum_{i=1}^{n}(y_i - ax_i - b) = 0$$

解此联立方程得：

$$\begin{cases} a = \dfrac{n\sum\limits_{i=1}^{n} x_i y_i - \sum\limits_{i=1}^{n} x_i \sum\limits_{i=1}^{n} y_i}{n\sum\limits_{i=1}^{n} x_i^2 - \left(\sum\limits_{i=1}^{n} x_i\right)^2} \\ b = \dfrac{1}{n}\sum\limits_{i=1}^{n} y_i - \dfrac{a}{n}\sum\limits_{i=1}^{n} x_i \end{cases}$$

最小二乘法是一种数学优化技术，它通过最小化误差的平方和，找到一组数据的最佳函数匹配。它用最简的方法求得一些绝对不可知的真值，而令误差平方之和为最小。最小二乘法通常用于曲线拟合，很多其他的优化问题也可通过最小化能量或最大化熵用最小二乘形式表达。

二、食品检验实验中的最小二乘法

在食品检验实验中，常用标准曲线法进行定量分析，通常情况下的标准工作曲线是一条直线。标准曲线的横坐标（x）表示可以精确测量的变量（如标准溶液的浓度），称为普通变量，纵坐标（y）表示仪器的响应值（也称测量值，如吸光度、电极电位等），称为随机变量。当 x 取值为 $x_1, x_2, \cdots\cdots, x_n$ 时，仪器测得的 y 值分别为 $y_1, y_2, \cdots\cdots, y_n$。将这些测量点 x_i 和 y_i 描绘在坐标系中，用直尺绘出一条直线，表示 x 与 y 之间的线性关系，这就是常用的标准曲线法。用作绘制标准曲线的标准物质的含量范围应包括试样中被测物质的含量，标准曲线不能任意延长。用作绘制标准曲线的绘图纸的横坐标和纵坐标的标度以及实验点的大小均不能太大或太小，应能近似地反映测量的精度。由于误差不能完全避免，实验点完全落在工作曲线上的情况是极少的，尤其是在误差较大时，实验点比较分散，它们通常并不在同一条直线上，这样凭直觉很难判断怎样才能使所连接的直线对于所有实验点来说误差是最小的，目前较好的方法是对实验点（数据）运用最小二乘法进行回归分析。

用最小二乘法求标准曲线的一般步骤为：

1. 将实测数据列表。
2. 将表列数据点绘在坐标纸上，画出散点图。
3. 根据散点图确定变量之间的关系，如直线关系等。
4. 列表计算回归系数 a、b，求出回归方程。
5. 计算相关系数，并进行相关显著性检验。

6. 回归线的精度分析,估计预报(或拟合)的精度。

例如,用比色法测定 SiO_2 的含量时得到的数据见表17—2,试求标准曲线的斜率和未知试液的含量。

表17—2　　　　　　　　　测定 SiO_2 含量时的实验数据

x（SiO_2, mg）	y（吸光度）
0	0.032
0.02	0.135
0.04	0.187
0.06	0.268
0.08	0.359
0.10	0.435
0.12	0.511
未知液	0.242

计算标准曲线的斜率 a 及相关系数 r 值,将有关数据列表,见表17—3。

表17—3　　　　　　　标准曲线的回归方程相关计算数据

x（SiO_2, mg）	y（吸光度）	x^2	xy	$(x_i - x_平)$	$(x_i - x_平)^2$	$(y_i - y_平)$	$(y_i - y_平)^2$	$(x_i - x_平)(y_i - y_平)$
0	0.032	0	0	−0.06	0.003 6	−0.243	0.059 049	0.014 58
0.02	0.135	0.000 4	0.002 7	−0.04	0.001 6	−0.14	0.019 6	0.005 6
0.04	0.187	0.001 6	0.007 48	−0.02	0.000 4	−0.088	0.007 744	0.001 76
0.06	0.268	0.003 6	0.016 08	0	0	−0.007	4.9E−05	0
0.08	0.359	0.006 4	0.028 72	0.02	0.000 4	0.084	0.007 056	0.001 68
0.1	0.435	0.01	0.043 5	0.04	0.001 6	0.16	0.025 6	0.006 4
0.12	0.511	0.014 4	0.061 32	0.06	0.003 6	0.236	0.055 696	0.014 16
∑ = 0.42	∑ = 1.927	∑ = 0.036 4	∑ = 0.159 8		∑ = 0.011 2		∑ = 0.174 794	∑ = 0.044 18

$$\bar{x} = \frac{0.42}{7} = 0.06$$

$$\bar{y} = \frac{1.927}{7} = 0.275$$

$$a = \frac{\sum_{i=1}^{n} x_i y_i - \frac{1}{n}\sum_{i=1}^{n} x_i \sum_{i=1}^{n} y_i}{\sum_{i=1}^{n} x_i^2 - \frac{1}{n}(\sum_{i=1}^{n} x_i)^2} = \frac{0.159\,8 - \frac{1}{7} \times 0.42 \times 1.927}{0.036\,4 - \frac{1}{7} \times 0.42^2} = 3.94$$

$$b = \bar{y} - a\bar{x} = 0.275 - 3.94 \times 0.06 = 0.039$$

故标准曲线的回归方程为 $y = 3.94x + 0.039$

未知试液的含量 $x = (y - 0.039)/3.94 = (0.242 - 0.039)/3.94 = 0.05$ mg

相关系数 r 的计算：

$$r = \frac{\sum_{i=1}^{n}(x_i - \bar{x})(y_i - \bar{y})}{\sqrt{\sum_{i=1}^{n}(x_i - \bar{x})^2 \sum_{i=1}^{n}(y_i - \bar{y})^2}} = \frac{0.04418}{0.0442} = 0.9985$$

通过对离散点作图，可对线性的相关性进行判断。相关系数的检验：当 $|r| \geq r_{1-\alpha/2}(n-2)$ 时则 r 显著，此时可认为两个变量之间存在线性关系；而 $|r| < r_{1-\alpha/2}(n-2)$ 时则 r 不显著。

如置信取 $\alpha = 5\%$，$n = 7$ 查表 17—4 得到 $r_{1-\alpha/2}(n-2) = 0.754$，由于上面求得的 $r = 0.998$，所以认为量变量现行相关关系。

表 17—4 检验相关系数的临界值 $r_{1-\alpha/2}(n-2)$ 表

$n-2$	5%	1%	$n-2$	5%	1%	$n-2$	5%	1%
1	0.997	1.000	16	0.468	0.590	35	0.325	0.418
2	0.950	0.990	17	0.456	0.575	40	0.304	0.393
3	0.878	0.959	18	0.444	0.561	45	0.288	0.372
4	0.811	0.917	19	0.433	0.549	50	0.273	0.354
5	0.754	0.874	20	0.423	0.537	60	0.250	0.325
6	0.707	0.834	21	0.413	0.526	70	0.232	0.302
7	0.666	0.798	22	0.404	0.515	80	0.217	0.283
8	0.632	0.765	23	0.396	0.505	90	0.205	0.267
9	0.602	0.735	24	0.388	0.496	100	0.195	0.254
10	0.576	0.708	25	0.381	0.487	125	0.174	0.228
11	0.553	0.684	26	0.374	0.478	150	0.159	0.208
12	0.532	0.661	27	0.367	0.470	200	0.138	0.181
13	0.514	0.641	28	0.361	0.463	300	0.113	0.143
14	0.497	0.623	29	0.355	0.456	400	0.095	0.123
15	0.482	0.606	30	0.349	0.449	1000	0.062	0.081

随着计算机的普及，运用 Excel 进行最小二乘法的计算，使数据处理有了有力的工具，误差小、精确性也好。

第4节 检出限、灵敏度、噪声

一、定义

检出限是指某特定分析方法在给定的置信度内可从样品中检出待测物质的最小浓度或最小量。所谓"检出"是指定性检出,即判定样品中存有浓度高于空白的待测物质。

灵敏度是指分析方法所能检测到的最低限量。

噪声是指没有溶质通过检测器时,检测器输出的信号变化,即与被测样品无关的检测器输出信号的随机扰动变化。

检出限除了与分析中所用试剂和水的空白有关外,还与仪器的稳定性及噪声水平有关。在灵敏度计算中没有明确噪声的大小,因而操作者可以将检测器的输出信号,通过放大器放到足够大,从而使灵敏度相当高。显然这是不妥的,必须考虑噪声这一参数,将产生3倍噪声信号时,单位体积载气或单位时间内进入检测器的组分量称为检出限。则:

$$D = 3N/S$$

式中　N——噪声,mV 或 A;

　　　S——检测器灵敏度;

　　　D——检出限,其单位随 S 不同也有三种:$D_g = 3N/S_g$ 时检出限单位为 mg/mL,$D_v = 3N/S_v$ 时检出限单位为 mL/mL,$D_t = 3N/S_t$ 时检出限单位为 g/s。

有时也用最小检测量(MDA)或最小检测浓度(MDC)作为检测限。它们分别是产生3倍噪声信号时,进入检测器的物质量(g)或质量浓度(mg/mL)。

不少高灵敏度检测器,如 FID、NPD、ECD 等往往用检出限表示检测器的性能。

灵敏度和检出限是两个从不同角度表示检测器对测定物质敏感程度的指标,前者越高、后者越低,说明检测器性能越好。可见,测量方法的检出限与分析空白值、精密度、灵敏度密切相关。

二、检出限的计算方法

1. 分光光度法和吸光法

重复多次(至少6次)测定试剂的空白吸光度值,以试剂空白吸光度值的3倍标准偏差或吸光度在0.01处所对应的浓度或含量作为检出限值,两者中取最大值。

2. 离子选择电极法

重复多次（至少6次）测定试剂的空白电位值，以试剂空白电位值的3倍标准偏差处所对应的浓度或含量作为检出限值。

3. 原子吸收法

（1）配制约等于5倍预期测定下限浓度的含基质的被测物的标准溶液和一个含基质的空白溶液。

（2）将仪器调至最佳操作条件后，依空白→标准→空白→标准的顺序，测量标准溶液和空白溶液的吸光度值，不少于10次。

（3）分别计算每个标准溶液前后空白溶液吸光度值的平均值，并以每个标准的吸光度值减去空白溶液吸光度的平均值，得到修正的标准溶液的吸光度值，由修正的吸光度值从标准曲线上求出相应的浓度值。

（4）计算出标准溶液的平均浓度值和标准偏差，按下式计算检出限：

$$检出限（\mu g/mL）= \frac{标准溶液浓度 \times 3 \times 标准偏差}{标准溶液测得的平均浓度}$$

或将吸光度在0.01处所对应的浓度值作为检出限，两者中取最大值。

4. 色谱法和其他仪器估算方法

将气相色谱仪器调试到最佳测试条件，高阻调至最大，衰减调至最小，若噪声太大时，可调节衰减或高阻，以噪声的2倍或3倍所对应的被测物质浓度或含量作为检出限，测定次数不少于6次。

第5节 分析方法的选择

一、采用分析方法所考虑的因素

在众多的分析方法中，如何选择最合适的分析方法需要考虑多方面的因素。一般来说，应该综合考虑下列几个因素：

1. 分析结果应达到所要求的准确度和精密度。不同分析方法的灵敏度、选择性、准确度、精密度各不相同，要根据企业生产和科研工作对分析结果要求的准确度和精密度来选择适当的分析方法。选择原则应该以符合要求或相关标准为度。

2. 分析方法的复杂程度和速度。

3. 要根据样品的特性来正确选择合适的方法。
4. 必须全面综合考虑实验室条件来选择适宜的分析方法。
5. 分析成本。在符合分析所需的准确度和精密度要求的前提下，选择简单快捷的分析方法，可以有效地节约分析费用，降低检验成本。

二、分析方法的评价

在研究一个分析方法时，通常用精密度、准确度和灵敏度这三项指标来评价。

1. 精密度

精密度是指多次平行测定结果相互接近的程度，它代表着测定方法的稳定性和重现性。这些测定结果的差异是由偶然误差造成的。

精密度的高低可用偏差来衡量，偏差是指个别测定结果与几次测定结果的平均值之间的差别，偏差有绝对偏差和相对偏差之分。平均偏差 $\bar{d}$ 为：

$$\bar{d} = \frac{|d_1| + |d_2| + |d_3| + \cdots + |d_n|}{n}$$

式中 $d_1, d_2, d_3, \cdots, d_n$——1，2，3，……，$n$ 次测定的绝对偏差。

平均偏差没有正负号。用这种方法求得的平均偏差称为算术平均偏差。单次测定结果的算术平均偏差，即：

$$相对平均偏差 = \frac{\bar{d}}{\bar{x}} \times 100\%$$

式中 $\bar{x}$——单次测定结果的算术平均值。

平均偏差的另一种表示方法为标准偏差（均方根偏差）。单次测定的标准偏差（S）可按下式计算，即：

$$S = \sqrt{\frac{d_1^2 + d_2^2 + \cdots + d_n^2}{n-1}} = \sqrt{\frac{\sum_{i=1}^{n} d_i^2}{n-1}}$$

单次测定结果的相对标准偏差称为变异系数，即：

$$变异系数 = \frac{S}{\bar{x}} \times 100\%$$

标准偏差较平均偏差有更多的统计意义，因为将单次测定的偏差平方后，较大的偏差更显著地反映出来，能更好地说明数据的分散程度。因此，在考虑一种分析方法的精密度时，通常用标准偏差和变异系数来表示。

2. 准确度

准确度是指测定值与真实值的接近程度。测定值与真实值越接近，则准确度越高。准确度主要是由系统误差决定的，它反映测定结果的可靠性。

准确度的高低可由误差来表示。准确度高的方法精密度必然高，而精密度高的方法，准确度不一定高。误差越小，准确度越高。误差有两种表示方法，即绝对误差和相对误差。绝对误差是测定结果与真实值的差，相对误差是绝对误差占真实值（通常用平均值代表）的百分率。选择分析方法时，为了便于比较，通常用相对误差表示准确度。

某一方法的准确度，可通过测定标准试样的误差和做回收试验计算回收率，以误差和回收率来判断。

在回收试验中，加入已知量的标准物的样品，称为加标样品。未加标准物的样品称为未知样品。在相同条件下用同种方法对加标样品和未知样品进行预处理和测定，按下式计算加入标准物质的回收率。

$$P = \frac{x_1 - x_0}{m} \times 100\%$$

式中　P——加入标准物质的回收率；

　　　m——加入标准物质的质量；

　　　x_1——加标样品的测定值；

　　　x_0——未知样品的测定值。

3. 灵敏度

灵敏度是指分析方法所能检测到的最低限量。仪器分析法具有较高的灵敏度，而化学分析法（质量分析和容量分析）灵敏度相对较低。在选择分析方法时，要根据待测成分的含量范围选择合适的方法。一般来说，待测成分含量低时，必须用灵敏度高的方法；含量高时应选用灵敏度低的方法，以减少由于稀释倍数太大所引起的误差。由此可见，灵敏度较高的方法相对误差也较大，但对于低含量组分的分析，可以允许有较大的相对误差。

三、不同分析方法测定结果差异性的检验

通常采用以下两种方法检验用不同分析方法所测得的结果是否有差异。

1. t 检验法

设 $\bar{x}$、$\bar{y}$ 分别为两种测定方法各次测定值的算术平均值；n_1、n_2 分别为两种测定方法的次数，t 值的计算公式为：

$$t = \frac{\bar{x} - \bar{y}}{S} \sqrt{\frac{n_1 n_2}{n_1 + n_2}}$$

其中，

$$S = \sqrt{\frac{\sum_{i=1}^{n_1}(x_i - \bar{x})^2 + \sum_{i=1}^{n_2}(y_i - \bar{y})^2}{n_1 + n_2 - 2}}$$

式中：S——标准偏差；

$\bar{x}$——第一种测定方法各次测定值的算术平均值；

x_i——第一种测定方法各次测定值；

$\bar{y}$——第二种测定方法各次测定值的算术平均值；

y_i——第二种测定方法各次测定值；

n_1——第一种测定方法的次数；

n_2——第二种测定方法的次数。

按自由度 $= n_1 + n_2 - 2$，由给定的置信度 α 值，查 t 分布值，得出 t_α。然后比较 t 与 t_α 的大小，作出判断。

一般食品分析中采用：$t < t_{0.95}$ 表示两种方法差异不显著；$t_{0.95} \leqslant t \leqslant t_{0.99}$ 表示两种方法差异显著；$t > t_{0.99}$ 表示两种方法差异极显著。不同测定次数及不同置信度的 t 值见表17—5。

表 17—5　　　　　　　　不同测定次数及不同置信度的 t 值

测定次数 n	置信度				
	50%	90%	95%	99%	99.5%
1	1.000	6.314	12.706	63.657	127.32
2	0.816	2.920	4.303	9.925	14.089
3	0.765	2.353	3.182	5.841	7.453
4	0.741	2.132	2.776	4.604	5.598
5	0.727	2.015	2.571	4.023	4.773
6	0.718	1.943	2.447	3.707	4.317
7	0.711	1.895	2.365	3.499	4.029
8	0.706	1.860	2.306	3.355	3.833
9	0.703	1.833	2.626	3.250	3.690
10	0.700	1.812	2.228	3.169	3.581
11	0.687	1.725	2.086	2.845	3.153
∞	0.675	1.645	1.960	2.576	2.807

2. F 检验法

设 S_1、S_2 分别为方法1和方法2的标准偏差，且以 n_1、n_2 分别表示方法1和方法2的测定次数，F 值的计算公式为：

$$F = \frac{S_1^2}{S_2^2} \quad (S_1^2 > S_2^2)$$

再由给出的置信度 α，按自由度 $N_1 = n_1 - 1$，$N_2 = n_2 - 1$，查 F 分布表得 F_α 值。若 $F < F_\alpha$，表示两种方法差异不显著；若 $F > F_\alpha$，表示两种方法有显著差异，且方法 1 的标准差比方法 2 的标准差大，所以方法 2 比方法 1 精密。

3. 实例

取山芋粉试样约 2 g，100~105℃ 烘 3 h。分别用常压干燥法与减压干燥法测定山芋粉中的水分，然后分别用 t 检验法和 F 检验法检验两种方法之间的差异。常压干燥法结果见表 17—6，减压干燥法（真空干燥法）结果见表 17—7。

表 17—6　　　　常压干燥法实验计算数据

No	水分重（g）	样品重（g）	水分（%）	$x_i - \overline{x_A}$	$(x_i - \overline{x_A})^2$
1	0.264 7	2.022 1	13.09	0.02	0.000 4
2	0.272 4	2.087 1	13.05	-0.02	0.000 4
3	0.273 8	2.099 8	13.04	-0.03	0.000 9
4	0.266 0	2.025 9	13.13	0.06	0.003 6
5	0.269 4	2.066 1	13.04	-0.03	0.000 9
			$\overline{x}_A = 13.07$		$\sum = 0.006\ 2$

表 17—7　　　　减压干燥法实验计算数据

No	水分重（g）	样品重（g）	水分（%）	$x_i - \overline{x_B}$	$(x_i - \overline{x_B})^2$
1	0.320 7	2.436 6	13.16	0.03	0.000 9
2	0.282 5	2.156 5	13.10	-0.03	0.000 9
3	0.304 4	2.332 5	13.05	-0.08	0.006 4
4	0.323 9	2.450 2	13.22	0.09	0.008 1
5	0.300 8	2.287 4	13.15	0.02	0.000 4
6	0.338 5	2.584 2	13.10	-0.03	0.000 9
			$\overline{x}_B = 13.13$		$\sum = 0.017\ 6$

（1）t 检验法

$$S = \sqrt{\frac{\sum_{i=1}^{n_1}(x_i - \bar{x})^2 + \sum_{i=1}^{n_2}(y_i - \bar{y})^2}{n_1 + n_2 - 2}} = \sqrt{\frac{0.006\ 2 + 0.017\ 6}{5 + 6 - 2}} = 0.051\ 4$$

$$t = \frac{\overline{x}_B - \overline{x}_A}{S}\sqrt{\frac{n_1 n_2}{n_1 + n_2}} = \frac{13.13 - 13.07}{0.051\ 4} \times \sqrt{\frac{5 \times 6}{5 + 6}} = 1.93$$

在自由度为 $n_1 + n_2 - 2 = 5 + 6 - 2 = 9$ 时，查 t 值表：$t_{0.995} = 3.690$，$t_{0.99} = 3.250$，$t_{0.95} = 2.262$，$t_{0.90} = 1.833$。现 $t < t_{0.95}$，故两法差异不显著。

（2）F 检验法

$$F = \frac{S_1^2}{S_2^2} = \frac{0.017\ 6/5}{0.006\ 2/4} = 2.27$$

查 F 值表 17—8：取 α 为 5%，$N_1 = 5$，$N_2 = 4$，查得 $F_\alpha = 6.26$，今 $F < F_\alpha$，故两法差别不显著。

表 17—8　　　　F 分布的 0.95 分位数 $F_{0.95}$（n_1、n_2）

N_1 = 分子的自由度，N_2 = 分母的自由度

N_2＼N_1	1	2	3	4	5	6	7	8	9	10
1	161.45	199.5	215.71	224.58	230.16	233.99	236.76	238.88	240.54	241.88
2	18.51	19.00	19.16	19.25	19.30	19.33	19.35	19.37	19.38	19.40
3	10.13	9.55	9.28	9.12	9.01	8.94	8.89	8.85	8.81	8.79
4	7.71	6.94	6.59	6.39	6.26	6.16	6.09	6.04	6.00	5.96
5	6.61	5.79	5.41	5.19	5.05	4.95	4.88	4.82	4.77	4.74
6	5.99	5.14	4.76	4.53	4.39	4.28	4.21	4.15	4.10	4.06
7	5.59	4.74	4.35	4.12	3.97	3.87	3.79	3.73	3.68	3.64
8	5.32	4.46	4.07	3.84	3.69	3.58	3.50	3.44	3.39	3.35
9	5.12	4.26	3.86	3.63	3.48	3.37	3.29	3.23	3.18	3.14
10	4.96	4.10	3.71	3.48	3.33	3.22	3.14	3.07	3.02	2.98

职业技能鉴定要点

行为领域	鉴定范围	鉴定点	重要程度
理论准备	分析数据的取舍	Q 检验法	★★
		$4\bar{d}$ 法	★★
	标准误差、相对标准误差	标准误差	★★★
		相对标准误差	★★★
	最小二乘法	最小二乘法	★★★
	检出限、灵敏度、噪声	检出限、灵敏度、噪声的相关概念	★★★
	分析方法的选择	选择分析方法的基本原则	★★

测 试 题

一、判断题（下列判断正确的请打"√"，错误的请打"×"）

1. 一个样品经过10次以上的测定，可以去掉一个最大值和一个最小值，然后求平均值。（　　）

2. 由于仪器设备缺陷、操作者不按操作规程进行操作、环境影响等均会引起系统误差。（　　）

3. 在多次平行测定样品时，若发现某个数据与其他数据相差较大，计算时就应将此数据立即舍去。（　　）

4. 个别测定值与多次测定的算术平均值之间的差值称为相对误差。（　　）

5. 称取某样品 0.025 0 g 进行分析，最后分析结果报告为 96.24%（质量分数）是合理的。（　　）

6. 原子吸收分光光度计的检出极限数值越小，仪器的噪声越小，灵敏度越高。（　　）

7. 误差是指测定结果与真实值的差，差值越小，误差越小。（　　）

8. 数据应先修约再运算。（　　）

9. 甲乙二人同时分析一食品中的含铅量，每次取样 3.5 g，甲的分析结果为 0.022×10^{-6}、0.021×10^{-6}，乙的分析结果为 0.021×10^{-6}、0.022×10^{-6}，甲乙二人的结果均合理。（　　）

10. 精密度是指多次平行测定结果相互接近的程度。这些测定结果的差异是由偶然误差造成的。精密度代表着测定方法的稳定性和准确性。（　　）

11. 检出限除了与分析中所用试剂和水的空白有关外，还与仪器的稳定性及噪声水平有关。（　　）

12. 精密度高的方法准确度必然高，而准确度高的方法，精密度不一定高。（　　）

13. 准确度主要是由系统误差决定的，它反映测定结果的可靠性。（　　）

14. 绝对误差是测定结果与真实值的差，相对误差是绝对误差占真实值（通常用平均值代表）的百分率。（　　）

15. 一般来说，待测成分含量低时必须用灵敏度高的方法，含量高时应选用灵敏度低的方法，以减少由于稀释倍数太大所引起的误差。（　　）

二、简答题

1. 简述 Q 检验法的步骤。

2. 简述 $4\bar{d}$ 法的步骤。

3. 分别说明 Q 检验法和 $4\bar{d}$ 法的适用范围。

4. 标准误差的定义是什么？

5. 计算标准误差的公式是什么？

6. 标准误差和相对标准误差的区别是什么？

7. 简述最小二乘法的定义。

8. 随着计算机的普及，运用何种软件进行最小二乘法的计算，可以使数据处理误差最小，精确性也最好？

9. 用最小二乘法求标准曲线的一般步骤是什么？

10. 标定 HCl 溶液时，得下列数据：0.101 1 mol/L、0.101 0 mol/L、0.101 2 mol/L、0.101 6 mol/L。用 Q 检验法进行检验，第四个数据是否应该舍弃？设置信度为 90%。

11. 检出限的定义是什么？

12. 灵敏度的定义是什么？

13. 噪声的定义是什么？

14. 色谱法检出限的计算方法是什么？

15. 简述采用分析方法所应考虑的因素。

16. 简述研究一个分析方法时采用的评价指标。

17. 简述一般食品分析 t 检验法的判断标准。

18. 简述 F 检验法的分析步骤。

三、思考题

$y = ax + b$ 中的常数 a 和 b 各自的含义是什么？

测试题答案

一、判断题

1. ×　2. ×　3. ×　4. ×　5. ×　6. √　7. √　8. √　9. ×　10. ×　11. √　12. ×　13. √　14. √　15. √

二、简答题

1. 当测定次数 $n = 3 \sim 10$ 时，根据所要求的置信度（如取 90%），按照下列步骤，检验可疑数据是否可以弃去：

（1）将各数据按递增的顺序排列：x_1，x_2，……，x_n。

（2）计算最大与最小数据之差 $x_n - x_1$。

(3) 计算可疑数据与其最邻近数据之间的差 $x_n - x_{n-1}$ 或 $x_2 - x_1$。

(4) 计算 Q 值：

$$Q = \frac{x_n - x_{n-1}}{x_n - x_1} \quad 或 \quad Q = \frac{x_2 - x_1}{x_n - x_1}$$

(5) 根据测定次数 n 和要求的置信度（如 90%），查表 17—1，得出 $Q_{0.90}$。

(6) 将 Q 与 $Q_{0.90}$ 相比，若 $Q > Q_{0.90}$，则弃去可疑值，否则应予保留。

2. $4\bar{d}$ 法也称"4乘平均偏差法"，即先求出除可疑值以外的其余数据的平均值 $\bar{x}$ 及平均偏差 $\bar{d}$，然后将可疑值与平均值之差的绝对值与 $4\bar{d}$ 比较。若其绝对值大于或等于 $4\bar{d}$，则应舍去可疑值，否则应予保留。

3. Q 检验法符合数据统计原理，比较严谨、简便，置信度可达 90% 以上，适用于测定 3～10 次之间的数据处理。$4\bar{d}$ 法计算简单，不必查表，但数据统计处理不够严密，常用于处理一些要求不高的分析数据。

4. 标准误差定义为各测量值误差的平方和的平均值的平方根，故又称为均方误差。

5. 设 n 个测量值的误差为 ε_1、ε_2、……，ε_n，则这组测量值的标准误差 σ 等于：

$$\sigma = \sqrt{\frac{\varepsilon_1^2 + \varepsilon_2^2 + \cdots + \varepsilon_n^2}{n}} = \sqrt{\frac{\sum_{i=1}^{n} \varepsilon_i^2}{n}}$$

6. 相对标准误差是指测量的绝对标准误差与被测量的实际值（或给出示值）之比。它是描述测量准确的程度反映测量结果的综合误差（系统和随机误差）的大小。

7. 最小二乘法是处理各种观测数据，进行测量平差的一种基本方法。如果以不同精度多次观测一个或多个未知量，为了求定各未知量的最可靠值，各观测量必须加改正数，使其各改正数的平方乘以观测值的权数的总和为最小。

8. Excel。

9. 用最小二乘法求标准曲线的一般步骤为：

(1) 将实测数据列表。

(2) 将表列数据点绘在坐标纸上，画出散点图。

(3) 根据散点图确定变量之间的关系，如直线关系等。

(4) 列表计算回归系数 a、b，求出回归方程。

(5) 计算相关系数，并进行相关显著性检验。

(6) 回归线的精度分析，估计预报（或拟合）的精度。

10. 第四个数据 0.101 6 应该保留。

11. 检出限是指某特定分析方法在给定的置信度内可从样品中检出待测物质的最小浓

度或最小量。所谓"检出"是指定性检出，即判定样品中存有浓度高于空白的待测物质。

12. 灵敏度是指分析方法所能检测到的最低限量。

13. 噪声是指没有溶质通过检测器时，检测器输出的信号变化。噪声是指与被测样品无关的检测器输出信号的随机扰动变化。

14. 将气相色谱仪器调试到最佳测试条件，高阻调至最大，衰减调至最小，若噪声太大时，可调节衰减或高阻，以噪声的 2 倍或 3 倍所对应的被测物质浓度或含量作为检出限，测定次数不少于 6 次。

15. 采用分析方法所应考虑的因素有：

（1）分析结果应达到所要求的准确度和精密度。不同分析方法的灵敏度、选择性、准确度、精密度各不相同，要根据企业生产和科研工作对分析结果要求的准确度和精密度来选择适当的分析方法。选择原则应该以符合要求或相关标准为度。

（2）要根据分析方法的复杂程度和速度来选择。

（3）要根据样品的特性来正确选择合适的方法。

（4）必须全面综合考虑实验室条件来选择适宜的分析方法。

（5）分析成本。

16. 在研究一个分析方法时，通常用精密度、准确度和灵敏度这 3 项指标来评价。

17. 一般食品分析中采用：$t < t_{0.95}$ 表示两种方法差异不显著；$t_{0.95} \leqslant t \leqslant t_{0.99}$ 表示两种方法差异显著；$t > t_{0.99}$ 表示两种方法差异极显著。

18. 设 S_1、S_2 分别为方法 1 和方法 2 的标准偏差，且以 n_1、n_2 分别表示方法 1 和方法 2 的测定次数，计算 F 值。计算公式为 $F = \dfrac{S_1^2}{S_2^2}$ （$S_1^2 > S_2^2$），再由给出的置信度 α，按自由度 $N_1 = n_1 - 1$，$N_2 = n_2 - 1$，查 F 分布表得 F_α 值。若 $F < F_\alpha$，表示两种方法差异不显著；若 $F > F_\alpha$，表示两种方法有显著差异，且方法 1 的标准差比方法 2 的标准差大，所以方法 2 比方法 1 精密。

三、思考题

答案略。

第 18 章

实验室质量管理

第 1 节　设备及标准物质的期间核查　/325
第 2 节　作业指导书的编制　/327
第 3 节　原始记录和检验报告的编制　/328
第 4 节　实验室内部质量控制　/333
第 5 节　实验室常规检验流程　/335

食品检验员（三级）

引 导 语

实验室质量管理是获取准确、可靠的食品检验数据的保障，实验室需要采取一定的措施来保证实验室质量管理的有效性。

在本章中，介绍了一些实验室常用的实验室质量管理方法。

学习要点

● **熟悉**
实验室质量管理的常用方法

● **掌握**
实验室内部质量控制

● **熟练掌握**
作业指导书、原始记录和检验报告的编制

第1节　设备及标准物质的期间核查

期间核查就是根据规定程序，为了确定计量标准、标准物质或其他测量仪器是否保存其原有状态而进行的操作。

实验室应配备正确进行检验所需要的所有抽样和检测设备，这些设备应达到要求的准确度，并符合检测规范要求。对检验结果有重要影响的仪器，应制订校准计划并实施。为保持仪器设备处于良好的状态，仪器设备在两次检定（校准）期间，日常使用时应对其技术指标进行运行检查。

对标准物质也应根据规定的程序和日程进行核查，以保证其校准状态的可信度。

一、选择期间核查对象

当实验室出现下列对象或情况时必须对其进行期间核查：

1. 需要利用期间核查以维持校准状态可信度的设备，以及参考标准、基准、传递标准或工作标准、标准物质（参考物质）。
2. 新建计量标准或历年考核记录不能证明其计量特性持续稳定的已建计量标准。
3. 新购的检测仪器设备技术成熟度和稳定性等具有差别，需要考证。
4. 使用频次高或经常携带到现场检测及校准/检定的仪器设备。
5. 已老化并可能有漂移或不稳定的仪器设备。
6. 在搬运中受强烈震动或使用中受到碰撞的仪器设备。
7. 维护不当，环境条件出现不良改变。
8. 仪器设备在运行过程中，出现异常情况并对检测结果有怀疑。
9. 用于关键性能测试的仪器设备。
10. 其他异常情况。

二、确定期间核查方式

1. 采用高一准确度等级的计量标准、仪器设备和有证标准物质进行核查。
2. 选用稳定性好、灵敏度高的核查标准或样品进行多次重复测量，并采用统计技术对每次测量结果进行评估。
3. 采用相同准确度等级的计量标准或仪器设备进行比对测试。

4. 通过对样品不同特性检测结果的相关性进行验算。

三、选择期间核查项目

1. 仪器设备的期间核查,一般选择以下合适的项目:

(1) 零点检查。

(2) 灵敏度。

(3) 准确度。

(4) 分辨率。

(5) 测量重复性。

(6) 标准曲线的线性。

(7) 仪器内置自校检查。

(8) 标准物质或参考标准物质测试比对。

(9) 仪器说明书列明的技术指标。

2. 参考标准和标准物质的期间核查,一般选择以下合适的项目:

(1) 外观检查。

(2) 标样定值。

(3) 校准标样检查曲线。

(4) 用较高一级的标准物质比对。

(5) 特性值测定。

3. 期间核查通常只需抽检、比对和验证部分主要性能和参数。必要时,可对其重新校准/检定。

四、制定期间核查方案

各实验室有关技术人员根据历年检定证书、仪器稳定性、仪器使用频率等确定需期间核查的对象、核查方法、核查间隔及结果评定要求。一般情况下,在两次校准/检定周期之间至少进行一次期间核查,以提高运行可靠性。使用频繁的、可能有影响仪器设备稳定状况的情况发生时,应增加期间核查次数。异常情况可随时开展期间核查。

五、期间核查的实施

1. 各实验室质量管理部门根据核查方案填写编制"仪器设备期间核查计划表""标准物质期间核查计划表",列出需开展期间核查的设备、标准物质等目录。

2. 相关检测人员按照期间核查计划按时、按要求开展期间核查。

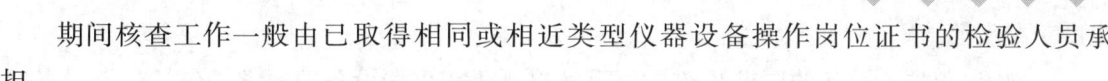

期间核查工作一般由已取得相同或相近类型仪器设备操作岗位证书的检验人员承担。

3. 实施期间核查时,应做好核查记录,给出核查结果并归档保存。

经期间核查确认为仪器设备失准的,应立即停用,并视情况对已经使用该仪器设备进行的检测、校准/检定活动进行核查;标准物质可根据检测工作的实际,从标准物质的性状是否发生变化、储存环境是否符合要求等方面着手。如果在期间核查中发现标准物质已经分解、产生异构体、浓度降低等特性变化,应立即停止使用,并追溯对之前检测结果的影响,执行不符合检测和校准工作的控制程序。

第2节 作业指导书的编制

一、作业指导书的编写必要性

作业指导书是对实验室工作具体实施方案、方法、程序等的详细说明或指导性文件。

在检测产品过程中,由于标准未规定明确的检验方法,或规定的检测方法不唯一、规定的检测条件可有多种选择、规定的检测方法不详细,可能导致检测结果不一致时,应编写作业指导书。

二、作业指导书的编写要求

1. 作业指导书可以针对某个项目或参数编写,也可以针对某个产品或多个产品编写。
2. 作业指导书根据实际需要,可选择、考虑以下几部分内容:
(1) 概述。主要简述检测方法细则编写的原因、用途等。
(2) 适用范围。明确作业指导书适用的产品或项目、参数范围。
(3) 依据标准。明确编制作业指导书所依据的相关检测标准或文件。
(4) 相关的要求、方法。明确标准对应的检测项目的技术要求、检测方法,包括:

1) 检测样品、中间材料的要求和选择。明确检测样品、中间材料、零部件或配件的数量、制备等方面的要求和选择。

2) 检测方法的要求和选择。明确相关检测项目/参数应遵循的检测流程和对应的操作方法。

3) 检测条件的要求和选择。明确检测所需电、水、气源的要求以及环境条件,包括温度、湿度等。

4) 检测仪器、设备的要求和选择。明确检测所需仪器设备的要求，包括仪器设备名称、型号规格、有关参数和精度（准确度）的要求。

5) 检测项目/参数的选择。根据检测对象明确具体的检测项目/参数。

3. 数据处理。明确检测方法细则中数据处理的要求。

4. 安全措施。明确防止检测故障发生的措施以及发生故障后的具体处理方法。

5. 结果判定。明确判定检测结果合格与否的准则。

6. 附录或附加说明。根据编写的需要，附录可以包括以下内容：对技术内容的补充说明；各种专用检测装置或工具的有关图形或说明；检测记录表等文件格式；各种计算表和参数表；数据处理特别说明和计算举例；测量不确定度或测量不确定度的评定方法等。

第3节　原始记录和检验报告的编制

一、原始记录的编制

1. 定义

记录是阐明所取得结果或提供完成活动的证据的文件，可供识别、分析和追溯。

原始记录是实验室原始观察、导出资料和审核路径等信息记录，每一份记录应含充分的信息，以便识别不确定度的影响因素，并确保该检测在尽可能接近原始条件的情况下能够重复。记录还应包括：负责抽样的人员、每一项检验操作人员和结果校核人员的标志。

2. 原始记录编制要求

原始记录是通过一定的表格等形式，对进行活动所做的最初的数字或文字的记载。它是各项活动的客观反映，是未经过加工整理的第一手资料。原始记录表的编制应考虑以下（但不限于）信息：样品来源、样品名称、样品编号、采样地点、样品处理方法、样品包装及管理状态、检验分析项目、检验依据、检验日期、检验所用的材料试剂和设备、检验时的环境、称取样品的量、过程步骤及计算结果。

原始记录实例，见表18—1和表18—2。

表18—1   **容量法原始记录**

样品名称		编号	
检验项目		检验方法依据	
检验日期		环境温度/湿度	
仪器名称	编号	型号规格	仪器检定有效期
标准溶液名称		标定日期	
平行测定次数	1	2	3
取样量 W（　）			
标准溶液的物质的量浓度 C（mol/L）			
滴定管末读数 V_2（mL）			
滴定管初读数 V_1（mL）			
空白值 V_0（mL）			
实际消耗量 V（mL）			
实测结果（　）			
平均值（　）			
标准值（　）			
单项结论			
计算公式			

检验员：   校核员：

表18—2   **分光光度法原始记录**

样品名称		编号	
检验项目		检验方法依据	
检验日期		环境温度/湿度	
仪器名称	编号	型号规格	仪器检定有效期

续表

工作曲线名称				
序号		标准浓度 C		吸光度 A
0				
1				
2				
3				
4				
5				
6				
取样量 W（ ）		吸取体积 V（ ）		
平行次数	样品吸光度 A	对应浓度 C（ ）		稀释倍数
1				
2				
空白值				
平均值（ ）				
实测结果（ ）				
标准值（ ）				
单项结论				
计算公式				

检测人员：　　　　　　　　　　　　复核人员：

3. 原始记录的管理要求

原始记录是一种特殊形式的文件，它需满足：

（1）原始记录的格式、文字、内容要清晰明了。既要让人看得清、看得懂、看得明白，还要信息充分、内容完整、结果明确。

（2）原始记录的储存、保管方式应便于检索，还必须明确查阅、复制、使用人员的范围和权限、注意事项和相关手续。

（3）原始记录应有唯一性的标志。

（4）观察结果、数据和计算应在产生的当时予以记录，不允许追记、整理和重抄。

（5）当记录出错时，每一错误应划改，不可涂掉，以免字迹模糊或消失，并将正确值填写在旁边。电子存储的记录也应采取同等措施，避免原始数据丢失或改动。

（6）原始记录的储存和保管环境应适宜，应有防火、防水、防霉、防盗等措施，其目的是防止记录损坏、变质和丢失。

（7）明确规定原始记录的保存期限。

（8）所有的记录应安全保护和保密。

（9）以电子形式储存的记录应对其设备和程序实施安全保护，防止未经授权的侵入和修改。

二、检验报告的编制

检验报告是提供检测结果和其他有关检测情况的文件。

检测报告是由受委托提供检验服务的实验室按规定出具的。准确、清晰、明确与客观的检验报告符合检验方法中规定要求的每一项检验或一系列检验的结果，并且包括客户要求的、能说明检验结果和符合性评价结论所必须采用方法要求，以及接收准则的全部信息的技术文件。检验报告是实验室所得到数据和结果经包装后得到的最终产品。

1. 检验报告应包括的信息

（1）标题（如"检验报告"或"检验证书"）。

（2）实验室的名称和地址，进行检验的地点（如果与实验室的地址不同）。

（3）检验报告或检验证书的唯一性标志（如系列号）和每一页上的标志，以确保能够识别该页是属于检验报告或检验证书的一部分，以及表明检验报告或检验证书结束的清晰标志。

（4）客户的名称和地址。

（5）所用方法的识别。

（6）被检验物品的描述、状态的明确标志。

（7）检验结果的有效性，以及应用至关重要的检验物品的接收日期和进行检验的日期。

（8）如与检验结果的有效性和应用有关时，实验室或其他机构所用的程序的说明。

（9）检验的结果、适用时、带有的测量单位。

（10）符合性评价及结论。

（11）检验报告或检验证书批准人的姓名、职务、签字或等效的标志。

（12）检验结果仅与被检验物品有关的声明。

检验报告的格式应精心设计，使之适用于所进行的各种检测类型，并尽量减少产生误解或误用的可能性。检测报告的编制应注意数据的表达方式，并易于读者理解。检验报告的表头应尽可能标准化。

检验报告单可按规定格式设计，也可按产品特点单独设计。一般可设计成表格形式，检验报告实例见表18—3。

表 18—3

××××××（检验单位名称）

检验报告单

声明（报告扉页）：

（1）××××××

（2）××××××

编号：

送检单位		样品名称	
生产单位		检验依据	
生产日期		批号	
送检日期		检验日期	
样品特性和状况			
检验项目			
检验结果			
结论			

批准	审核	编制或主检
职务	职务	职务
日期	日期	日期

附注：

（1）××××××

（2）××××××

2. 检验报告填写时的注意事项

（1）检验报告单应由考核合格的检验技术人员填报。进修及在培人员不得独自报出检验结果，必须有指导人员或实验室负责人的同意和签字，检验结果才能生效。

（2）检验结果必须经第二者复核无误后，才能填写检验报告单。检验报告单上应有检验报告编制人员和审核人员的签字及报告批准人的签字。

（3）检验报告单一式两份，其中一份留存备查。检验报告单在经签字和盖章后即可报出，但如果遇到检验结果不合格或样品不符合要求等情况，检验报告单应交给技术人员审查签字后才能报出。

3. 报告的传送

检验报告应该根据合同评审时确定的报告发送方式发出。当面提交检验报告时，应凭单并由取报告人签收后才能发出。检验报告的发出或领取应有记录。

当需通过用电话、传真或其他电子方式传送检验结果时，需确保数据和结果的准确、可靠、完整性，尤其是保护委托方的机密信息和所有权等要求。凡涉及委托方机密信息和所有权的内容，必须充分确认对方是实验室的客户，方可传送。不论以何种方式传送检测报告，都应确保报告传送过程的安全保密。对电子报告的传送应确定传送的授权。

4. 报告的修改

若发现报告有误时应及时提出，实验室及时组织相关人员按照规定要求进行更改：

（1）更改内容涉及原始检测结果的，应对原样品进行复测后更改。

（2）更改内容不影响检测结果的，可以直接更改。

报告更改后应重新签发检验报告，并收回原检验报告。无法收回原检验报告时，应签发原检验报告的补充件，并注明类似"对编号×××检验报告的更改补充"的说明。当有必要发布全新的检验报告时，应注意唯一性标志，并注明所替代的原文件。

检验报告的更改，应做好记录。

5. 报告的归档

检验报告应及时归档留存，保证其具有可追溯性。实验室应规定检验报告的有效期，如没有明确要求，一般保存期不少于 6 年。

6. 检验报告常见主要问题

（1）基本信息不齐。

（2）检验依据不符合要求。

（3）书写、计算及计量单位不规范。

（4）检验结论不规范。

第 4 节　实验室内部质量控制

质量控制是质量管理的一部分，致力于增强满足质量要求。为确保检测或校准结果的质量满足要求，实验室应采取相关的作业技术和活动，监视过程并排除所有阶段中导致不合格或不满意的因素。

为确保检测或校准结果的准确、可靠和有效,应制定质量控制的程序,明确内部质量控制的内容、方式和要求并实施。

实验室内部控制的技术方法一般(但不限于)有以下方法:

一、随同一样品试验做空白试验

1. 若空白值在控限内可忽略不计。
2. 若空白值稳定,可进行 n 次重复空白值测定,计算出空白值的平均值,在样品测定值中扣除。
3. 若空白值明显超过正常值,则表明测定过程有严重沾污,样品测定结果不可靠。

二、随同样品测试做控制样品的测定,用统计方法对样品的测定结果进行评价

1. 控制样品一般有以下两种:第一种,在样品(该样品中的被测组分的含量相加标样量可以忽略不计,或者已知其含量)中加入已知量的标准物质,成为加标样品。第二种,选用与被测样品基本相同或相近的实物标样。
2. 控制样品中被测组分的含量应与被测的样品相近,若被测样品为未检出,则控制样品中被测组分的含量应在方法检定低限附近。
3. 控制样品测定结果的回收率应符合表18—4要求。

表18—4　　　　　　　　　　回收率范围

被测组分含量(质量比)(mg/kg)	回收率范围
>100	95%~105%
1~100	90%~110%
0.1~1	80%~110%
<0.1	60%~120%

4. 绘制质量控制图,观察测试工作的稳定性、系统偏差及其趋势,及时发现异常现象。
5. 实验室应根据实际工作需求制订内部比对试验计划,计划尽可能覆盖所有的常规项目和全体检测人员。应对比对试验的结果进行汇总、分析和评价,判断是否满足对检测有效性和结果准确性的质量控制要求。

比对试验的具体方法可以是:

(1) 使用标准物质或实物样品比对。
(2) 保留样品的重复试验。
(3) 不同人员用相同方法对同一样品的测试。
(4) 不同方法对同一样品的测定。
(5) 某样品不同特性结果的相关性分析。

第5节 实验室常规检验流程

一、取样

实验室通常在接到检验任务后首先对任务书（或合同）进行评审确认，按规定抽样方案实施采取样品，并记录采样信息，采得的样品一部分送检，另一部分封存留样。

二、制样

检验样品按需进行感官评定，通过感官评定后的样品，按其检测项目的要求实施制样。制备后样品一式两份，一份检验用，另一份留样备查。

三、检验

检验人员按需检项目，确认所需用仪器设备和试剂的有效性及精度。检验人员按相关的检验标准实施检验，并记录。检验原始结果经复核、校对后送审，待出报告。若出现异常数据，则应重新取样、复检。

四、报告

由相关人员将检验结果与相关的产品标准比对，对检验结果做出符合性评价，按要求出具检验报告。

五、归档

检验过程中产生的所有记录需按实验室文件管理要求实施。
实验室工作流程控制图，如图18—1所示。

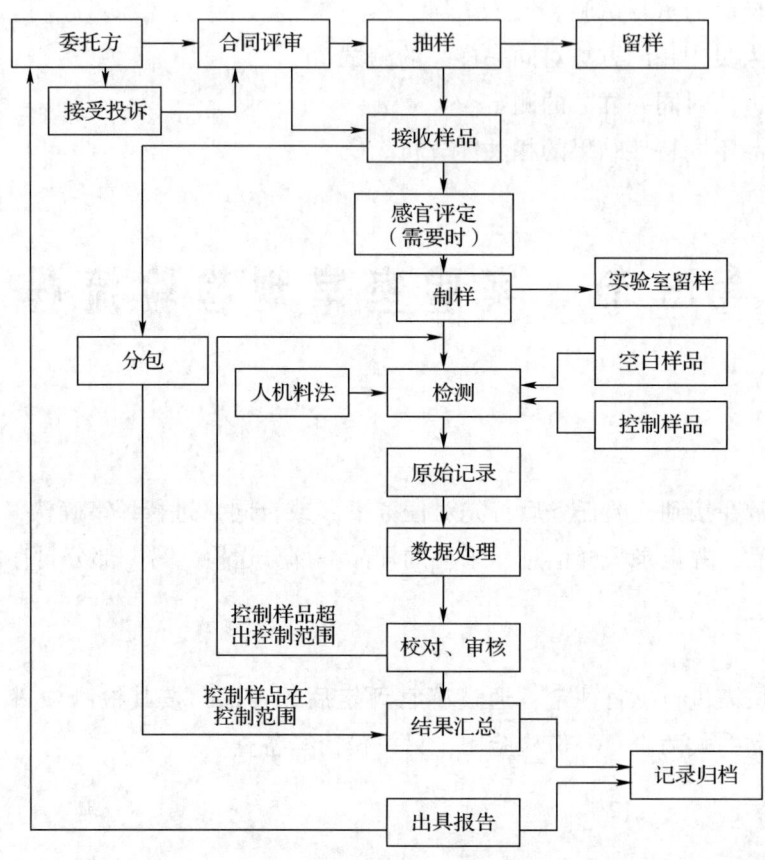

图 18—1 实验室工作流程控制图

职业技能鉴定要点

行为领域	鉴定范围	鉴定点	重要程度
理论准备	设备及标准物质的期间核查	期间核查对象、期间核查方式	★★★
	作业指导书的编制	编写要求	★★★
	原始记录和检验报告的编制	原始记录的编制	★★★
		检验报告的编制	★★★
	实验室内部质量控制	质量控制的措施	★★★

测 试 题

一、判断题（下列判断正确的请打"√"，错误的请打"×"）

1. 有证标准物质在有效期内可不用进行期间核查。（　）
2. 仪器设备只有在出现老化并可能有漂移或不稳定时才需进行期间核查。（　）
3. 期间核查应采用高一准确度等级的计量标准、仪器设备和有证标准物质进行核查。（　）
4. 期间核查可采用相同准确度等级的计量标准或仪器设备进行比对测试。（　）
5. 作业指导书必须针对某个产品编写。（　）
6. 作业指导书必须明确标准对应的检测项目的技术要求、检测方法。（　）
7. 记录原始数据时，要想修改错误数字，应在原数字上画一条横线表示消除，并由修改人签注。（　）
8. 检验报告单可以由进修及代培人员填写，但必须有指导人员或室负责人的同意和签字，检验结果才能生效。（　）
9. 原始记录本应统一编号、专用，用钢笔或圆珠笔填写。不得任意涂改、撕页、散失，有效数字位数要按分析方法的规定填写。（　）
10. 确知在操作过程中存在错误的检验数据，不论结果好坏，都必须舍去，并在备注栏注明原因。（　）

二、简答题

1. 简述对标准物质和设备进行期间核查的目的。
2. 期间核查的方式有哪些？
3. 实验室出现哪些对象或情况时必须对其进行期间核查？
4. 简述填写原始记录单应做到的注意点。
5. 简述填写检验报告单应做到的注意点。

三、思考题

实验室内部质量控制可采取哪些措施？

测试题答案

一、判断题

1. ×　2. ×　3. √　4. √　5. ×　6. √　7. ×　8. ×　9. √　10. √

二、简答题

1. 对标准物质和设备进行期间核查的目的是：保证标准物质校准状态的置信度，证实检验设备能够满足实验室的规范要求和相应的标准规范。

2. 期间核查的方式有：

（1）采用高一准确度等级的计量标准、仪器设备和有证标准物质进行核查。

（2）选用稳定性好、灵敏度高的核查标准或样品进行多次重复测量；并采用统计技术对每次测量结果进行评估。

（3）采用相同准确度等级的计量标准或仪器设备进行比对测试。

（4）对样品不同特性检测结果的相关性进行验算等。

3. 实验室出现下列对象或情况时必须对其进行期间核查：

（1）需要利用期间核查以维持校准状态可信度的设备，以及参考标准、基准、传递标准或工作标准、标准物质（参考物质）。

（2）新建计量标准或历年考核记录不能证明其计量特性持续稳定的已建计量标准。

（3）新购的检测仪器设备技术成熟度和稳定性等具有差别，需要考证。

（4）使用频次高或经常携带到现场检测及校准/检定的仪器设备。

（5）已老化并可能有漂移或不稳定的仪器设备。

（6）在搬运中受强烈震动或使用中受到碰撞的仪器设备。

（7）维护不当，环境条件出现不良改变。

（8）仪器设备在运行过程中，出现异常情况并对检测结果有怀疑。

（9）用于关键性能测试的仪器设备。

（10）其他异常情况。

4. 填写原始记录单应做到：

（1）原始记录必须真实、齐全、清楚，记录方式应简单明了。

（2）原始记录本应统一编号、专用，用钢笔或圆珠笔填写，不得任意涂改、撕页、散失，有效数字位数要按分析方法的规定填写。

（3）修改错误数字时，不得涂改，而应在原始字上画两条横线表示消除，并有修改人签注。

（4）确知在操作过程中存在错误的检验数据，不论结果好坏，都必须舍去，并在备注栏注明原因。

（5）原始数据应统一管理，归档保存，以备查验。

（6）原始记录未经批准，不得随意向外提供。

5. 填写检验报告单应做到：

（1）检验报告单应由考核合格的检验技术人员填报。进修及在培人员不得独自报出检验结果，必须有指导人员或实验室负责人的同意和签字，检验结果才能生效。

（2）检验结果必须经第二人复核无误后，才能填写检验报告单。检验报告单上应有检验人员和复核人员的签字及实验室负责人的签字。

（3）检验报告单一式两份，其中一份留存备查。检验报告单在经签字和盖章后即可报出，但如果遇到检验结果不合格或样品不符合要求等情况，检验报告单应交给技术人员审查签字后才能报出。

三、思考题

答案略。

职业技能鉴定考核简介

一、鉴定方案

食品检验员（三级）的鉴定方式分为理论知识考试和操作技能考核。理论知识考试采用闭卷计算机机考方式，操作技能考核采用现场实际操作方式。理论知识考试和操作技能考核均实行百分制，成绩皆达 60 分及以上者为合格。理论知识考试或操作技能考核不合格者可按规定分别补考。

二、理论知识考试方案（90 min）

题库参数	考试方式	鉴定题量	分值（分/题）	配分（分）
判断题	闭卷机考	60	0.5	30
单项选择题		140	0.5	70
合计	—	200	—	100

三、操作技能考核方案

考核项目表

职业（工种）名称		食品检验员	等级	三级	
职业代码					
项目名称	单元编号	单元内容	考核方式	选考方法	考核时间（min）	配分（分）
样品检验	1	食品中志贺氏菌检验	操作	抽一	240	100
		食品中沙门氏菌检验	操作			
		食品中金黄色葡萄球菌检验	操作			
		食品中 β 型溶血性链球菌检验	操作			
		食品中副溶血性弧菌检验	操作			
		食品中亚硝酸盐含量的检验	操作			

续表

项目名称	单元编号	单元内容	考核方式	选考方法	考核时间（min）	配分（分）
样品检验	1	食品中二氧化硫含量的检验	操作	抽一		
		食品中铅含量的检验	操作			
		食品中砷含量的检验	操作			
		食品中汞含量的检验	操作			
		食品中铜含量的检验	操作			
合计	—	—	—	—	240	100

理论知识考试模拟试卷（一）

一、判断题（将判断结果填入括号中。正确的填"√"，错误的填"×"。每题 0.5 分，满分 30 分）

1. 基准物质的代号是以国家级标准物质的汉语拼音中"Guo""Biao""Wu"三个字的字头"GBW"表示。（　　）

2. 直接配制法是准确称取一定量的纯物质，溶解并稀释到准确的体积，并根据计算求出该溶液的准确浓度。（　　）

3. 标准溶液的标定中，反应终点的容易判断与否不是选择基准物质的一个非常重要的条件。（　　）

4. 标准溶液按照规定方法标定后，获得的溶液浓度是否准确可靠，还可以通过校核程序进行再次确认。（　　）

5. 湿法消化不会造成试样的损失。（　　）

6. 减压蒸馏适用于检测食品样品中挥发性物质或低沸点物质。（　　）

7. 液-液萃取通常将分析物分离到有机相，通过有机溶剂蒸发来浓缩分析物。（　　）

8. 化学衍生化是利用化学反应使样品中分析物与衍生化试剂作用生成衍生物，使其适合于特定的分析方法。（　　）

9. 朗伯-比耳定律中，ε是吸光物质在特定波长和溶剂的情况下的一个特征常数，数值上等于 1 mol/L 吸光物质在 1 cm 光程中的吸光度，是吸光物质吸光能力的量度。（　　）

10. 分光光度计中，检测器是一种光电转换设备，它将电信号转变为光强度显示出来。（　　）

11. 在吸光度的测量中应采用光学性质相同、厚度不同的比色皿贮参比溶液，调节仪器使透过参比皿的吸光度为零。（　　）

12. 紫外分光光度法的应用中，标准加入法能消除背景的影响。（　　）

13. 分光光度计使用中，拿比色皿时，手指只能捏住比色皿的毛玻璃面，不要碰比色皿的透光面，以免污染。（　　）

14. 分离度又称分辨率，它定义为相邻两组分色谱峰保留值之差与两组分色谱峰底宽

总和的比值。( )

15. 温控系统是指对气相色谱的汽化室进行温度控制的装置。( )
16. 对某些高沸点、热稳定性差的样品，可以采用冷柱头进样。( )
17. 气相色谱仪的石墨密封垫漏气是 GC 最常见的问题之一。( )
18. 原子吸收分光光度法中，从光源辐射出待测元素的特征波长的光，通过火焰中样品蒸气时，被待测元素的激发态原子吸收。( )
19. 原子吸收分光光度计所用的分光系统就是单色器。( )
20. 目前原子吸收分光光度计的显示装置多为外接计算机。( )
21. 在原子吸收光度法中，所有元素都能用中性火焰进行分析。( )
22. 原子吸收光度法用标准加入法定量时，不能消除非特性衰减引起的干扰。( )
23. 原子荧光把样品进行原子化时，要求它能够高速地产生自由原子，并具有火焰背景噪声低、稳定性好、记忆效应小等先决条件。( )
24. 还原剂在氢化物发生原子荧光分析中，必须在酸性溶液中配制。( )
25. 冷原子吸收光度计为防止流动气体及杂光对仪器测量工作的影响，光源灯封装于密闭盒内。( )
26. 冷原子吸收分光光度计吸收管回路内如果有水珠出现，并不影响实验结果，因此不必处理它。( )
27. 细菌的荚膜结构，是细菌普遍存在的。( )
28. 有些细菌的分子量小，可以被菌体直接吸收作为营养物质。( )
29. 分离培养可使细菌在平板培养基表面生长。( )
30. ONPG 试验主要用于发酵乳糖菌株的快速鉴定。( )
31. 某些细菌具有尿素酶，因此在含有尿素的培养基中，能分解尿素产生氨，使培养基呈酸性，此时培养基中的酚红指示剂显红色。( )
32. 某些细菌在代谢过程中产生溶血素，能使人或动物的红细胞发生溶解，借此来鉴别细菌。( )
33. 半固体琼脂菌种保存法是用穿刺接种法将细菌培养物接种于半固体培养基内经培养后进行保存。( )
34. O 抗原存在于细胞壁最外层。( )
35. 先用选择性的培养基使处于濒死状态的沙门氏菌恢复其活力，再进行无选择性增菌，使沙门氏菌得以增殖而大多数的其他细菌受到抑制。( )
36. 沙门氏菌在所有分离培养基上都有黑色硫化氢生成。( )
37. 在三糖铁和赖氨酸脱羧酶试验培养基上的反应结果符合沙门氏菌的生化特性，又

与沙门氏菌因子血清发生了凝集反应,即可判定为沙门氏菌。( )

38. 志贺氏菌属 K 抗原存在时能阻断 O 抗原与相应抗血清的凝集作用。( )

39. 志贺氏菌分离培养取增菌液 1 mL,划线接种于 HE 琼脂平板和麦康凯琼脂。
( )

40. 根据血清学鉴定的结果,即可报告 25 g(mL)样品中检出或未检出志贺氏菌。
( )

41. 杀白细胞素是一种可溶性物质,不具有抗原性。( )

42. 葡萄球菌可存在于动物和人的口、鼻、皮肤、头发等处。( )

43. 金黄色葡萄球菌为革兰氏阳性球菌,排列呈葡萄球状或短链状,无芽孢,无荚膜。( )

44. 金黄色葡萄球菌在 Baird – Parker 平板上,菌落直径为 2~3 mm,颜色呈灰色到黑色,边缘为淡色,在其外层有一透明圈。( )

45. 金黄色葡萄球菌在 Baird – Parker 平板上,菌落直径为 2~3 mm,颜色呈灰色到黑色,边缘为淡色,周围为一混浊带,在其外层有一透明圈。( )

46. 溶血性链球菌的触酶反应结果为阴性。( )

47. β 型溶血性链球菌为链状排列的革兰氏阳性球菌。( )

48. 副溶血性弧菌革兰氏染色呈阴性。( )

49. 检验副溶血性弧菌的样品应两次增菌。( )

50. 副溶血性弧菌在革兰氏染色镜检时会出现两端有浓染的现象。( )

51. 样品经增菌 8~16 h 后,转种平板进行分离培养。( )

52. 致泻大肠埃希氏菌检验采用的选择性平板是麦康凯和伊红美蓝琼脂平板。( )

53. O157 的生化特征与大肠埃希氏菌属的生化特征完全一致。( )

54. 蜡样芽孢杆菌能产生卵磷脂和酪蛋白酶,过氧化氢酶试验阴性,溶血,常能液化明胶和使硝酸盐还原。( )

55. 蜡样芽孢杆菌检验有平板计数法和 MPN 计数两种检验方法。( )

56. 进行乳酸菌检测做 10 倍递增稀释时,可不用更换无菌吸管。( )

57. 双歧杆菌过氧化氢酶试验为阴性。( )

58. 误差是指测定结果与真实值的差,差值越小,误差越小。( )

59. 检出限的计算要求试剂中应尽可能不含待测分析物,或其中的待测物、干扰物低于方法检出限。( )

60. 研究分析方法时,通常用精密度、准确度和灵敏度这三项指标来评价。( )

二、单项选择题（选择一个正确的答案，将相应的字母填入题内的括号中。每题 0.5 分，满分 70 分）

1. 单一组分标准物质主要用于（　　）的校准，因此在绝大多数分析测试中起着重要的作用。

    A. 分析仪器　　　B. 容量分析　　　C. 重量分析　　　D. 化学分析

2. 基准物质是通过基准装置、基本方法直接将量值溯源至（　　）的一类化学纯物质，用于化学成分量值的溯源与复现。

    A. 国际标准　　　B. 最高标准　　　C. 国家标准　　　D. 行业标准

3. 二级标准物质用与（　　）进行比较测量的方法定值，或用与一级标准物质相同的定值方法定值，可作为工作标准直接使用。

    A. 基准物质　　　B. 检测样品　　　C. 一级标准物质　　　D. 同类型物质

4. 标准物质的不确定度表示被测量之值的（　　），不同的标准物质其定值特性的不确定度也不同。

    A. 准确度　　　B. 灵敏度　　　C. 分散性　　　D. 检出限

5. 标准溶液是指含有某一特定（　　）的参数的溶液。

    A. 浓度　　　B. 质量　　　C. 体积　　　D. 性质

6. 间接配制法的标准溶液，需要用（　　）或已知浓度的标准溶液来确定其准确浓度。

    A. 化学纯试剂　　　B. 分析纯试剂　　　C. 色谱纯试剂　　　D. 基准物质

7. 邻苯二甲酸氢钾和草酸都可作为标定 NaOH 的基准物，但是邻苯二甲酸氢钾更加适宜用作基准物，是因为邻苯二甲酸氢钾的（　　）。

    A. 性质稳定　　　　　　　　B. 更易溶解
    C. 摩尔质量大　　　　　　　D. 反应终点易判断

8. 用于标定标准溶液的基准试剂要求是性质稳定、组成恒定、较大的摩尔质量、纯度高和（　　）。

    A. 容易水解　　　　　　　　B. 容易溶解
    C. 容易分解　　　　　　　　D. 容易水解、溶解和分解

9. 标准溶液标定尽量用（　　）标定，以减少标定误差。

    A. 基准物质　　　B. 标准溶液　　　C. 标准物质　　　D. 一级标准物质

10. 湿法消化法通常使用（　　）。

    A. 马弗炉　　　B. 平板电炉　　　C. 微波消解仪　　　D. 微波灰化炉

11. 微波消解法不能使用（　　）试剂进行消解。

A. 硫酸 B. 浓硝酸 C. 双氧水 D. 盐酸

12. 对于被蒸馏组分与水形成共沸物不易蒸馏完全时，可采用（   ）。
    A. 常压蒸馏   B. 减压蒸馏
    C. 水蒸气蒸馏   D. 常压、减压、水蒸气蒸馏

13. 振荡萃取使用的设备有（   ）。
    A. 振荡器   B. 匀浆机   C. 索氏萃取器   D. 超声波器

14. 在建立新的萃取方法时，常用（   ）萃取模式作为对照方法。
    A. 振荡   B. 匀浆   C. 索氏   D. 超声波

15. 食品中被测物质苯甲酸在（   ）条件下溶在非极性溶剂中。
    A. 酸性   B. 碱性   C. 中性   D. 任何

16. 常用的浓缩方法有（   ）。
    A. 自然挥发   B. 氮气流下使溶剂挥发
    C. 减压旋转蒸发   D. 以上方法都可以

17. 添加剂环己基氨基磺酸钠可以通过制备（   ），然后用气相色谱定量测定。
    A. 衍生物   B. 纯净物   C. 螯合物   D. 络合物

18. 硫酸铜溶液吸收白光中的（   ）光，该溶液呈蓝色。
    A. 红   B. 黄   C. 绿   D. 蓝

19. 光吸收基本定律是，当一束平行（   ）通过液层厚度为 b 的有色溶液时，溶质吸收了光能，光的强度就要减弱。
    A. 单色光   B. 复色光   C. 灯光   D. 太阳光

20. 分光光度计都是由下列基本部件组成的：光源、（   ）、吸收池、检测系统。
    A. 比色皿   B. 单色器   C. 光电池   D. 反射镜

21. 分光光度计的棱镜由（   ）或石英制成。
    A. 陶瓷   B. 铁塑料   C. 氖灯   D. 玻璃

22. 紫外可见分光光度计的检测器（   ）可以全波长同时被检测，扫描速度快。
    A. 光电池   B. 光电管
    C. 光电倍增管   D. 光二极管阵列检测器

23. 吸光度法测定中，显色反应需要经一定的时间才能完成，时间的长短又与（   ）的高低有关。
    A. 酸度   B. 浓度   C. 温度   D. 黏度

24. 分光光度分析中，若用 3 cm 比色皿时溶液吸光度为 0.080，则可选择的比色皿是（   ）cm。

A. 1 B. 2 C. 3 D. 5

25. 分光光度分析中，对于一种有色化合物，若把光程 L 也固定，吸光度和溶液的浓度成（　　）关系。

　　A. 正比　　　　B. 反比　　　　C. 对数　　　　D. 反对数

26. 分光光度分析中，标准加入法操作比较麻烦，不适于做系列样品分析，但它适用于组成比较复杂、干扰因素较多而又不太清楚的样品，因为它能消除（　　）的影响。

　　A. 样品　　　　B. 试剂　　　　C. 背景　　　　D. 显色剂

27. 紫外可见分光光度计应放置在（　　）室。

　　A. 通风　　　　B. 防震　　　　C. 恒温　　　　D. 加湿

28. 紫外可见分光光度计使用一定周期后，应对仪器内部进行（　　）。

　　A. 清洁　　　　B. 除尘　　　　C. 杀菌　　　　D. 清洁和除尘

29. 在色谱柱内不移动、起分离作用的活性物质是（　　）。

　　A. 固定相　　　B. 流动相　　　C. 保留相　　　D. 气相

30. 色谱分析的目的是将样品中各组分彼此分离，两组分难以分离是因为（　　）比较接近。

　　A. 沸点　　　　B. 分子极性　　C. 分子量　　　D. 分配系数

31. 气相色谱中载气流速的选择与（　　）有关。

　　A. 柱内径　　　　　　　　　　　B. 柱温
　　C. 固定相种类　　　　　　　　　D. 以上选项均可

32. 气相色谱仪的毛细管柱进样口通常采用分流/不分流进样口分流，是因为（　　）。

　　A. 柱容量小　　B. 柱容量大　　C. 柱内径小　　D. 柱内径大

33. 气相色谱检测器的性能指标通常用（　　）表示。

　　A. 灵敏度　　　B. 检出限　　　C. 线性范围　　D. 以上选项均可

34. 内壁涂渍100%聚甲基硅氧烷固定相的色谱柱是（　　）色谱柱。

　　A. 非极性　　　B. 弱极性　　　C. 中极性　　　D. 极性

35. 气相色谱仪中（　　）不用氢气做燃烧气，而用空气作助燃气。

　　A. 电子捕获检测器　　　　　　　B. 氮磷检测器
　　C. 火焰光度检测器　　　　　　　D. 氢火焰离子化检测器

36. 气相色谱分析用保留值法定性时，出现假阳性时，可采取（　　）定性方法确认。

　　A. 极性柱　　　B. 非极性柱　　C. 单柱　　　　D. 双柱

37. 在色谱分析中，常用于排除基线不稳定的方法有（   ）。
    A. 充分老化色谱柱　　　　　　　　B. 更换隔垫
    C. 把色谱柱切去一段　　　　　　　D. 以上选项均可

38. 食品中有机磷农药残留量检测常使用的气相色谱检测器是火焰光度检测器和（   ）。
    A. 电子捕获检测器　　　　　　　　B. 氢火焰离子化检测器
    C. 热导检测器　　　　　　　　　　D. 氮磷检测器

39. 原子吸收分光光度法中，火焰法吸收特征波长能量的是（   ）。
    A. 火焰本身　　B. 基态原子　　C. 激发态原子　　D. 分子

40. 好的充氖气的空心阴极灯发（   ）的光。
    A. 淡紫色　　　B. 蓝色　　　　C. 白色　　　　　D. 橙红色

41. 原子吸收分光光度计的石墨炉原子化系统的原子化过程分为干燥、（   ）、原子化、净化四个步骤。
    A. 脱气　　　　B. 除杂　　　　C. 灰化　　　　　D. 冷却

42. 原子吸收分光光度计的单色器的性能指标不包括（   ）。
    A. 色散率　　　B. 分辨率　　　C. 集光本领　　　D. 透光率

43. 原子吸收分光光度计的放大器工作频率和光源的调制频率（   ）。
    A. 同步　　　　　　　　　　　　　B. 不同步
    C. 无关　　　　　　　　　　　　　D. 以上选项均不对

44. 原子吸收分光光度计（   ）功能不是显示装置的功能。
    A. 工作曲线的绘制　　　　　　　　B. 测定数据的处理
    C. 操作软件的使用　　　　　　　　D. 数据采集

45. 原子吸收光度法测定元素时，空心阴极灯工作电流的大小不会对（   ）产生任何影响。
    A. 测定元素的吸光度　　　　　　　B. 仪器噪声
    C. 光源的输出强度　　　　　　　　D. 基态原子的激发效率

46. 原子吸收光度法的（   ）的氧化性最强。
    A. 贫燃性火焰　　　　　　　　　　B. 中性火焰
    C. 富燃性火焰　　　　　　　　　　D. 笑气－乙炔火焰

47. 用原子吸收光度法测定钙元素时，通常采用（   ）方法消除化学干扰。
    A. 改变火焰温度　　　　　　　　　B. 加入释放剂
    C. 加入保护络合剂　　　　　　　　D. 加入缓冲剂

48. 原子吸收光度法中，配制元素标准储备液通常使用（　　）。
    A. 盐酸　　　　B. 磷酸　　　　C. 氢氟酸　　　　D. 硫酸

49. 在原子吸收光度法中，使用标准加入法测定元素能减小的干扰是（　　）。
    A. 背景干扰　　B. 化学干扰　　C. 电离干扰　　D. 发射光谱干扰

50. 与原子吸收法相比，原子荧光法使用的光源是（　　）。
    A. 必须与原子吸收法的光源相同　　　B. 一定需要锐线光源
    C. 一定需要连续光源　　　　　　　　D. 不一定需要锐线光源

51. 原子荧光的原子化器由（　　）组成，各部分的作用原理大致与原子吸收分光光度计的原子化器相同。
    A. 雾化器、汽化室和燃烧器　　　　　B. 原子化器、雾化室和燃烧器
    C. 雾化器、雾化室和燃烧器　　　　　D. 原子化器、汽化室和燃烧器

52. 在原子荧光分析中，通常采用（　　）式屏蔽火焰燃烧器等。
    A. 涡流　　　　B. 顺流　　　　C. 紊流　　　　D. 逆流

53. 通过原子荧光分析照射到光电检测器件上的光强和光电流之间（　　），这就是原子荧光光谱分析仪的基础。
    A. 无关　　　　　　　　　　　　　　B. 具有非比例关系
    C. 具有非线性关系　　　　　　　　　D. 具有线性关系

54. 原子荧光测定高浓度样品时，残留难清除，需清洗石英炉管，用 20%～30% 的（　　）浸泡，再用水清洗干净，烘干后使用。
    A. 盐酸　　　　B. 硫酸　　　　C. 硝酸　　　　D. 王水

55. 原子荧光分析中，物理干扰使一些气溶胶微粒从燃烧器旁边逸出而未通过火焰中的测量高度，就会降低原子化效率，导致测量荧光信号的（　　）。
    A. 偏差　　　　B. 提高　　　　C. 降低　　　　D. 增强

56. 使用冷原子吸收分光光度法时，汞蒸气（汞原子）紫外最大吸收波长是（　　）nm。
    A. 278.0　　　B. 259.2　　　C. 253.7　　　D. 310.1

57. 冷原子吸收分光光度计的抽气泵的作用是使被测元素的蒸气进入（　　）。
    A. 比色管道　　　　　　　　　　　　B. 阴极灯
    C. 光栅　　　　　　　　　　　　　　D. 光电转换放大装置

58. 测汞元素产品的消化过程中应注意避免汞的（　　），因此需加回流冷凝管。
    A. 结晶　　　　B. 浓缩　　　　C. 挥发　　　　D. 沉淀

59. 细菌常用的分类单位有科、属、（　　）等。
    A. 种　　　　　B. 型　　　　　C. 群　　　　　D. 株

60. 细菌的基本形态有球菌、杆菌和（　　）。
   A. 链球菌　　　B. 螺旋菌　　　C. 弧菌　　　D. 梭杆菌
61. 显微镜观察细菌有无动力时，应选用新鲜的幼龄培养物，并在（　　）℃以上室温中进行。
   A. 15　　　　B. 20　　　　C. 30　　　　D. 35
62. 细菌的多糖部分主要存在于（　　）、荚膜和细胞质中。
   A. 芽孢　　　B. 鞭毛　　　C. 核质体　　　D. 细胞壁
63. 细菌的糖代谢反应中，（　　）是错误的。
   A. 伤寒沙门氏菌不分解乳糖　　　B. 大肠埃希氏菌 V-P 试验阴性
   C. 大肠埃希氏菌甲基红试验阴性　　　D. 大肠埃希氏菌分解乳糖
64. 研究细菌的（　　）可以通过细菌培养的方法进行。
   A. 染色　　　B. 致病力　　　C. 大小　　　D. 等电点
65. 少数排列成（　　）的细菌可呈沉淀生长，沉淀物上面的液体表现清澈。
   A. 球状　　　B. 梭状　　　C. 链状　　　D. 葡萄状
66. 可以观察细菌动力的是（　　）培养基。
   A. 固体　　　B. 半固体　　　C. 液体　　　D. 平板
67. 大肠埃希氏菌甲基红试验呈现（　　）。
   A. 黄色为阴性　　B. 红色为阴性　　C. 红色为阳性　　D. 黄色为阳性
68. 发酵型细菌无论在有氧或无氧的环境中（　　）分解葡萄糖。
   A. 都能　　　B. 都不能　　　C. 大部分能　　　D. 大部分不能
69. 产气肠杆菌赖氨酸脱羧酶试验结果出现（　　）。
   A. 蓝色为阳性　　B. 蓝色为阴性　　C. 黄色为阳性　　D. 黄色为阴性
70. 志贺氏菌硫化氢试验结果出现（　　）。
   A. 黑色为阴性　　B. 无色为阴性　　C. 无色为阳性　　D. 黑色为阳性
71. 枸橼酸盐利用试验是将被检细菌的（　　）接种到枸橼酸盐培养基上。
   A. 菌落　　　B. 菌苔　　　C. 菌悬液　　　D. 菌液
72. 触酶活力试验结果是培养物出现（　　）者为阳性。
   A. 变色　　　B. 产酸　　　C. 气泡　　　D. 产碱
73. 链激酶试验时当肉汤培养物充分混匀后，再加入 0.25% 的氯化钙水溶液 0.25 mL，放 36℃ 水浴中，出现（　　）为阳性。
   A. 血浆先溶解后凝固　　　B. 血浆凝固后不溶解
   C. 血浆先凝固后溶解　　　D. 血浆溶解后不凝固

74. 通常情况下，肠道杆菌及葡萄球菌用半固体培养基可保存（　　）。
   A. 1周　　　　　B. 1个月　　　　C. 3～6个月　　　D. 1年

75. 沙门氏菌的形态是（　　）。
   A. 有芽孢、无荚膜、大多具有鞭毛　　B. 无芽孢、有荚膜、大多具有鞭毛
   C. 无芽孢、无荚膜、大多无鞭毛　　　D. 无芽孢、无荚膜、大多具有鞭毛

76. 发酵乳糖、蔗糖，硫化氢阴性的细菌是（　　）。
   A. 志贺氏菌属　　B. 沙门氏菌属　　C. 埃希氏菌属　　D. 葡萄球菌属

77. 鞭毛抗原化学成分为（　　）。
   A. 类脂　　　　　B. 蛋白质　　　　C. 多糖　　　　　D. 复合物

78. 沙门氏菌借助于三糖铁、靛基质、尿素、KCN、赖氨酸等试验主要可与（　　）菌属相鉴别。
   A. 葡萄球菌　　　B. 弧菌　　　　　C. 其他肠道菌　　D. 杆菌

79. 溴麝香草酚蓝在HE琼脂中主要起（　　）作用。
   A. 缓冲剂　　　　B. 指示剂　　　　C. 抑菌剂　　　　D. 营养剂

80. 沙门氏菌检验在其显色培养基上菌落为（　　）。
   A. 粉红色　　　　B. 黄色　　　　　C. 紫红色　　　　D. 深绿色

81. 硫化氢、靛基质、尿素、氰化钾、赖氨酸几组反应中，（　　）反应是沙门氏菌个别变体，要求血清学鉴定结果。
   A. ＋－－－＋　　B. －－－－－　　C. ＋＋－－＋　　D. ＋－＋－＋

82. 沙门氏菌O血清不凝集时有可能是因（　　）的存在而阻止了O凝集反应。
   A. O抗原　　　　B. H抗原　　　　C. M抗原　　　　D. Vi抗原

83. 下面哪种说法是正确的（　　）。
   A. 在三糖铁和赖氨酸脱羧酶试验培养基上的反应结果符合，和沙门氏菌因子血清发生凝集反应，生化试验结果不符合可判断不是沙门氏菌
   B. 在三糖铁和赖氨酸脱羧酶试验培养基上的反应结果符合沙门氏菌的生化特性，和沙门氏菌因子血清发生凝集反应，可判断是沙门氏菌
   C. 只要和沙门氏菌因子血清发生凝集反应即可判断为沙门氏菌
   D. 只要在三糖铁和赖氨酸脱羧酶试验培养基上的反应结果符合沙门氏菌的生化特性，即可判断是沙门氏菌

84. 志贺氏菌（　　）。
   A. 无芽孢、无荚膜、无鞭毛、有动力　　B. 无芽孢、无荚膜、无鞭毛、无动力
   C. 有芽孢、无荚膜、无鞭毛、无动力　　D. 无芽孢、有荚膜、无鞭毛、无动力

85. 可微量产气的志贺氏菌是（   ）。
    A. 痢疾志贺氏菌 6 型 B. 福氏志贺氏菌 6 型
    C. 鲍氏志贺氏菌 6 型 D. 宋内氏志贺氏
86. 志贺氏菌检验麦康凯（MAC）琼脂平板、木糖赖氨酸脱氧胆酸盐（XLD）琼脂平板、志贺氏菌显色培养基平板是（   ）琼脂平板。
    A. 鉴别性 B. 特异性 C. 选择性 D. 非选择性
87. 志贺氏菌检验增菌时，培养条件为（   ）。
    A. 41.5℃±1℃，厌氧培养 16～20 h
    B. 41.5℃±1℃，厌氧培养 6～8 h
    C. 44.5℃±1℃，需氧培养 16～20 h
    D. 36.0℃±1℃，厌氧培养 6～8 h
88. 乳糖、蔗糖、葡萄糖、产气、动力试验为（   ）的菌株是可疑志贺氏菌。
    A. − − + − − B. − + + + − C. + − − − + D. + + − + +
89. 志贺氏菌和某些不活泼（   ）、A–D 菌的部分生化特征相似并能与某种志贺氏菌分型血清发生凝集。
    A. 大肠菌群 B. 大肠杆菌
    C. 耐热大肠菌群 D. 大肠埃希氏菌
90. 志贺氏菌用于分离鉴定的培养基一般为（   ）个，可以提高阳性检出率。
    A. 2 B. 3 C. 4 D. 大于 4
91. 葡萄球菌最高可在含（   ）的氯化钠培养基中能生长。
    A. 10～15 g/mL B. 100～150 g/mL
    C. 100～150 g/L D. 10～15 g/L
92. 金黄色葡萄球菌的溶血素是一种（   ）。
    A. 内毒素 B. 杀白细胞素 C. 外毒素 D. 肠毒素
93. 金黄色葡萄球菌产生的（   ）不受胰蛋白酶的影响，可使人、猫、猴引起急性胃肠炎症状。
    A. 溶血毒素 B. 杀白细胞素 C. 内毒素 D. 肠毒素
94. 透明质酸酶被称为（   ）因子。
    A. 溶解 B. 扩散 C. 凝固 D. 透明
95. 金黄色葡萄球菌耐盐性强，最适宜生长的盐浓度（质量分数）为（   ）。
    A. 1%～3% B. 5%～7.5% C. 7.5%～10% D. 15%～17%
96. 在金黄色葡萄球菌检验中，液体样品吸取 25 mL 至 225 mL（   ）内进行稀释。

A. 7.5%氯化钠肉汤

B. 7.5%氯化钠胰酪胨大豆肉汤

C. 3.5%氯化钠肉汤

D. 7.5%氯化钠缓冲蛋白胨水

97. 金黄色葡萄球菌革兰氏染色后，镜检菌体呈现颜色为（　　）。
   A. 粉红色　　　　B. 红色　　　　C. 紫色　　　　D. 黄色

98. 符合血浆凝固酶试验阳性，在血平板上菌落周围有透明的溶血环，革兰氏染色镜检为（　　）的菌株被判定为金黄色葡萄球菌。
   A. 菌体呈紫色、葡萄球状排列、无芽孢、无荚膜
   B. 菌体呈紫色、葡萄球状排列、有芽孢、有荚膜
   C. 菌体呈红色、葡萄球状排列、无芽孢、无荚膜
   D. 菌体呈紫色、短链状排列、无芽孢、无荚膜

99. 金黄色葡萄球菌检验第二法中完成样品接种后的平板需培养（　　）h。
   A. 6～8　　　B. 16～18　　　C. 8～24　　　D. 24～48

100. 金黄色葡萄球菌的（　　）作用使Baird-Parker平板产生混浊带。
   A. 血浆凝固酶　　　　　　　　B. 脂酶
   C. 脱氧核糖核酸酶　　　　　　D. 卵磷脂酶

101. 溶血性链球菌（　　）。
   A. 能分解葡萄糖和乳糖，不分解菊糖
   B. 能分解葡萄糖和菊糖，不分解乳糖
   C. 不分解葡萄糖，能分解菊糖
   D. 能分解葡萄糖产酸，一般不分解菊糖

102. 被溶血性链球菌污染的食品可引起（　　）。
   A. 高血压　　　B. 猩红热　　　C. 痢疾　　　D. 贫血

103. 3%过氧化氢溶液在β型溶血性链球菌的检验时用于（　　）中。
   A. 触酶试验　　　　　　　　B. 氧化酶试验
   C. 链激酶试验　　　　　　　D. 杆菌肽敏感试验

104. 哥伦比亚CNA血琼脂平板和哥伦比亚血琼脂平板区别在于添加了（　　）。
   A. 万古霉素和磺胺　　　　　B. 新生霉素和萘啶酸
   C. 多黏菌素和萘啶酸　　　　D. 多黏菌素和磺胺

105. β型溶血性链球菌检验结果报告方式正确的是（　　）。
   A. 检出β型溶血性链球菌

B. β型溶血性链球菌阳性

C. 每25 g（mL）样品中检出β型溶血性链球菌

D. 每25 g（mL）样品中检出溶血性链球菌

106. 副溶血性弧菌在TCBS血琼脂平板上菌落呈（　　）。

  A. 紫色　　　　B. 红色　　　　C. 黄色　　　　D. 蓝绿色

107. （　　）是副溶血性弧菌检验必需的试剂。

  A. API试剂　　B. 石炭酸　　　C. V-P　　　　D. 甲基橙

108. 典型副溶血性弧菌的菌落在显色培养基上呈（　　）。

  A. 斗笠形　　　B. 伞形　　　　C. 圆形　　　　D. 米粒形

109. 副溶血性弧菌嗜盐性试验中胰蛋白胨水不采用（　　）的浓度。

  A. 3%　　　　B. 6%　　　　C. 8%　　　　D. 10%

110. 副溶血性弧菌MPN表中阳性管为2、0、0时对应的MPN为9.2，若定量检测的实际加样量分别为1 g、0.1 g、0.01 g时，定量检测的MPN值正确的是（　　）。

  A. 9.2　　　　B. 0.92　　　C. 0.092　　　D. 92

111. 致泻大肠埃希氏菌在普通培养基上光滑型菌落的特点是（　　）。

  A. 菌落边缘整齐、干燥、不光滑

  B. 菌落边缘整齐、湿润

  C. 菌落边缘整齐、湿润、光滑、呈绿色

  D. 菌落边缘不整齐、湿润、光滑

112. 致泻大肠埃希氏菌耐低温，在自然界的土壤、水中可存活（　　）。

  A. 数年　　　　B. 数周　　　　C. 1日　　　　D. 数小时

113. （　　）不是糖类发酵生化反应管。

  A. 乳糖胆盐发酵管

  B. 三糖铁琼脂（TSI）

  C. 克氏双糖铁琼脂（KI）

  D. 糖发酵管（乳糖、鼠李糖、木糖和甘露醇）

114. 致泻大肠埃希氏菌检验先将样品加入（　　）培养。

  A. 肠道菌增菌肉汤　　　　　　B. 乳糖胆盐增菌液

  C. 葡萄糖肉汤　　　　　　　　D. 营养肉汤增菌

115. 致泻大肠埃希氏菌的靛基质试验、动力试验、pH值为7.2的尿素、赖氨酸脱羧酶试验、氧化酶试验的反应结果分别为（　　）。

  A. ++ +--　　B. +-++-　　C. --+-+　　D. ++-+-

116. 无动力而乳糖迟缓发酵的菌株,易与( )相混淆。
    A. 宋内氏志贺氏菌   B. 痢疾志贺氏菌
    C. 福氏志贺氏菌   D. 鲍氏志贺氏菌

117. ( )不是蜡样芽孢杆菌的生化特征。
    A. 有动力   B. 能产生卵磷脂酶
    C. 能产生酪蛋白酶   D. 需氧条件下能发酵乳糖

118. 蜡样芽孢杆菌检验不需要准备( )。
    A. 葡萄糖肉浸液肉汤培养基 B. 酪蛋白琼脂培养基
    C. 缓冲葡萄糖蛋白胨水   D. 3%过氧化氢溶液

119. 蜡样芽孢杆菌分离培养所应采用的培养基是( )。
    A. EMB   B. 选择性培养基(MYP)
    C. 营养琼脂   D. 血琼脂培养基

120. 革兰氏染色镜检观察蜡样芽孢杆菌,菌体大小为( )。
    A. (1~1.3) μm × (2~3) μm
    B. (1~2) μm × (2~3) μm
    C. (1~2) μm × (3~5) μm
    D. (1~1.3) μm × (3~5) μm

121. 蜡样芽孢杆菌与苏云金芽孢杆菌在生化性状上极为相似,细微的差异在于( )试验。
    A. 过氧化氢酶   B. 蛋白质毒素晶体
    C. 卵黄反应   D. 甘露醇发酵

122. 蜡样芽孢杆菌溶血试验应采用的平板是( )。
    A. 羊血琼脂   B. 兔血琼脂
    C. 胰酪胨大豆羊血琼脂   D. 哥伦比亚血琼脂

123. 乳酸杆菌属接种MC琼脂,平皿底为粉红色菌落较小呈( )。
    A. 圆形、白色、边缘不整齐、直径2±1 mm、可有淡淡的晕
    B. 圆形、红色、边缘整齐、可有淡淡的晕
    C. 圆形、白色、边缘整齐、可有淡淡的晕
    D. 圆形、红色、边缘似星状、直径(2±1) mm、可有淡淡的晕

124. 乳杆菌计数方法是( )。
    A. 乳酸菌总数计数结果
    B. 乳酸菌总数减去双歧杆菌计数结果

C. 乳酸菌总数减去双歧杆菌和嗜热链球菌计数结果

D. 乳酸菌总数减去嗜热链球菌计数结果

125. 双歧杆菌检测一般用（　　）染色法。

　　A. 革兰氏　　　B. 抗酸　　　C. 荚膜　　　D. 芽孢

126. 检测双歧杆菌时，从样品稀释到平板涂布整个过程应在（　　）min 内完成。

　　A. 10　　　　B. 15　　　　C. 20　　　　D. 60

127. 关于双歧杆菌在血琼脂平板上厌氧培养后的菌落形态特征，描述错误的是（　　）。

　　A. 菌落较小　　B. 菌落为圆形　　C. 光滑的菌落　　D. 透明的菌落

128. 当测量次数无穷多时，测量结果按（　　）排列。

　　A. Q 检验法　　B. $4\bar{d}$ 法　　C. Bessel 法　　D. 正态分布

129. 最小二乘法是一种数学优化技术，常用标准曲线法进行定量分析，通常情况下的标准工作曲线是一条（　　）。

　　A. 曲线　　　　　　　　　　B. 直线

　　C. 开口向上的抛物线　　　　D. 双曲线

130. 灵敏度和检出限是两个（　　）指标，用来表示检测器对测定物质敏感的程度。

　　A. 相同　　　　　　　　　　B. 不同

　　C. 精密度相同　　　　　　　D. 精密度不同

131. 分光光度法检出限的计算方法中，其一是将吸光度在（　　）处所对应的浓度值做检出限。

　　A. 0　　　　B. 0.1　　　　C. 0.01　　　　D. 0.001

132. 原子吸收法计算检出限，分别计算每个标准溶液前后空白溶液吸光度值的（　　）值。

　　A. 相减　　　B. 平均　　　C. 最大　　　D. 最小

133. 精密度是指多次平行测定结果相互接近的程度，代表测定方法的重现性和（　　）。

　　A. 可靠性　　B. 分散性　　C. 稳定性　　D. 准确性

134. 分析方法评价中，对于低含量组分的分析，可以允许有较大的（　　）。

　　A. 检出限　　B. 误差　　　C. 相对误差　　D. 噪声

135. F 检验法中，若 $F > F_\alpha$，表示分析方法 1 的标准差比方法 2 的标准差大，说明第二种方法比第一种方法更（　　）。

　　A. 准确　　　B. 精密　　　C. 显著　　　D. 灵敏

136. 期间核查工作的实施一般由已取得相同或相近类型仪器设备操作岗位（　　）的检验人员承担。

  A．证书   B．能力   C．工作   D．检测

137. 检测条件要求明确检测所需电、水、气源的要求以及环境条件，包括温度、（　　）等。

  A．湿度   B．电流   C．水汽   D．压缩空气

138. 原始记录应具有（　　）标志，便于归档和检索。

  A．多种的   B．唯一性   C．简单的   D．复杂的

139. 发送检验报告，应记录发送方式和（　　）。

  A．委托人   B．邮寄人   C．时间   D．地点

140. 内部质量控制的方式有空白试验、留样复测、（　　）、人员比对、仪器比对等。

  A．重新制样   B．加标回收

  C．不同仪器测定   D．不同人员测定

理论知识考试模拟试卷（一）答案

一、判断题（将判断结果填入括号中。正确的填"√"，错误的填"×"。每题0.5分，满分30分）

1. √ 2. √ 3. × 4. √ 5. × 6. × 7. √ 8. √ 9. √ 10. × 11. × 12. √
13. √ 14. × 15. × 16. √ 17. √ 18. × 19. √ 20. √ 21. × 22. √ 23. √
24. × 25. × 26. × 27. × 28. √ 29. √ 30. × 31. × 32. √ 33. × 34. √
35. × 36. √ 37. √ 38. √ 39. √ 40. √ 41. √ 42. √ 43. √ 44. √ 45. √
46. √ 47. √ 48. √ 49. × 50. √ 51. × 52. √ 53. × 54. √ 55. √ 56. ×
57. √ 58. √ 59. √ 60. √

二、单项选择题（选择一个正确的答案，将相应的字母填入题内的括号中。每题0.5分，满分70分）

1. A 2. C 3. C 4. C 5. A 6. D 7. C 8. B 9. A 10. B 11. D 12. B 13. A
14. C 15. A 16. D 17. A 18. B 19. A 20. B 21. D 22. D 23. C 24. D 25. A
26. C 27. C 28. C 29. A 30. D 31. C 32. C 33. C 34. C 35. A 36. C 37. D
38. D 39. B 40. D 41. C 42. D 43. C 44. D 45. D 46. B 47. C 48. A 49. A
50. D 51. C 52. C 53. D 54. A 55. C 56. C 57. A 58. C 59. A 60. B 61. B
62. D 63. C 64. C 65. B 66. C 67. D 68. C 69. D 70. B 71. C 72. C 73. C
74. C 75. D 76. C 77. B 78. C 79. B 80. C 81. D 82. D 83. A 84. B 85. B
86. C 87. A 88. A 89. D 90. A 91. C 92. D 93. D 94. B 95. B 96. A 97. C
98. A 99. D 100. B 101. D 102. B 103. A 104. D 105. C 106. D 107. C 108. C
109. A 110. B 111. B 112. B 113. A 114. D 115. D 116. D 117. D 118. A 119. B
120. D 121. B 122. C 123. D 124. C 125. A 126. B 127. D 128. D 129. B 130. B
131. C 132. B 133. C 134. C 135. C 136. D 137. A 138. D 139. C 140. B

理论知识考试模拟试卷（二）

一、判断题（将判断结果填入括号中。正确的填"√"，错误的填"×"。每题 0.5 分，满分 30 分）

1. 一级标准物质的代号是以国家级标准物质的汉语拼音中三个字的字头"GB/T"表示。（　　）
2. 标准物质通过稳定性试验说明标准物质在长期保存条件下性质也是稳定的。（　　）
3. 配制标准溶液使用的水应为三级水，其他溶剂应为分析纯以上级别试剂，所用的容器应用三级水或其他溶剂清洗 3 次以上。（　　）
4. 用基准物质标定标准溶液方法为用精度为 0.01 g 的天平称取一定量的基准物质，用适当的溶剂溶解，然后用被标定的溶液滴定至等当点。（　　）
5. 标准溶液应密闭保存，防止溶液蒸发。储存标准溶液的容器，其材料不应与溶液起理化作用，壁厚最薄处不小于 0.5 mm。（　　）
6. 与湿法消化相比，微波消解法具有使用试剂少、快速的特点。（　　）
7. 溶剂提取法是利用"相似相溶"原理，完全或部分分离待测物的方法。（　　）
8. 食品中一些未解离的分析物（如脱氢乙酸钠）在酸性条件下溶在非极性溶剂中，将体系 pH 调至碱性，化合物分配到水相中。（　　）
9. 当一束白光（由各种波长的光按一定比例组成，如日光或白炽灯光等）通过某一有色溶液时，一些波长的光被溶液反射，另一些波长的光则透过。反射光刺激人眼而使人感觉到颜色的存在。（　　）
10. 由于单色光的纯度高，因此无论选择哪个波长的光进行测定，都可以很好地符合朗伯－比耳定律。（　　）
11. 在进行比色分析或光度分析时，首先要把待测组分转变成无色化合物，然后进行比色或光度测定。（　　）
12. 分光光度分析中，当待测组分含量较高时，测得的吸光度值常常偏离朗伯－比耳定律，采用标准曲线法就能克服这一缺点。（　　）
13. 紫外可见分光光度计不工作时光源灯也要打开，保证仪器在预热状态。（　　）
14. 分光光度分析中，保险管烧坏，接通电源后，光源不亮。

15．稳压恒流装置是用来提高载气纯度的装置。（   ）
16．在 FID 检测器的喷嘴附近放置碱金属化合物，增加含氮或含磷化合物所生成的离子，从而使电信号增强的器件是火焰光度检测器。（   ）
17．气相色谱一般采用保留值法进行定性分析。（   ）
18．改变载气流速是保留时间波动的原因之一。（   ）
19．原子吸收分光光度计的空心阴极灯能够被点亮就可以使用。（   ）
20．原子吸收分光光度计的色散元件的分辨率越高，其色散率越大。（   ）
21．在原子吸收分析中光谱通带越大能量越强，所以应该选择大的光谱通带。（   ）
22．原子吸收光度法所有元素储备液都能存于玻璃试剂瓶。（   ）
23．原子荧光分析的检测器件有多种，最常用的是光敏二极管。（   ）
24．原子荧光分析中，光谱干扰是指光源或原子化器的有害辐射所造成的谱线重叠等干扰。（   ）
25．测汞实验过程比较安全，实验不需要放在通风橱中进行。（   ）
26．细菌的基本结构有三类：球菌、杆菌、螺旋菌。（   ）
27．细菌菌体呈半透明状态，光线照射菌体时，一部分光被吸收，另一部分光发生散射，所以细菌悬液呈现混浊现象。（   ）
28．需氧菌多生长在液体表面，形成菌膜。（   ）
29．V－P 试验是检查细菌是否分解乳糖产生乙酰甲基甲醇。（   ）
30．某些细菌能分解蛋白胨中的色氨酸，产生靛基质，靛基质与对位二甲氨基苯甲醛结合，形成红色化合物。（   ）
31．硝酸盐还原试验应同时以未接种细菌的培养基做对照。（   ）
32．普通营养琼脂培养基保存菌种的方法是将细菌的普通琼脂平板培养物放于 4℃ 冰箱或室温（10～16℃）冷暗处保存。（   ）
33．一般来说，沙门氏菌属不分解乳糖、蔗糖，尿素阴性，靛基质大多阴性，硫化氢大多阳性。（   ）
34．沙门氏菌对化学药品的抵抗力较强。（   ）
35．沙门氏菌增菌所用培养基为非选择性培养基。（   ）
36．一般采用 1.5% 琼脂培养物作为玻片凝集试验用的抗原。（   ）
37．志贺氏菌在普通营养琼脂上不能生长。（   ）
38．志贺氏菌检验的增菌液是 GN，培养温度为 41.5℃±1℃。（   ）
39．血清凝集试验中宋内氏志贺氏菌粗糙型菌株在生理盐水中会出现自凝现象。（   ）
40．金黄色葡萄球菌触酶反应阳性。（   ）

41. 血浆凝固酶试验是鉴定致病性金黄色葡萄球菌的重要指标。（   ）

42. 金黄色葡萄球菌检验血浆凝固酶试验，对象菌和阳性培养物凝固，阴性培养物不凝固为阳性。（   ）

43. β型溶血性链球菌的增菌液 mTSB 是加入多黏菌素和萘啶酮酸钠。（   ）

44. 触酶试验不宜用血琼脂平板上生长的菌落。（   ）

45. 被副溶血性弧菌污染的海产食品是引起急性胃肠炎的重要病原菌之一。（   ）

46. 副溶血性弧菌检验用3%氯化钠胰蛋白胨大豆琼脂做纯培养。（   ）

47. 根据检出的可疑菌落生化性状，报告 25 g（mL）样品中检出副溶血性弧菌。（   ）

48. 大肠埃希氏菌对漂白粉和氯气较敏感，饮水消毒只要含质量分数为 0.2×10^{-6} 的余氯，即可杀死。（   ）

49. 致泻大肠埃希氏菌检验观察菌落时，不但要注意乳糖发酵的菌落，同时也要注意迟缓发酵的菌落。（   ）

50. 蜡样芽孢杆菌营养要求不高，但在普通培养基上生长不好。（   ）

51. 检验蜡样芽孢杆菌的脱水食品可在常温下送检和储存。（   ）

52. 所有的蜡样芽孢杆菌菌株均有动力。（   ）

53. 样品中如只含乳杆菌属，则可选择 MRS 琼脂培养基，兼性厌氧培养36℃±1℃，72 h。（   ）

54. 双歧杆菌在 pH 值为8.2时生长良好。（   ）

55. 在多次平行测定样品时，若发现某个数据与其他数据相差较大，计算时就应将此数据立即舍去。（   ）

56. 检出限除了与分析中所用试剂和水的空白有关外，还与仪器的稳定性及噪声水平有关。（   ）

57. 选择分析方法的因素中，只要分析结果达到所要求的准确度和精密度，其他因素可忽略。（   ）

58. F 检验是通过比较两组数据的标准偏差（S_1^2/S_2^2），以确定他们的精密度是否存在显著性差异，用于判断两组数据间存在的偶然误差是否有显著不同。（   ）

59. 作业指导书只能针对某个产品编写。（   ）

60. 检验报告完成后，直接交给取报告人，不需要签字。（   ）

二、单项选择题（选择一个正确的答案，将相应的字母填入题内的括号中。每题0.5分，满分70分）

1. 标准物质广泛应用于（   ）与物理测量等领域。

A. 化学测量　　　B. 生物测量　　　C. 工程测量　　　D. 以上选项均可

2. 按技术特性分，标准物质可以分为（　　）。
   A. 化学成分标准物质　　　　　B. 物理化学特性标准物质
   C. 工程技术特性标准物质　　　D. 以上选项均可

3. 二级标准物质由（　　）批准、颁布并授权生产。
   A. 国家认可委　　　　　　　　B. 国务院计量行政部门
   C. 国家认监委　　　　　　　　D. 国家标委会

4. 标准物质编号为 GBW（E）080685 的铅标准溶液属于（　　）物质。
   A. 基准　　　B. 一级标准　　　C. 二级标准　　　D. 工作标准

5. 食品分析中大部分化学分析用标样是需要配制后使用的，制备过程、使用介质（溶剂）的种类和浓度对标准工作液的（　　）都是有影响的。
   A. 重现性　　　B. 化学性质　　　C. 稳定性　　　D. 准确性

6. NaOH 易吸收空气中的（　　），因此称量所得的质量不能代表 NaOH 的真正质量，必须采用间接法配制标准溶液。
   A. 水分　　　B. 氧气　　　C. 二氧化碳　　　D. 很多组分

7. 用基准物质标定标准溶液，必须使用精度（　　）以上的天平准确称取一定量的基准物质。
   A. 0.1 g　　　B. 0.01 g　　　C. 0.001 g　　　D. 0.000 1 g

8. 标准溶液标定和使用时所用的（　　）需要定期校正，校正体积有差异的，也需要在标定和使用中进行校正。
   A. 滴定管　　　　　　　　　　B. 容量瓶
   C. 单标线吸管　　　　　　　　D. 以上选项均可

9. 高氯酸标准溶液、碘标准溶液等具有一定的挥发性，宜保存于（　　）条件下，高氯酸标准溶液最好是现用现标。
   A. 冷冻　　　B. 室温　　　C. 较高温度　　　D. 较低温度

10. 食品分析中常用的有机质破坏法有（　　）、湿法消化和微波消解三大类。
    A. 液液萃取　　　B. 固相萃取　　　C. 干法灰化　　　D. 透析

11. 用湿法消化法进行样品前处理不能使用（　　）。
    A. 浓硫酸　　　B. 浓硝酸　　　C. 冰醋酸　　　D. 高氯酸

12. 对于在常压下蒸馏容易分解或沸点太高的样品，可采用（　　）。
    A. 常压蒸馏　　　　　　　　　B. 减压蒸馏
    C. 水蒸气蒸馏　　　　　　　　D. 以上选项均可

13. 下列关于振荡萃取的操作，错误的是（　　）。
    A. 选择的溶剂与样品发生反应
    B. 选择的溶剂对被提取组分有很好的溶解度
    C. 加入溶剂浸泡后在振荡器上振荡
    D. 过滤后残渣用溶剂洗涤，合并入萃取液

14. （　　）溶剂的极性最大。
    A. 乙腈　　　B. 乙酸乙酯　　　C. 甲醇　　　D. 乙醚

15. 在液–液萃取中常用的避免和破乳方法有（　　）。
    A. 加盐　　　B. 加酸　　　C. 加碱　　　D. 加萃取溶剂

16. 溶液的颜色由（　　）的互补色决定。
    A. 吸收光　　　B. 反射光　　　C. 折射光　　　D. 入射光

17. 紫外可见分光光度法中，（　　）描述了物质对不同波长光的吸收能力。
    A. 反射曲线　　　B. 吸收曲线　　　C. 透射曲线　　　D. 折射曲线

18. 分光光度计中，色散器是（　　）的核心部分。
    A. 光源　　　B. 检测系统　　　C. 单色器　　　D. 吸收池

19. 分光光度计中检测器的光电池光电流较大，（　　）效应较严重。
    A. 饱和　　　B. 疲劳　　　C. 衰减　　　D. 放大

20. 吸光度法测定中，显色反应一般在室温下进行，有的反应则需要加热，以（　　）显色反应进行完全。
    A. 减缓　　　B. 加速　　　C. 抑制　　　D. 干扰

21. 分光光度分析中，应注意尽可能选 ε 值随波长改变的变化（　　）的波长区域。
    A. 不太大
    B. 很大
    C. 不变
    D. 以上选项均可

22. 紫外分光光度计的多组分分析时，原则上对（　　）数目的组分都可以由吸光度值的加和性得到联立方程求解。
    A. 2　　　B. 3　　　C. 4　　　D. 任何

23. 在紫外分光光度法中，应用直接比较法测定样品浓度时，先要配制（　　）。
    A. 络合剂　　　B. 标样　　　C. 掩蔽剂　　　D. 参比溶液

24. 紫外可见分光光度计使用一定周期后，必要时应对（　　）进行校准。
    A. 光路　　　B. 光源　　　C. 检测器　　　D. 比色皿

25. 紫外可见分光光度计自检时提示波长自检出错，可能的原因是（　　）。
    A. 光源灯泡已损坏

B. 保险管烧坏

C. 打开仪器样品室的盖子

D. 仪器与计算机之间的数据线没有连接好

26. 气相色谱用纯度为（　　）以上的高纯级气体做载气。
    A. 99%　　　　B. 99.9%　　　　C. 99.99%　　　　D. 98%

27. 气相色谱仪进样口衬管内加入少量经硅烷化处理的石英玻璃棉的作用是（　　）。
    A. 防止注射器针尖的歧视　　　　B. 加速样品汽化
    C. 避免固体物质进入堵塞色谱柱　　D. 以上选项均可

28. 气相色谱仪要求温度控制精度在（　　）℃以内。
    A. ±0.1　　　B. ±1　　　C. ±2　　　D. ±3

29. 气相色谱仪的（　　）只对具有电负性的物质（如含卤素的物质）有响应。
    A. 火焰光度检测器　　　　B. 热导检测器
    C. 电子捕获检测器　　　　D. 氢火焰离子化检测器

30. 气相色谱的火焰光度检测器分别用（　　）做载气、燃烧气和助燃气。
    A. 氮气、氢气、空气　　　B. 氮气、甲烷气、空气
    C. 氢气、甲烷气、空气　　D. 氮气、氢气、氧气

31. 在相同的色谱条件下，将待测物质与已知的纯物质分别进样，若两者的（　　）相同，则可能是同一种物质。
    A. 峰形　　　B. 峰宽　　　C. 峰高　　　D. 保留时间

32. 色谱仪的（　　）要定期检查并清洗。
    A. 进样口隔垫　　B. 进样口衬管　　C. 进样针　　D. 进样阀

33. 有机氯和拟除虫菊酯农药检测常采用带电子捕获检测器的气相色谱仪，其仪器需要配制的气源是（　　）。
    A. 氮气　　　B. 氢气　　　C. 空气　　　D. 氧气

34. 原子吸收分光光度法中，朗伯-比耳定律不包括（　　）参数。
    A. 火焰高度　　B. 吸收系数　　C. 原子浓度　　D. 吸光度

35. 原子吸收分光光度计中，正常工作的充氩气的空心阴极灯是显（　　）的光。
    A. 淡紫色　　B. 蓝色　　C. 红色　　D. 橙色

36. 原子吸收分光光度计的（　　）的作用是燃气与试液的细小雾滴混合均匀。
    A. 喷雾器　　B. 雾化室　　C. 燃烧器　　D. 吸收池

37. 原子吸收分光光度计所用的分光系统的作用是（　　）。
    A. 将待测元素的共振线与邻近的谱线分开

B. 将待测元素的共振线能量进行转换

C. 将与待测元素邻近的谱线集中

D. 将待测元素的共振线能量吸收

38. 原子吸收分光光度计的放大器的作用是（　　）。

A. 将光电倍增管输出的暗电流放大

B. 将光电倍增管输出的电压信号放大

C. 将光电倍增管输出的暗电流转换成电压

D. 将光电倍增管输出的电压转换成暗电流

39. 原子吸收分光光度计通常在（　　）上进行检测数据分析处理。

A. 放大器　　　　B. 检测器　　　　C. 转换器　　　　D. 显示装置

40. 原子吸收光度法测定元素时，空心阴极灯工作电流的大小不会对（　　）产生影响。

A. 灯的使用寿命　　　　　　　　B. 灯能量的稳定性

C. 光源的输出强度　　　　　　　D. 基态原子的激发效率

41. 在原子吸收光度法中，当燃烧器高度处于最佳位置时（　　）的现象肯定不会出现。

A. 灵敏度下降　　　　　　　　B. 吸光度值稳定

C. 信噪比提高　　　　　　　　D. 吸光度达到最大值

42. 原子吸收光度法中元素标准储备液不能放在（　　）容器中。

A. 棕色试剂瓶　　　　　　　　B. 聚乙烯瓶

C. 聚四氟乙烯瓶　　　　　　　D. 广口试剂瓶

43. 荧光物质的荧光强度与该物质的浓度呈线性关系的条件，是入射光强度 I_0 一定，样品池厚度一定和（　　）。

A. 辐射光强度一定　　　　　　B. 物质的种类一定

C. 单色光　　　　　　　　　　D. 原子荧光系统一定

44. 原子荧光光源其线性范围指标可达5个数量级的是（　　）。

A. 高强度空心阴极灯（AFH）　　B. 金属蒸汽灯（AFM）

C. 无极放电灯（AFE）　　　　　D. 激光光源（AFL）

45. 原子荧光分析中，燃烧器是根据燃烧气体的性质、与助燃气体（　　）形式以及火焰的性质而定的。

A. 混合　　　　B. 流动　　　　C. 比例　　　　D. 燃烧

46. 原子荧光分析是通过光电检测器件把原子荧光信号转换成（　　）。

A. 数字信号　　　B. 模拟信号　　　C. 磁性信号　　　D. 电信号

47. 原子荧光测定高含量样品时（特别是Hg），管路系统将受到严重的污染，处理的方法可将载流/样品进样管放在（　　）溶液中清洗，然后再用去离子水清洗干净后使用。

A. 有机　　　B. 碱性　　　C. 酸性　　　D. 混合

48. 原子荧光分析中，阴离子干扰主要是它与分析元素形成了稳定的化合物或络合物，由于络合物（　　）键的能量比较低，在火焰中易于分解增加了分析元素的原子化倾向。

A. 共价　　　B. 共轭　　　C. 配位　　　D. 电离

49. 冷原子吸收分光光度法中，含汞试样经酸消解使汞转为离子状态，在强酸介质中以氯化亚锡（　　）成元素汞，进行汞原子吸收测定，再与标准系列比较定量。

A. 氧化　　　B. 还原　　　C. 汽化　　　D. 氧化–还原

50. 冷原子吸收分光光度计主要部件包括光源、比色管道、（　　）和光电转换放大装置。

A. 冷阴极汞灯　　　B. 光栅　　　C. 棱镜　　　D. 抽气泵

51. 蔬菜、水果、鱼类、肉类、蛋类等水分含量高的样品用食品加工机（　　），储于塑料瓶中，保存备用。

A. 匀浆　　　B. 萃取　　　C. 整形　　　D. 加工

52. 冷原子吸收法测定样品中蜡质、脂肪等不易消化的干扰物质，可在冷却后过滤除去，一般（　　）不影响测定结果。

A. 水蒸气　　　B. 蛋白质　　　C. 维生素　　　D. 色素

53. 同一种细菌在涂片干燥、固定、（　　）的不同情况下大小形态也会有差别。

A. 染色时间　　　　　　　B. 染色温度
C. 染色时细菌收缩　　　D. 涂片时间

54. 采用不染色标本检查法在普通显微镜下观察时，虽可观察细菌的大小、形态，但主要用于观察细菌的（　　）。

A. 结构　　　B. 动力　　　C. 排列　　　D. 活力

55. 含水量占菌体质量的（　　）。

A. 15%～25%　　　B. 50%～80%　　　C. 75%～85%　　　D. 90%～97%

56. 细菌基本的糖代谢过程为（　　）。

A. 多糖→单糖→丙酮酸　　　B. 单糖→多糖→丙酮酸
C. 丙酮酸→多糖→单糖　　　D. 丙酮酸→单糖→多糖

57. 人体肠道内的大肠埃希氏菌能合成维生素 B_6、维生素 B_{12}、（　　）等，可供人体所需。

  A. 维生素 C   B. 维生素 A   C. 维生素 E   D. 维生素 K_2

58. 多数病原菌的最适生长温度为（　　）℃。

  A. 15～40   B. 25～28   C. 36～37   D. 40～42

59. 在半固体培养基中（　　）的细菌，除沿穿刺线生长外，还可从穿刺线向外扩散生长。

  A. 无鞭毛   B. 有菌毛   C. 有芽孢   D. 有鞭毛

60. 甲基红指示剂变色范围是 pH 值为（　　）。

  A. 4.4～6.2   B. 3.4～6.2

  C. 5.4～6.2   D. 6.4～7.2

61. ONPG 试验阳性菌为（　　）、枸橼酸盐杆菌。

  A. 志贺氏菌   B. 鸡沙门氏菌

  C. 亚利桑那菌   D. 肠炎沙门氏菌

62. 当苯丙氨酸琼脂斜面培养物滴加 10% 的三氯化铁溶液时，应（　　）。

  A. 快速滴至斜面培养物底部   B. 快速滴至斜面培养物上

  C. 滴至斜面培养物上部缓缓流下   D. 缓缓滴至斜面培养物底部

63. 某些细菌能分解含硫的氨基酸（胱氨酸、半胱氨酸等），产生硫化氢，硫化氢与培养基中（　　）形成黑色沉淀。

  A. 铝盐   B. 铁盐   C. 铜盐   D. 锰盐

64. 有的细菌能分解枸橼酸盐产生碳酸盐，使溴麝香草酚蓝指示剂由绿色变为（　　）。

  A. 黄色   B. 淡绿色   C. 淡黄色   D. 深蓝色

65. 触酶活力试验不宜采用被检细菌的（　　）培养物。

  A. 血琼脂   B. 营养琼脂   C. 营养肉汤   D. TSA 琼脂

66. 溶血试验菌落周围出现透明的溶血环，为（　　）型溶血。

  A. α   B. β   C. γ   D. δ

67. 多数血浆凝固酶阳性细菌在（　　）h 内发生凝固。

  A. 0.5～1   B. 1～2   C. 2～4   D. 4～6

68. 半固体培养基保存菌种可以在（　　）中保存。

  A. 室温   B. -10～0℃   C. -18～-10℃   D. -30～-18℃

69. 沙门氏菌（　　）。

  A. 全无动力   B. 全有动力

C. 大多有动力，有时会出现无动力　　D. 大多无动力，有时会出现有动力

70. 沙门氏菌属的生化特性是（　　）。
    A. 乳糖、蔗糖、尿素阳性，靛基质、硫化氢大多阳性
    B. 乳糖、蔗糖、尿素阴性，靛基质、硫化氢大多阴性
    C. 乳糖、蔗糖、尿素阴性，靛基质、硫化氢大多阳性
    D. 乳糖、蔗糖、尿素阳性，靛基质、硫化氢大多阴性

71. 沙门氏菌O抗原加热至（　　）不能被破坏，也不能被乙醇及0.1%石炭酸破坏。
    A. 50℃，2.5 h　　B. 100℃，1 h　　C. 100℃，2.5 h　　D. 100℃，10 h

72. 菌体变成粗糙型是因为（　　）传代所致。
    A. 不进行　　B. 多次或长期　　C. 较少　　D. 初次

73. 沙门氏菌属由于不发酵（　　），其能在各种选择性培养基上生成特殊形态的菌落。
    A. 山梨醇　　B. 乳糖　　C. 葡萄糖　　D. 甘露醇

74. 尿素琼脂的pH值为（　　）。
    A. 5.4　　B. 6　　C. 6.8　　D. 7.2

75. 亚硒酸盐胱氨酸（SC）增菌液中的亚硒酸盐起（　　）作用。
    A. 指示剂　　B. 营养素　　C. 抑菌剂　　D. 中和

76. 沙门氏菌检验接种三糖铁琼脂时，应（　　）培养基。
    A. 仅穿刺
    B. 仅划线
    C. 先穿刺再划线
    D. 先划线再穿刺

77. 沙门氏菌血清凝集实验一般采用（　　）琼脂培养物作为玻片凝集试验用的抗原。
    A. 1.2%～1.5%　　B. 12%～15%　　C. 2%～3%　　D. 0.2%～0.3%

78. 以下情况中（　　）可以判断是沙门氏菌。
    A. 初步生化试验符合＋血清凝集＋革兰氏染色符合
    B. 初步生化试验符合＋血清凝集＋生化试验符合＋革兰氏染色符合
    C. 初步生化试验符合＋革兰氏染色符合
    D. 血清凝集＋革兰氏染色符合

79. 迟缓发酵乳糖的志贺氏菌是（　　）。
    A. 痢疾志贺氏菌
    B. 福氏志贺氏菌
    C. 鲍氏志贺氏菌
    D. 宋内氏志贺氏菌

80. 观察葡萄糖、蔗糖、乳糖发酵、产气和产硫化氢的培养基是（　　）。
   A. 三糖铁琼脂　　　　　　　　　　B. 葡萄糖铵琼脂
   C. 葡萄糖半固体　　　　　　　　　D. 糖发酵管

81. 志贺氏菌初步生化试验：挑取平板上可疑菌落，接种三糖铁琼脂、半固体和（　　）各1管。
   A. 尿素琼脂　　　　　　　　　　　B. 葡萄糖铵琼脂
   C. 葡萄糖半固体　　　　　　　　　D. 营养琼脂斜面

82. 生化实验符合志贺氏菌属生化特性的培养物还需另加葡萄糖胺、西蒙氏柠檬酸盐、黏液酸盐试验的培养条件为（　　）
   A. 30℃培养24～48 h　　　　　　　B. 42℃培养24～48 h
   C. 36℃培养6～8 h　　　　　　　　D. 36℃培养24～48 h

83. 根据（　　）的结果，报告25 g（mL）样品中检出或未检出志贺氏菌。
   A. 生化试验和血清学鉴定
   B. 生化试验
   C. 血清学鉴定
   D. 选择性平板的菌落形态和革兰氏染色

84. 在液体培养基中生长时，葡萄球菌常呈（　　）状排列。
   A. 单球或短链　　　　　　　　　　B. 双球或短杆
   C. 双球或短链　　　　　　　　　　D. 单球或长链

85. 金黄色葡萄球菌的溶血素主要为（　　）。
   A. α溶血素　　B. β溶血素　　C. γ溶血素　　D. δ溶血素

86. 金黄色葡萄球菌肠毒素为一种可溶性（　　），耐热，经100℃煮沸30 min不被破坏。
   A. 糖原　　　　B. 产物　　　　C. 蛋白质　　　D. 蛋白酶

87. 透明质酸被（　　）水解后，结缔组织细胞间失去黏性呈疏松状态。
   A. 溶纤维蛋白酶　　　　　　　　　B. 血浆凝固酶
   C. 透明质酸酶　　　　　　　　　　D. 脱氧核糖核酸酶

88. 葡萄球菌肠毒素是一种（　　）。
   A. 内毒素　　　B. 杀白细胞素　　C. 外毒素　　　D. 溶血毒素

89. 金黄色葡萄球菌做血浆凝固酶试验应用配制的新鲜（　　）。
   A. 人血浆　　　B. 牛血浆　　　　C. 猪血浆　　　D. 兔血浆

90. 金黄色葡萄球菌直径为（　　）。

A. 0.5~1 μm B. 0.1~0.4 μm
C. 0.5~1 mm D. 0.1~0.4 mm

91. 符合血浆凝固酶试验阳性，在血平板上菌落周围有（　　）溶血环，形态符合金黄色葡萄球菌特点的菌株被判定为金黄色葡萄球菌。

　　A. 透明的　　　B. 草绿色　　　C. 粉色　　　D. 金黄色

92. 关于金黄色葡萄球菌检验第二法样品接种操作的下列说法中，（　　）是正确的。

　　A. 每个稀释度分别吸取 1 mL 样品匀液以 0.2 mL，0.3 mL，0.5 mL 接种量分别加入 3 块 Baird-Parker 平板

　　B. 每个稀释度分别吸取 1 mL 样品匀液以 0.3 mL，0.3 mL，0.4 mL 接种量分别加入 3 块金黄色葡萄球菌显色平板

　　C. 每个稀释度分别吸取 1 mL 样品匀液以 0.3 mL，0.3 mL，0.4 mL 接种量分别加入 3 块 Baird-Parker 平板

　　D. 每个稀释度分别吸取 1 mL 样品匀液以 0.2 mL，0.3 mL，0.5 mL 接种量分别加入 3 块金黄色葡萄球菌显色平板

93. 金黄色葡萄球菌的（　　）降解 Baird-Parker 平板的卵黄成分，使菌落产生透明圈。

　　A. 血浆凝固酶　　　　　　　B. 溶纤维蛋白酶
　　C. 脱氧核糖核酸酶　　　　　D. 卵磷脂酶

94. 金黄色葡萄球菌检验，固体、半固体样品称量加入至增菌液后需经（　　）均质。

　　A. 800~1 000 r/m 打碎 1~2 min　　B. 800~1 000 r/m 打碎 3~5 min
　　C. 8 000~10 000 r/m 打碎 1~2 min　　D. 8 000~10 000 r/m 打碎 3~5 min

95. 金黄色葡萄球菌涂片显微镜观察时用（　　）镜检。

　　A. 低倍镜　　　B. 高倍镜　　　C. 普通镜　　　D. 油镜

96. 与人类疾病有关的 β 型溶血性链球菌，其血清型（　　）属于 A 群链球菌。

　　A. 50%　　　B. 90%　　　C. 30%　　　D. 80%

97. 不同菌型的溶血性链球菌菌落周围的溶血现象不同，β 型溶血性链球菌（　　）。

　　A. 菌落周围不具有溶血环

　　B. 溶血环狭小，不具有明显的环状，镜检可见部分残留血球，放冰箱一夜后溶血环增大

　　C. 在菌落周围有 1~2 mm 的草绿色溶血环，放冰箱一夜呈透明溶血环，且溶血环扩大

D. 在菌落周围有 2~3 mm 的透明溶血环

98. （　　）能增强链球菌在组织中的扩散。人经溶血性链球菌感染后，70%~80% 出现相应的抗体。
    A. 链道酶　　　　　　　　　　B. 透明质酸酶
    C. 链激酶　　　　　　　　　　D. 蛋白核糖核酸酶

99. β 型溶血性链球菌的分离平板为（　　）。
    A. Baird – Parker 琼脂平板　　　B. 哥伦比亚血琼脂平板
    C. 氯化钠蔗糖琼脂平板　　　　D. 哥伦比亚 CNA 血琼脂平板

100. 金黄色葡萄球菌革兰氏染色后，镜检菌体呈现颜色为（　　）。
    A. 粉红色　　　　　　　　　　B. 红色
    C. 紫色　　　　　　　　　　　D. 黄色

101. β 型溶血性链球菌检验使用 API STREP API 试剂条时，需将可疑菌落纯培养于（　　）平板。
    A. 哥伦比亚 CNA 血琼脂　　　　B. 哥伦比亚血琼脂
    C. Baird – Parker 琼脂　　　　　D. EMB 琼脂

102. β 型溶血性链球菌进行触酶试验时，需要采用（　　）的细菌。
    A. 衰亡期　　B. 延迟期　　C. 稳定期　　D. 对数期

103. 副溶血性弧菌在血琼脂平板上形成的菌落直径约为（　　）mm。
    A. 1　　　　B. 3　　　　C. 5　　　　D. 1~2

104. （　　）可杀死副溶血性弧菌。
    A. 酱油　　　B. 辣椒油　　C. 食醋　　　D. 胡椒粉

105. （　　）不是副溶血性弧菌检验所需的试剂。
    A. 氧化酶　　B. 靛基质　　C. 甲基红　　D. 甲基蓝

106. 样品在进行副溶血性弧菌检验时，无菌称取 25 g 样品，加入（　　）mL 3% 氯化钠碱性蛋白胨水增菌液。
    A. 100　　　B. 200　　　C. 225　　　D. 250

107. 副溶血性弧菌的初步生化鉴定中不包括（　　）。
    A. 氧化酶试验　　　　　　　　B. 过氧化氢试验
    C. 革兰氏染色镜检　　　　　　D. 嗜盐性试验

108. 副溶血性弧菌嗜盐性试验用的基础培养基为不同氯化钠浓度的（　　）。
    A. 无菌纯水　B. 无菌蒸馏水　C. 蛋白胨水　D. 胰蛋白胨水

109. 在检索副溶血性弧菌 MPN 表时，若实际加样量为 1 g, 0.1 g, 0.01 g 时，表内数字应（　　）。

　　A. 不变化　　　　　　　　　　　　B. 相应增加 10 倍

　　C. 相应降低 10 倍　　　　　　　　D. 相应降低 100 倍

110. 致泻大肠埃希氏菌形态描述错误的是（　　）。

　　A. 有时近似球菌，菌体短　　　　　B. 有芽孢

　　C. 菌体两端钝圆　　　　　　　　　D. 有些菌株有荚膜

111. （　　）不是致泻大肠埃希氏菌的生化特征。

　　A. 能迅速分解多种糖类、产酸、产气

　　B. 不分解尿素

　　C. 对蔗糖有的分解，有的不分解，约各占 50%

　　D. 大部分菌株迟缓发酵乳糖

112. 半固体琼脂在致泻大肠埃希氏菌的检验中用于（　　）。

　　A. 纯化菌落　　　　　　　　　　　B. 菌种保存

　　C. 动力试验　　　　　　　　　　　D. pH7.2 尿素试验

113. 致泻大肠埃希氏菌营养肉汤增菌培养后，挑取 1 环接种于 1 管 30 mL 肠道菌增菌肉汤中（　　）。

　　A. 36℃±1℃培养 24 h　　　　　　B. 42℃±1℃培养 18 h

　　C. 36℃±1℃培养 6 h　　　　　　 D. 28℃±1℃培养 24 h

114. 致泻大肠埃希氏菌氧化酶试验的阳性反应为（　　）。

　　A. 试纸呈现黄色　　　　　　　　　B. 试纸呈现黑色

　　C. 试纸呈现紫红色　　　　　　　　D. 试纸不变色

115. 引起食物中毒的蜡样芽孢杆菌菌株多为（　　）。

　　A. 无鞭毛　　B. 单鞭毛　　C. 双菌毛　　D. 周鞭毛

116. 蜡样芽孢杆菌在自然界中（　　）。

　　A. 抵抗力较强、耐热　　　　　　　B. 抵抗力较强、耐寒

　　C. 抵抗力较弱、不耐热　　　　　　D. 抵抗力较弱、不耐寒

117. 蜡样芽孢杆菌检验中除了需要革兰氏染色液以外还需要（　　）。

　　A. 石炭酸品红染色液　　　　　　　B. 吕氏碱性美蓝染色液

　　C. 0.5% 碱性复红染色液　　　　　D. 0.5% 沙黄液

118. 国家标准 GB 4789.14—2014 中，蜡样芽孢杆菌的接种量正确的是（　　）。

　　A. 0.1 mL　　　　　　　　　　　　B. 0.2 mL

　　C. 0.3 mL，0.3 mL，0.4 mL　　　 D. 1 mL

119. 蜡样芽孢杆菌纯化培养的条件是（　　）
　　A. (30±1)℃培养（24±2）h　　　　B. (36±1)℃培养（24±2）h
　　C. (30±1)℃培养（48±2）h　　　　D. (36±1)℃培养（48±2）h

120. 蜡样芽孢杆菌蛋白质结晶毒素试验是用（　　）进行染色。
　　A. 石炭酸品红染色液　　　　　　　B. 吕氏碱性美蓝染色液
　　C. 0.5%碱性复红染色液　　　　　　D. 0.5%沙黄液

121. 关于蜡样芽孢杆菌检验的注意事项，描述错误的是（　　）。
　　A. 取样必须在无菌操作下进行　　　B. 随意取样
　　C. 样品应及时检验　　　　　　　　D. 样品不宜存放时间过长

122. 嗜热链球菌主要形态为（　　）。
　　A. 球状或长杆状　　　　　　　　　B. 弯曲杆状或球杆状
　　C. 球状或球杆状　　　　　　　　　D. 短杆状或球状

123. 样品中计数的乳酸菌总数，可能不包括（　　）。
　　A. 嗜热链球菌　　B. 双歧杆菌　　C. 乳杆菌　　　D. 酿酒酵母

124. 双歧杆菌检测进行样品稀释时，正确的方式是（　　）。
　　A. 1 g 样品加入 9 mL 稀释液中　　　B. 1 g 样品加入 10 mL 稀释液中
　　C. 25 g 样品加入 225 mL 稀释液中　 D. 25 g 样品加入 250 mL 稀释液中

125. 分析数据的取舍方法有 $4\bar{d}$ 法和（　　）。
　　A. 最小二乘法　　B. Q 检验法　　C. t 检验法　　D. F 检验法

126. 已知一组测定数字是 18.03、18.10、17.98、17.94、18.02、18.05、17.98、18.05、17.99，其数组的标准误差是（　　）。
　　A. 0.103 9　　　B. 0.005 8　　　C. 0.058　　　D. 0.10

127. 灵敏度是指分析方法所能检测到的最低（　　）。
　　A. 物质　　　　B. 噪声　　　　C. 限量　　　　D. 体积

128. 分光光度法或吸光法计算检出限，要求重复多次（至少6次）测定（　　）吸光度值，计算得到的数值。
　　A. 试剂空白　　B. 样品　　　　C. 溶液　　　　D. 检出限值

129. 在计算原子吸收检出限时，将原子吸收仪器调至最佳操作条件后，依空白－标准－空白－标准的顺序，测量标准溶液和空白溶液的吸光度值，不少于（　　）次。
　　A. 5　　　　　B. 6　　　　　C. 8　　　　　D. 10

130. 选择最合适的分析方法需要综合考虑多方面的因素，根据企业生产和科研工作对分析结果的准确度和精密度来适当选择分析方法，并以符合相关要求或（　　）为度。

A. 样品特性　　　B. 检验成本　　　C. 检测量　　　D. 标准

131. 准确度的高低可由误差来表示，某一方法的准确度可通过测定标准试样的误差和（　　）来判断。

A. 偶然误差　　B. 系统误差　　C. 回收试验　　D. 平均误差

132. 采用 F 检验法时，若 $F < F\alpha$，表示两种分析方法差异（　　）。

A. 相等　　　B. 极其显著　　C. 显著　　　D. 不显著

133. 实验室应配备检测所要求的所有抽样和检测设备，对检验结果有重要影响的仪器，应指定（　　）。

A. 校准计划　　B. 保养计划　　C. 抽样计划　　D. 检测计划

134. 一般情况下，仪器期间核查在两次校准/检定周期之间至少进行（　　）次，提高仪器设备的运行可靠度。

A. 一　　　B. 二　　　C. 三　　　D. 四

135. 为保持记录的原始性，原始记录应在实验中（　　）、如实填写。

A. 及时　　　B. 事后　　　C. 检验员　　　D. 主管

136. 实验室应根据合同（　　）时确认的报告发送方式将检测报告发出。

A. 评审　　　B. 规定　　　C. 标准　　　D. 要求

137. 质量控制是从样品的制备、测试、原始记录、事故处理至结果报告的（　　）控制。

A. 阶段　　　B. 部分　　　C. 全过程　　　D. 发放

138. 能力验证也是实现实验室（　　）、提升管理水平的重要方法和有效措施。

A. 管理能力　　B. 质量保证　　C. 技术水平　　D. 人员管理

139. 质量控制样测试值的（　　）应该落在质量控制样的不确定度范围内。

A. 数据　　　B. 允许差　　　C. 结果　　　D. 绝对值

140. 对于少数几家的实验室开展的比对方法，一般常采用（　　）值进行评价。

A. En　　　B. Z　　　C. S　　　D. E

理论知识考试模拟试卷（二）答案

一、判断题（将判断结果填入括号中。正确的填"√"，错误的填"×"。每题 0.5 分，满分 30 分）

1. ×　2. ×　3. √　4. ×　5. √　6. √　7. √　8. √　9. ×　10. ×　11. ×　12. ×
13. ×　14. √　15. ×　16. ×　17. √　18. √　19. ×　20. √　21. ×　22. ×　23. ×
24. √　25. ×　26. ×　27. √　28. ×　29. ×　30. √　31. ×　32. √　33. √　34. ×
35. ×　36. √　37. ×　38. ×　39. ×　40. √　41. ×　42. √　43. ×　44. √　45. √
46. √　47. √　48. √　49. ×　50. √　51. √　52. √　53. ×　54. ×　55. ×　56. √
57. ×　58. √　59. ×　60. ×

二、单项选择题（选择一个正确的答案，将相应的字母填入题内的括号中。每题 0.5 分，满分 70 分）

1. D　2. D　3. B　4. C　5. C　6. C　7. D　8. D　9. D　10. C　11. C　12. B　13. A
14. A　15. A　16. A　17. B　18. C　19. B　20. B　21. A　22. D　23. B　24. A　25. C
26. C　27. D　28. A　29. D　30. A　31. D　32. A　33. A　34. A　35. D　36. B　37. A
38. B　39. D　40. D　41. A　42. D　43. C　44. D　45. A　46. D　47. C　48. C　49. B
50. D　51. A　52. D　53. A　54. D　55. D　56. D　57. D　58. D　59. D　60. D　61. C
62. C　63. B　64. C　65. D　66. B　67. A　68. D　69. C　70. C　71. D　72. C　73. B
74. D　75. C　76. D　77. A　78. D　79. D　80. A　81. D　82. D　83. A　84. C　85. A
86. C　87. C　88. C　89. D　90. A　91. C　92. D　93. C　94. D　95. C　96. C　97. D
98. C　99. D　100. C　101. B　102. D　103. C　104. C　105. D　106. C　107. B　108. D
109. C　110. B　111. D　112. C　113. B　114. C　115. D　116. C　117. C　118. C　119. A
120. C　121. B　122. C　123. D　124. C　125. B　126. C　127. C　128. A　129. D　130. D
131. C　132. D　133. A　134. A　135. A　136. C　137. C　138. B　139. B　140. A

技能考核模拟试卷（一）

试 题 单

试题代码：×.×.×。

试题名称：猪肉制品中沙门氏菌检验。

考核时间：240 min。

1. 场地设备要求

（1）熟猪肉制品样品。

（2）生物安全柜。

（3）检验所需设备。

（4）常用玻璃器皿及耗材。

（5）沙门氏菌检验培养基和生化试剂。

（6）常用耗材（记号笔、酒精灯、打火机、消毒酒精棉球、吸球、移液管洗耳球、量筒、采样瓶）。

（7）检验方法标准：GB 4789.4、GB/T 4789.17。

（8）沙门氏菌阳性平板、沙门氏菌阳性培养物、沙门氏菌阳性生化试验结果。

2. 工作任务

（1）选用检测设备、培养基以及试剂。

（2）检验熟猪肉制品中沙门氏菌。

（3）对考场提供的阳性培养物进行检验操作。

（4）填写检验原始记录，对检验结果做出判定。

（5）实验后消毒处理。

3. 技能要求

（1）能选择检验设备、培养基和试剂。

（2）能按检验方法 GB 4789.4 、GB/T 4789.17 测定猪肉制品中沙门氏菌。

1）无菌操作。

2）样品制备。

3）检验操作步骤。

4）检验结果观察并做判断。

（3）能正确填写实验记录。

(4) 能完成实验后的消毒处理。

4. 质量指标

(1) 正确选用检验设备、培养基及试剂,检验前准备规范。

(2) 检验方法标准,操作准确。

(3) 原始记录填写规范。

(4) 检验结果观察与结果判定正确。

答 题 卷

试题代码：×.×.×。

试题名称：猪肉制品中沙门氏菌检验。

考核时间：240 min。

1. 选用设备

选用设备、设备编号及计量状态	选用培养基、试剂

2. 实验记录表

样品名称		检验依据	
样品编号		样品性状	
检样数量		检验日期	

操 作 步 骤			
检样处理		取样量	
检验内容	培养基、试剂		培养条件（温度、时间）
前增菌			
增菌培养			
分离培养			
生化鉴定			

续表

结 果 判 定		
菌落特征		
生化鉴定	染色镜检	
	TSI 斜面	
	尿素琼脂斜面	
	蛋白胨水	
	赖氨酸脱羧酶试验培养基	
血清学鉴定		
结果报告		
标准值		
单项检验结论		

检验人员：　　　　　　　　　　　检验日期：

评 分 标 准

序号	配分	评分细则	规定或标称值
1	5	选用检验设备	
		正确选择恒温培养箱（1分）	36℃±1℃，42℃±1℃
		正确选择显微镜（1分）	
		正确选择天平（1分）	感量0.1 g
		设备有计量合格标志（1分）	
		设备使用期在有效鉴定周期内（1分）	
2	6	选择检验培养基与试剂	
		正确选择增菌液（1分）	BPW前增菌液，TTB、SC增菌液
		正确选择分离平板（2分）	BS和沙门氏菌显色平板
		正确选择生化试剂（1分）	TSI、蛋白胨水、尿素琼脂、赖氨酸脱羧酶培养基
		正确选择无菌生理盐水、革兰氏染色液（1分）	
		正确选择血清（1分）	沙门氏菌A-F群多价O诊断血清
3	5	操作前准备	
		正确进行操作台面消毒（2分）	
		生物安全防护着装正确（3分）	
4	9	样品的处理	
		以无菌操作开启包装（3分）	
		无菌称取样品（3分）	25 g
		准确加入增菌液中（1分）	225 mL
		充分振荡混匀（2分）	
5	10	增菌和分离培养	
		前增菌培养温度及时间正确（1分）	36℃±1℃，8~18 h
		二次增菌培养温度及时间正确（1分）	TTB 42℃±1℃，SC 36℃±1℃，18~24 h
		分离平板标记正确（1分）	
		平板划线规范（四分法）（3分）	

续表

序号	配分	评分细则	规定或标称值
		各分离平板培养温度及培养时间正确（3分）	BS 36℃±1℃，40~48 h；显色 36℃±1℃，18~24 h；
		平皿倒置培养（1分）	
6	35	生化鉴定	
		革兰氏染色操作规范（3分）	
		正确使用显微镜（2分）	聚焦调节、复原、镜头清洁
		革兰氏染色结果正确（革兰氏阴性杆菌）（5分）	
		TSI 实验操作规范（3分）	
		尿素琼脂实验操作规范（2分）	
		蛋白胨水实验操作规范（2分）	
		赖氨酸脱羧酶试验培养基实验操作规范（2分）	
		营养琼脂纯化实验操作规范（1分）	
		生化试验培养条件正确（5分）	36℃±1℃，18~24 h
		生化试验观察结果准确（5分）	错1项扣1分
		血清学鉴定操作规范（5分）	
7	3	填写实验结果记录表	
		正确填写每一项内容，无空格（1分）	
		空缺项规范表示"/"（1分）	
		字迹清晰（1分）	
8	2	修改规范	
		修改使用"杠改法"（1分）	
		修改处小于等于3处（1分）	
9	2	结果单位	
		结果报告正确（2分）	25 g 样品中检出或未检出沙门氏菌
10	18	原始记录填写	
		实验结果直接填入原始记录表（1分）	
		实验过程数据记录及时（1分）	
		用水笔或圆珠笔填写（1分）	
		正确描述可疑菌落形态、特征（5分）	BS 平板 2.5 分，显色平板 2.5 分
		正确描述革兰氏染色结果及形态特征（5分）	革兰氏阴性、杆菌
		正确描述生化试验结果（5分）	错1项扣1分

续表

序号	配分	评分细则	规定或标称值
11	5	结果判定	
		与产品标准值比较,判断正确(2分)	
		判定结果表示为符合/不符合(2分)	
		整理实验器具,用酒精棉球消毒台面(1分)	
合计配分	100	合计得分	

技能考核模拟试卷（二）

试 题 单

试题代码：×.×.×。

试题名称：红肠中亚硝酸盐含量的检验。

考核时间：240 min。

1. 场地设备要求

（1）红肠样品。

（2）常规玻璃器皿。

（3）常用化学试剂。

（4）《食品卫生检验方法　理化部分》（GB 5009.33 第二法）。

（5）小型绞肉机或粉碎机。

（6）水浴锅。

（7）分析天平。

（8）可见分光光度计。

（9）红肠中亚硝酸盐含量的标准值。

2. 工作任务

（1）选定所需的检测设备及工具。

（2）按标准要求，检测指定样品中亚硝酸盐含量，用 5.0 μg/mL 的标准使用溶液配制标准曲线。

（3）填写原始记录（结果为 0 时，填写最低检出限＜1 mg/kg），空缺项规范表示"/"。

（4）对所测结果做出符合性判断。

（5）实验后清洁和整理。

3. 技能要求

（1）能选择检测设备（工具）。

（2）能按照检验标准《食品卫生检验方法　理化部分》（GB 5009.33 第二法）测定红肠中亚硝酸含量。

（3）能正确填写原始记录。

（4）能判断检验结果。

4. 质量指标

（1）正确选用检验设备（工具），检验前准备规范。

（2）检验方法标准，操作准确。

（3）原始记录填写规范。

（4）数据处理与结果判定正确。

答　题　卷

试题代码：×.×.×。

试题名称：红肠中亚硝酸盐含量的检验。

考核时间：240 min。

实验记录表

样品名称		项目名称		检验方法依据	
检测日期		环境温度/湿度（℃/%）		检测地点	
仪器名称	仪器型号	仪器编号规格		检定有效期	
天平					
可见分光光度计					
比色皿长度	mm		选用波长		nm

工作曲线

标准系列	0	1	2	3	4	5	6	7	8	9
标准溶液浓度 C（　）										
吸光度 A										

试样定容体积 V_0（mL）		上机取样体积 V_1（mL）		样品空白 A_0	
平行实验	1		2		
取样量 m（　）					
样品读数 A					
从标准曲线上查得试样中浓度 C（　）					
检测结果 X（　）					
平均值（　）					
相对相差（　）					
标准值					
单项检验结论					
计算公式					

检验人员：　　　　　　　　　　　检验日期：

评 分 标 准

序号	配分	评分细则	规定或标称值
1	3	选用检验设备天平 正确选用检验设备天平（1分） 天平贴有计量合格标志（1分） 使用期在有效鉴定周期内（1分）	精度为0.1 mg和1 mg
2	3	选用检验设备分光光度仪 正确选用检验设备分光光度仪（1分） 分光光度仪贴有计量合格标志（1分） 使用期在有效鉴定周期内（1分）	
3	6	标准溶液稀释 准确吸取200 μg/mL标准溶液5.0 mL于200 mL容量瓶中（3分） 用蒸馏水稀释并定容至刻度，此标准使用液质量浓度为5.0 μg/mL（3分）	
4	14	样品前处理 准确称取样品（样品平行测定）于烧杯中（2分） 加硼砂饱和溶液，搅拌均匀。70℃左右的水将样品洗入500 mL容量瓶中，沸水浴15 min，取出冷至室温（6分） 加5 mL亚铁氰化钾溶液，再加5 mL乙酸锌溶液，加水至刻度，摇匀，放置0.5 h（2分） 除去上层脂肪，用滤纸过滤，弃去初滤液30 mL，滤液备用（2分） 同时做试剂空白试验（2分）	样品4.50~5.50 g
5	10	标准溶液的显色反应 从5.0 μg/mL标准溶液中准确吸取0.00 mL、0.20 mL、0.40 mL、0.60 mL、0.80 mL、1.00 mL、1.50 mL、2.00 mL、2.50 mL亚硝酸钠标准使用液，分别置于50 mL具塞比色管中（4分） 标准溶液管中各加入2 mL对氨基苯磺酸溶液（4 g/L），混匀，3~5 min后各加入1 mL盐酸萘乙二胺溶液（2 g/L），加水至刻度（4分） 混匀，静置15 min（2分）	

续表

序号	配分	评分细则	规定或标称值
6	10	样液及空白液的显色反应	
		分别吸取 40.0 mL 样品和空白滤液于 50 mL 具塞比色管中（4分）	0.50~5.0 mL
		样品管中及空白管中各加入 2 mL 对氨基苯磺酸溶液（4 g/L），混匀，3~5 min 后各加入 1 mL 盐酸萘乙二胺溶液（2 g/L），加水至刻度（4分）	
		混匀，静置 15 min（2分）	
7	24	上机测定	
		仪器使用前预热 15 min（2分）	
		仪器参数条件的设定：设定波长 538 nm 处测吸光度（3分）	
		用 1 cm 比色杯，以零管调节零点（2分）	
		标准溶液读取吸光度，浓度从低至高，记录吸光度（5分）	
		测定样液及样品空白的吸光度（2分）	
		用坐标纸绘制标准曲线（10分）	
8	3	填写实验结果记录表	结果为 0 时，填写最低检出限 <1 mg/kg
		正确填写每一项内容，无空格（1分）	
		空缺项规范表示"/"（1分）	
		字迹清晰（1分）	
9	2	修改规范	
		无修改或修改使用"杠改法"，修改处不多于 3 处（2分）	
10	2	结果单位	
		按照标准值填写的单位正确（1分）	
		正确填写相对相差单位%（1分）	
11	3	原始记录填写	
		操作数据直接填入原始记录表（1分）	
		实验数值、样品称样量、吸光度及时填写（1分）	
		用水笔或圆珠笔填写（1分）	
12	10	数据修约与结果计算	
		结果的有效位数修约正确（2分）	
		结果计算正确（6分）	
		平行样品的计算正确（2分）	

续表

序号	配分	评分细则		规定或标称值
13	5	相对相差		
		相对相差计算正确（2分）		
		相对相差小于等于10%（3分）		
14	5	结果判定		
		与产品标准值比较，判断正确（3分）		
		判定结果表示为符合/不符合（2分）		
合计配分	100	合计得分		

参 考 文 献

1. 唐英章．现代食品安全检测技术．北京：科学出版社，2004
2. 李红梅，刘菲，李孟婉，译．标准物质及其在分析化学中的应用．北京：中国计量出版社，2006
3. 华东理工大学分析化学教研组，成都科学技术大学分析化学教研组．分析化学．北京：高等教育出版社，1995
4. 刘珍．化验员读本（上册）（第四版）化学分析．北京：化学工业出版社，2004
5. 浙江大学普通化学教研组．普通化学．北京：高等教育出版社，1995
6. 周庭银．临床微生物学诊断与图解（第二版）．上海：上海科学技术出版社，2007
7. 牛天贵，张宝芹．食品微生物检验．北京：中国计量出版社，2004
8. 罗雪云，刘宏道．食品卫生微生物检验标准手册．北京：中国标准出版社，1995